压力容器分析设计
技术基础

钱才富 沈 鋆 吴志伟 编著

Basis for the Design by Analysis Technology
of Pressure Vessels

化学工业出版社
·北京·

内 容 简 介

本书根据作者多年的教学、工作经验和新标准修订情况编著，介绍了与压力容器分析设计相关的弹性力学、应力分析、有限元分析等基本知识和基础理论，并以失效模式为主线，结合工程实例，阐述了极限分析、安定分析、屈曲分析、疲劳分析及蠕变疲劳分析等评定方法。

本书可供化工装备相关工程技术人员阅读参考，也可供高等院校装备专业高年级学生和研究生使用。

图书在版编目（CIP）数据

压力容器分析设计技术基础/钱才富，沈鋆，吴志伟编著. —北京：化学工业出版社，2024.9
ISBN 978-7-122-41520-2

Ⅰ.①压…　Ⅱ.①钱…②沈…③吴…　Ⅲ.①压力容器—设计—高等学校—教材　Ⅳ.①TH490.22

中国版本图书馆 CIP 数据核字（2022）第 091813 号

责任编辑：丁文璇　　　　　　　　　　文字编辑：段曰超　师明远
责任校对：赵懿桐　　　　　　　　　　装帧设计：张　辉

出版发行：化学工业出版社（北京市东城区青年湖南街 13 号　邮政编码 100011）
印　　装：河北延风印务有限公司
787mm×1092mm　1/16　印张 15¼　字数 393 千字　2024 年 9 月北京第 1 版第 1 次印刷

购书咨询：010-64518888　　　　　　　售后服务：010-64518899
网　　址：http://www.cip.com.cn
凡购买本书，如有缺损质量问题，本社销售中心负责调换。

定　　价：98.00 元

序言

当代工业化进程迅猛发展，压力容器作为各类工业领域不可或缺的核心设备，从石油化工、机械制造、国防工业、航空航天乃至宇宙探索等多个领域，犹如工业中的动脉，其安全性、可靠性及高效性直接关乎工业生产的稳定运行和人民生命财产的安全。然而，随着压力容器向着高参数、大型化、轻量化方向发展，服役条件也越来越苛刻，不仅承受着高压、高温、热冲击、循环操作条件等多种复杂载荷的作用，还时常面临材料老化、介质性质变化等不确定性因素的挑战。这些因素的存在，使得压力容器分析设计成为了一门高度专业化的学科，需要综合运用弹性力学、塑性力学、断裂力学、热力学等多门力学知识，并结合标准规范，以确保压力容器安全性的同时又兼顾经济性。

近年来，随着科学技术的日新月异和工程实践的不断深入，压力容器分析设计的方法和技术也取得了长足的发展。从传统的经验设计、规则设计，逐步过渡到基于应力分析的现代分析设计，再到引入有限元分析、疲劳分析、弹塑性分析、高温结构安全评定等先进技术的精细化设计，压力容器的设计水平不断提升，安全性能得到极大增强。尤其 2024 年，我国颁布了新修订的、与国际接轨的压力容器分析设计标准——GB/T 4732，该标准以失效模式为主线，详细的应力分析为基础，明确了塑性垮塌、局部过度应变、屈曲、棘轮和疲劳等失效模式的评定方法和评定步骤。全面的引入了弹塑性分析方法，不仅更精确地反映结构在载荷作用下的塑性变形行为和实际承载能力，还可以有效地避免应力分类过程中遇到的一些不确定问题，同时也可以充分发挥材料性能的潜力。设计方法和手段的革新，将为我国压力容器设计与制造与国际接轨，提高产品质量、安全性和竞争力提供有力保障。

本书正是基于这样的现实背景，旨在为工程领域的技术人员、研究人员及学生提供一本实用的参考资料，其内容涵盖了压力容器相关的力学基本理论、有限元基本概念、应力分类法、弹塑性分析法、高温分析设计以及 GB/T 4732 标准条款等多个方面，力求做到理论与实践相结合，深入浅出地剖析理论，又辅以工程实例，兼具指导意义。同时，本书根据编著者多年的研究成果、教学和工作经验，结合 GB/T 4732 标准修订情况编著，编著者的专业知识和经验对于化工机械行业的学术发展起着关键作用，在行业内具有很高的专业认可度和影响力。

通过本书的学习，读者不仅能够掌握压力容器分析设计的基本理论和方法，还能在实际工程中灵活运用这些知识，解决实际工程问题，提升压力容器的设计能力，为压力容器的运行安全奠定坚实的基础。另外，本书还系统地解析了标准条款规定的要义，针对热点问题，如弹塑性分析、高温分析方法及直接法等先进技术均有篇幅讲述，不仅有助于工程设计人员更好地理解和运用标准中的各项条款，还可为提高我国压力容器分析设计水平提供有益的帮助。

中国机械工业集团有限公司　　副总经理、总工程师
中国机械工程学会　　　　　　副理事长

前言

压力容器为盛装有压力介质的密闭容器，而且介质可能具有易燃、易爆、腐蚀或剧毒的危险性，一旦发生泄漏，往往引起爆炸、火灾、中毒或环境污染等灾难性后果。我国对压力容器的设计、制造、安装、使用、检验、维修、改造及报废等各个环节进行安全监察，颁布了一系列法律、法规、安全技术规范和设计制造标准，以保证压力容器的安全使用、安全运行。

压力容器分析设计标准是我国压力容器标准体系中两大核心标准之一，也是我国与 ASME 和欧盟两大压力容器标准体系中的核心标准相对应的标准。以 ASME Ⅷ-1、 GB/T 150 为代表的常规设计标准采用传统的防止容器发生弹性失效的设计准则，将容器承受的"最大载荷"按一次施加的静载荷处理，不涉及容器的疲劳寿命问题，也不适用于复杂的载荷和结构。 1968 年美国公布的Ⅷ-2《压力容器另一规则》，即分析设计标准，引进了全新的设计理念，并在设计理论和技术方面不断修改和补充。

我国自 1995 年发布实施了 JB 4732—1995《钢制压力容器——分析设计标准》，并在 2005 年公布确认版，这使得分析设计技术得到了越来越多的应用。分析设计采用针对不同失效形式的多种设计准则，适用的结构和载荷形式更广泛。与常规设计比较，分析设计的材料抗拉强度设计系数相对较低，对于屈强比较大的材料，许用应力由抗拉强度控制，分析设计中的许用应力大于常规设计中的许用应力，这意味着对于压力高、直径大的高参数压力容器采用分析设计可以适当减薄厚度、减轻重量。此外，受交变载荷作用的压力容器、结构或者载荷特殊的压力容器，也需要采用分析设计技术。

压力容器分析设计可分为公式法、应力分类法和弹塑性分析法。在压力容器分析设计中，公式法一般基于经典的力学计算，而应力分类法和弹塑性分析法往往需要进行有限元数值分析。因此，作为分析设计技术基础，本书既介绍了分析设计标准中公式法、应力分类法和弹塑性分析法的基本概念、条文规定和设计要点，也介绍了弹性力学基础、压力容器力学分析和有限元基本原理。此外，本书附件还给出了北京化工大学 CAE 中心采用应力分类法或弹塑性分析法的基于有限元分析所完成的部分压力容器应力分析及评定工程案例，案例内容包括强度评定、稳定性校核及疲劳分析等。

本书的主要特点体现在以下几方面：

（1）力求内容系统性　全书分为弹性力学基础、有限元基本原理、关键受压元件力学分析与强度设计、结构不连续分析、应力分类法及弹塑性分析法等部分。内容全面、系统，涵盖了与分析设计技术相关的力学基本知识、数值模拟基础、主要标准规定等。因此，本书有助于从事压力容器设计工作的工程设计人员建立力学基础，熟悉有限元基本概念，知晓规范整体架构。

（2）强调基本概念和基础理论　压力容器分析设计基于确定的力学分析，包括力学模型建立、应力和变形求解、强度与刚度评定等，涉及许多力学和数学知识，如材料力学、弹塑性力学、板壳理论以及有限元数值分析。鉴于在一本书中全面系统介绍这些力学和数学知识不现实，本书重点介绍了和压力容器分析设计相关的力学概念、解题方法和标准应用。例如，就圆柱壳公式法壁厚计算，进行了内压作用下厚壁圆柱壳弹塑性应力分析，基于给定屈服判据推导了初始屈服压力和全屈服压力，并以极限载荷为设计依据演算得到了壁厚计算公式。

（3）注重工程实用性　本书旨在为压力容器分析设计人员提供一本实用的设计参考书，因此没有刻意追求深奥的理论和繁杂的演算，而是直接采用了一些和压力容器分析设计相关的结果，注重工程实用性。例如，极限分析和安定性分析理论比较复杂，本书中未作详细描述，但介绍了和压力容器强度评判相关的极限分析和安定性分析原理与应用。针对分析设计标准内容广、图表多的问题，本书也从工程实用的角度进行了精简。另外，附录列举了一些压力容器应力分析和评定工程案例，供设计人员参考。

（4）尽可能解析标准条款　新标准参考了 ASME Ⅷ-2，也传承了 JB 4732 压力容器分析设计标准的一些基本理论和技术，有些规定是工程经验甚至教训的总结，有些规定时间已久，但本书尽可能解析标准条款规定的原因，例如，在疲劳失效评定中，就 S-N 曲线，解释了平均应力修正以及疲劳分析免除准则的原理。因此，本书能在一定程度上提升读者对标准的理解。

本书第 1~4 章、第 5 章 5.1~5.4 节由钱才富编著；第 5 章 5.5 节、第 6 章、第 7 章由沈鋆编著；附录部分由吴志伟编著。全书由钱才富统稿。编著者在本书的写作过程中得到了不少专家学者的支持和帮助，同时感谢魏冬雪、杨旭、王昕等人对书稿的校正。

限于编著者水平，书中疏漏之处在所难免，敬请读者指正。

编著者
2024 年 9 月

目录

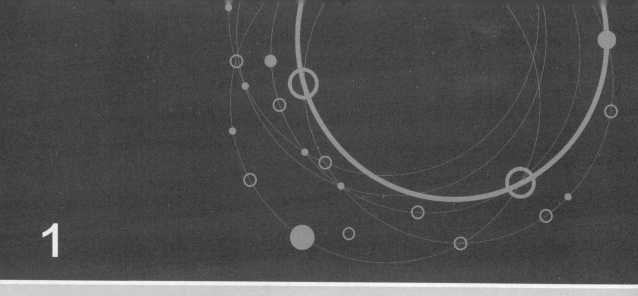

1

弹性力学基础

  弹性力学是固体力学的一个分支学科，它研究物体在弹性变形时的力学特征，是工程结构设计的主要依据。本章介绍弹性力学基础知识，为后续介绍有限元理论，进行压力容器应力分析奠定基础。

1.1 应力状态

1.1.1 应力符号规则

  物体内单位面积上的内力称为应力，应力有正应力和切应力之分。通常用 σ_{xx}，σ_{yy} 和 σ_{zz} 表示正应力，用 τ_{xy}，τ_{yz} 和 τ_{zx} 表示切应力。图 1-1 显示均匀应力场中的普通二维单元。图 1-1(a) 为直角坐标系中的应力分量。工程上对于圆柱形结构，多采用柱坐标系，其定义为：在空间直角坐标系中，任给一点 P，设 r，θ 是点 P 在 xoy 面上投影点的极坐标，z 是点 P 的竖坐标，则称 (r,θ,z) 是点 P 的柱面坐标。图 1-1(b) 为柱坐标系中的应力分量。

  图 1-1 中所示的应力均为正的，按此给出应力符号规则：应力的下标表示应力作用面和作用方向。例如切应力 τ_{xy} 的第一个下标表示应力作用在垂直于 x 轴的面上，第二个下标表示应力作用的方向是沿着 y 轴。如果某一截面的外法线是沿着坐标轴的正（负）方向，这个截面就称为正（负）面，而这个面上的应力分量就以坐标轴的正（负）方向为正，沿坐标轴的负（正）方向为负。

1.1.2 一点的应力状态

  如图 1-1 所示，一点的应力状态可表示为 9 个直角坐标分量

$$\begin{bmatrix} \sigma_{xx} & \tau_{xy} & \tau_{xz} \\ \tau_{yx} & \sigma_{yy} & \tau_{yz} \\ \tau_{zx} & \tau_{zy} & \sigma_{zz} \end{bmatrix} \tag{1-1}$$

也可表示为 9 个柱坐标分量

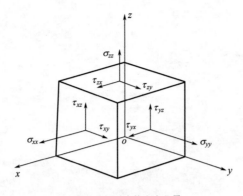

(a) 直角坐标系中的应力分量

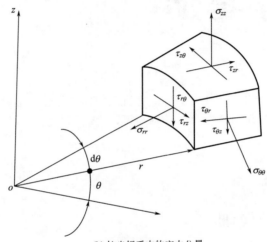

(b) 柱坐标系中的应力分量

图 1-1　符号规则

$$
\begin{bmatrix}
\sigma_{rr} & \tau_{r\theta} & \tau_{rz} \\
\tau_{\theta r} & \sigma_{\theta\theta} & \tau_{\theta z} \\
\tau_{zr} & \tau_{z\theta} & \sigma_{zz}
\end{bmatrix}
\tag{1-2}
$$

或简单表示为应力张量 σ_{ij}。

上面 9 个应力分量不是互相独立的，因为根据切应力互等定理

$$\tau_{ij} = \tau_{ji}$$

即

$$\tau_{xy} = \tau_{yx}, \tau_{yz} = \tau_{zy}, \tau_{zx} = \tau_{xz}$$

或

$$\tau_{r\theta} = \tau_{\theta r}, \tau_{\theta z} = \tau_{z\theta}, \tau_{zr} = \tau_{rz}$$

这意味着式（1-1）和式（1-2）中的 6 个切应力，只有 3 个是独立的。所以，三维均匀应力场中任一点的应力状态由 6 个应力分量决定。应力分量是和坐标系相关的，式（1-1）和式（1-2）就是在不同坐标系中的应力分量。

1.1.3　应力分量坐标变换

如果已知某一坐标系中一点的全部应力分量，通过坐标变换可以求得任何其他坐标系中该点的应力分量。如图 1-2 所示，在二维直角坐标系 xoy 中，某点的应力分量为 $\sigma_{xx}, \sigma_{yy},$

τ_{xy} 和 τ_{yx}，若将坐标系 xoy 旋转 θ 角得到新坐标系 $x'oy'$，在新坐标系 $x'oy'$中，该点的应力分量为 $\sigma_{x'x'}$，$\sigma_{y'y'}$，$\tau_{x'y'}$ 和 $\tau_{y'x'}$，则有以下应力分量变换关系

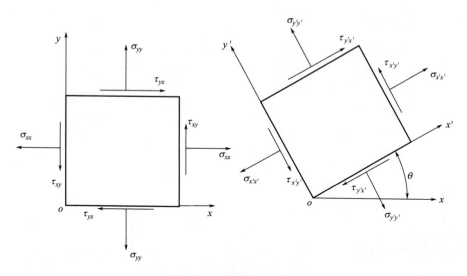

图 1-2 二维应力坐标变换

$$\begin{bmatrix} \sigma_{x'x'} & \tau_{x'y'} \\ \tau_{y'x'} & \sigma_{y'y'} \end{bmatrix} = \begin{bmatrix} \cos\theta & \sin\theta \\ -\sin\theta & \cos\theta \end{bmatrix} \begin{bmatrix} \sigma_{xx} & \tau_{xy} \\ \tau_{yx} & \sigma_{yy} \end{bmatrix} \begin{bmatrix} \cos\theta & -\sin\theta \\ \sin\theta & \cos\theta \end{bmatrix}$$

即

$$\left.\begin{aligned} \sigma_{x'x'} &= \frac{\sigma_{xx}+\sigma_{yy}}{2} + \frac{\sigma_{xx}-\sigma_{yy}}{2}\cos2\theta + \tau_{xy}\sin2\theta \\ \sigma_{y'y'} &= \frac{\sigma_{xx}+\sigma_{yy}}{2} - \frac{\sigma_{xx}-\sigma_{yy}}{2}\cos2\theta - \tau_{xy}\sin2\theta \\ \tau_{x'y'} &= \tau_{xy}\cos2\theta - \frac{\sigma_{xx}-\sigma_{yy}}{2}\sin2\theta \end{aligned}\right\} \tag{1-3}$$

若将式(1-3) 中 $\tau_{y'x'}$ 对 θ 求导，并令其导数为零，就得到这样的一个取向 θ，与该取向所对应的平面上无切应力作用，该平面称为主平面，主平面上的正应力称为主应力，平行于主应力的方向称为主方向。可以证明，处于任意加载方式下物体中的每一点，总存在三个互相垂直的主平面。主应力通常用 σ_1、σ_2、σ_3 表示，并假设它们之间存在下列关系（按代数值排列）

$$\sigma_1 \geqslant \sigma_2 \geqslant \sigma_3$$

按其定义，主应力可由应力分量求得，对于二维平面问题，两个主应力为

$$\frac{\sigma_1}{\sigma_2} = \frac{\sigma_{xx}+\sigma_{yy}}{2} \pm \sqrt{\left(\frac{\sigma_{xx}-\sigma_{yy}}{2}\right)^2 + \tau_{xy}^{\,2}} \tag{1-4}$$

在和主平面相交为 45°的平面上，切应力最大，用应力分量表示为

$$\tau_{\max} = \sqrt{\left(\frac{\sigma_{xx}-\sigma_{yy}}{2}\right)^2 + \tau_{xy}^{\,2}} = \frac{\sigma_1-\sigma_2}{2} \tag{1-5}$$

1.2 基本方程

1.2.1 平衡方程

若物体处于静力平衡状态，它其中的任何一个单元体也必然是平衡的。对于图 1-3 所示的直角坐标系中的三维单元体，建立 x、y、z 三个方向力的平衡方程，得到

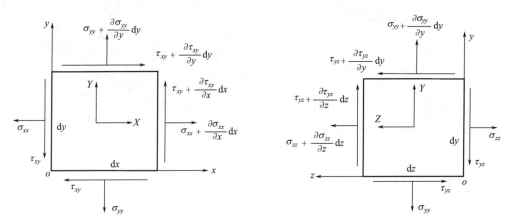

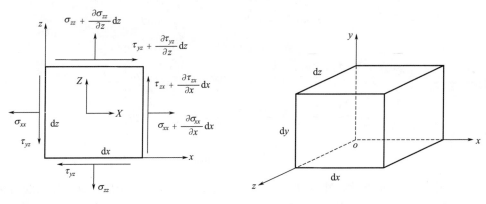

图 1-3　直角坐标系中单元体静力平衡

$$\left.\begin{array}{l} \dfrac{\partial \sigma_{xx}}{\partial x}+\dfrac{\partial \tau_{xy}}{\partial y}+\dfrac{\partial \tau_{xz}}{\partial z}+X=0 \\[3mm] \dfrac{\partial \sigma_{yy}}{\partial y}+\dfrac{\partial \tau_{yx}}{\partial x}+\dfrac{\partial \tau_{yz}}{\partial z}+Y=0 \\[3mm] \dfrac{\partial \sigma_{zz}}{\partial z}+\dfrac{\partial \tau_{zx}}{\partial x}+\dfrac{\partial \tau_{zy}}{\partial y}+Z=0 \end{array}\right\} \tag{1-6}$$

式中，X、Y、Z 为单位体积物体沿 x、y、z 三个方向的体力。

对于二维应力状态且不考虑体力，上面的平衡方程变为

$$\left.\begin{array}{l} \dfrac{\partial \sigma_{xx}}{\partial x}+\dfrac{\partial \tau_{xy}}{\partial y}=0 \\[3mm] \dfrac{\partial \sigma_{yy}}{\partial y}+\dfrac{\partial \tau_{yx}}{\partial x}=0 \end{array}\right\}$$

在求解弹性力学问题时，选择什么形式的坐标系，对问题本质的描述没有什么影响，但将直接影响解决问题的难易程度，比如说，对于圆筒、圆板之类的物体，采用柱坐标系来解决问题要比直角坐标系方便。

和前面直角坐标系中平衡方程的推导类似，对于图 1-4 所示的柱坐标系中的三维单元体，建立 r，θ，z 三个方向力的平衡方程得到

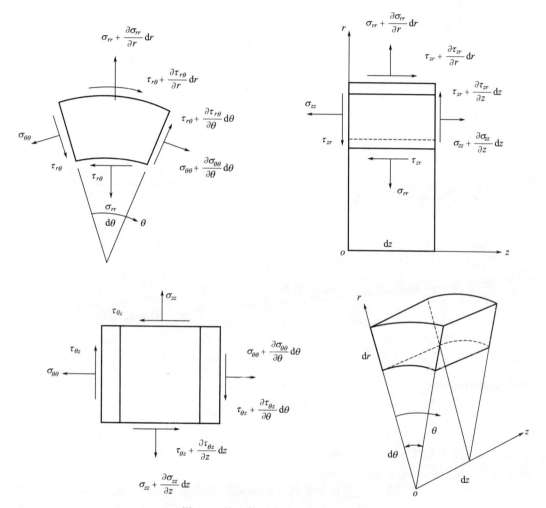

图 1-4 柱坐标系中单元体静力平衡

$$
\left.
\begin{aligned}
\frac{\partial \sigma_{rr}}{\partial r} + \frac{\partial \tau_{r\theta}}{r \partial \theta} + \frac{\partial \tau_{rz}}{\partial z} + \frac{\sigma_{rr} - \sigma_{\theta\theta}}{r} + R = 0 \\
\frac{\partial \sigma_{\theta\theta}}{r \partial \theta} + \frac{\partial \tau_{\theta r}}{\partial r} + \frac{\partial \tau_{\theta z}}{\partial z} + \frac{2\tau_{r\theta}}{r} + \theta = 0 \\
\frac{\partial \sigma_{zz}}{\partial z} + \frac{1}{r}\frac{\partial \tau_{z\theta}}{\partial \theta} + \frac{\partial \tau_{zr}}{\partial r} + \frac{\tau_{zr}}{r} + Z = 0
\end{aligned}
\right\}
\tag{1-7}
$$

式中，R，θ，Z 为单位体积物体沿 r，θ，z 三个方向的体力。

对于二维轴对称物体且不考虑体力，平衡方程变为

$$
\frac{\partial \sigma_{rr}}{\partial r} + \frac{\sigma_{rr} - \sigma_{\theta\theta}}{r} = 0
\tag{1-8}
$$

前面建立了物体内一点的平衡方程，如果所考察的点不在物体内部，而是位于物体的边界上（即所谓边界点），那么，它的平衡方程又是怎样的呢？如图 1-5 所示，在一单位厚度平面物体的边界点 B 附近取一微小三棱柱体，在 OC 和 OB 截面上作用着应力 σ_{xx}、σ_{yy}、τ_{xy}，在边界 BC 上作用着表面力 $\overline{X}$ 和 $\overline{Y}$，在微元体内还有体力 X 和 Y 作用。设边界 BC 的长度为 ds，边界外法线与 x 轴和 y 轴的夹角分别为 α 和 β，令 $\cos\alpha = l$，$\cos\beta = m$，则 $\overline{OC} = ds\cos\alpha = l\,ds$，$\overline{OB} = ds\cos\beta = m\,ds$。

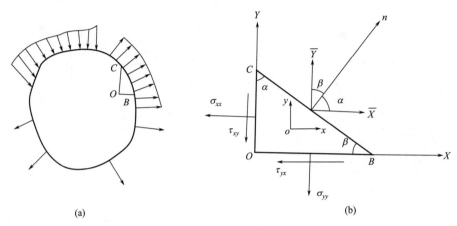

(a) (b)

图 1-5　边界条件

由平衡条件 $\sum F_x = 0$，$\sum F_y = 0$，分别得

$$\overline{X}ds \times 1 - \sigma_{xx}l\,ds \times 1 - \tau_{xy}m\,ds \times 1 + X \times \frac{1}{2}l\,ds\,m\,ds \times 1 = 0$$

$$\overline{Y}ds \times 1 - \sigma_{yy}m\,ds \times 1 - \tau_{xy}l\,ds \times 1 + Y \times \frac{1}{2}l\,ds\,m\,ds \times 1 = 0$$

略去体积力项的二阶微量得到

$$\left.\begin{array}{c} \sigma_{xx}l + \tau_{xy}m = \overline{X} \\ \sigma_{yy}m + \tau_{xy}l = \overline{Y} \end{array}\right\} \tag{1-9}$$

式(1-9) 表示了物体边界处的应力分量与表面力分量之间的关系，称为平面问题的应力边界条件。

在弹性力学问题中，除了应力边界条件外，如果在物体上位移分量是已知的，则在边界上有

$$u = \overline{u}, \quad v = \overline{v} \tag{1-10}$$

式中，$\overline{u}$，$\overline{v}$ 是边界上的已知函数。式(1-10) 称为平面问题的位移边界条件。

在弹性力学问题中，如果全部边界上面力分量为已知，称为应力边界问题；如果全部边界上位移分量为已知，称为位移边界问题；如果在物体的一部分边界上已知面力，而在另一部分边界上已知位移，则称为混合边界问题。

1.2.2　几何方程与变形协调方程

物体在外力作用下要产生变形，伴随着变形而出现位移和应变。图 1-6 中 $PP_1P_2P_3$ 为二维单元体，受力变形后移至 $P'P_1'P_2'P_3'$，下面推导几何方程，它反映的是应变和变形之间的关系。

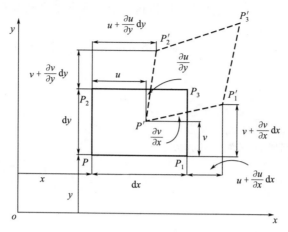

图 1-6　单元体的变形

由正应变的定义知

$$\varepsilon_{xx}=\frac{P'P'_1-PP_1}{PP_1}=\frac{\left(\mathrm{d}x+u+\frac{\partial u}{\partial x}\mathrm{d}x-u\right)-\mathrm{d}x}{\mathrm{d}x}=\frac{\partial u}{\partial x} \tag{1-11a}$$

$$\varepsilon_{yy}=\frac{P'P'_2-PP_2}{PP_2}=\frac{\left(\mathrm{d}y+v+\frac{\partial v}{\partial y}\mathrm{d}y-v\right)-\mathrm{d}y}{\mathrm{d}y}=\frac{\partial v}{\partial y} \tag{1-11b}$$

切应变 γ_{xy} 等于线段 PP_1 转角＋线段 PP_2 转角，按此定义有

$$\gamma_{xy}=\frac{\partial u}{\partial y}+\frac{\partial v}{\partial x} \tag{1-11c}$$

对于三维单元，在直角坐标系中，几何方程为

$$\left.\begin{array}{l}\varepsilon_{xx}=\dfrac{\partial u}{\partial x},\varepsilon_{yy}=\dfrac{\partial v}{\partial y},\varepsilon_{zz}=\dfrac{\partial w}{\partial z}\\[2mm]\gamma_{xy}=\dfrac{\partial u}{\partial y}+\dfrac{\partial v}{\partial x},\gamma_{yz}=\dfrac{\partial v}{\partial z}+\dfrac{\partial w}{\partial y},\gamma_{zx}=\dfrac{\partial w}{\partial x}+\dfrac{\partial u}{\partial z}\end{array}\right\} \tag{1-12a}$$

同时有

$$\gamma_{xy}=\gamma_{yx},\gamma_{yz}=\gamma_{zy},\gamma_{zx}=\gamma_{xz} \tag{1-12b}$$

类似地，对于三维单元，在柱坐标系中，几何方程为

$$\left.\begin{array}{l}\varepsilon_{rr}=\dfrac{\partial u}{\partial r},\varepsilon_{\theta\theta}=\dfrac{1}{r}\times\dfrac{\partial v}{\partial\theta},\varepsilon_{zz}=\dfrac{\partial w}{\partial z}\\[2mm]\gamma_{r\theta}=\dfrac{\partial v}{\partial r}+\dfrac{1}{r}\times\dfrac{\partial u}{\partial\theta}-\dfrac{v}{r},\gamma_{\theta z}=\dfrac{\partial w}{r\partial\theta}+\dfrac{\partial v}{\partial z},\gamma_{zr}=\dfrac{\partial u}{\partial z}+\dfrac{\partial w}{\partial r}\end{array}\right\} \tag{1-13}$$

应该指出，由位移到应变是微分计算，因此，当物体的位移分量完全确定时，应变分量也就随之完全确定了。反之，由应变到位移是积分计算，数学上积分运算存在积分常数，物理上体现出来的是应变分量不能唯一确定位移分量。因为物体位移一是由物体受力变形引起，二是物体做刚体运动引起，也就是说有位移不一定有变形，刚体位移是不产生应变的。因此，对于弹性力学问题的求解，必须给出完备的约束条件，消除刚体位移。

在弹性力学分析中假设材料是连续的，就是说物体在变形前是一个连续体，变形后仍然认为是连续的，这就要求单元体应变之间满足一定的关系，以保证物体各部分之间变形后不能互相分离或互相重叠，也就是说变形必须协调。由式(1-11)看出，三个应变分量 ε_{xx}、

ε_{yy}、γ_{xy} 是由两个位移分量 u、v 表达的，所以这三个应变分量之间存在一定的关系，否则变形就不能满足材料连续的要求。

对于二维问题，将式(1-11) 中 ε_{xx} 对 y 微分两次，ε_{yy} 对 x 微分两次，γ_{xy} 对 x 和 y 各微分一次，发现

$$\frac{\partial^2 \varepsilon_{xx}}{\partial y^2} + \frac{\partial^2 \varepsilon_{yy}}{\partial x^2} = \frac{\partial^2 \gamma_{xy}}{\partial x \partial y} \tag{1-14}$$

此式称为应变协调方程，也称为相容方程。

对于三维问题，同样有应变协调方程

$$\left. \begin{aligned} \frac{\partial^2 \varepsilon_{xx}}{\partial y^2} + \frac{\partial^2 \varepsilon_{yy}}{\partial x^2} &= \frac{\partial^2 \gamma_{xy}}{\partial x \partial y}, \quad 2\frac{\partial^2 \varepsilon_{xx}}{\partial y \partial z} = \frac{\partial}{\partial x}\left(-\frac{\partial \gamma_{yz}}{\partial x} + \frac{\partial \gamma_{xz}}{\partial x} + \frac{\partial \gamma_{xy}}{\partial z}\right) \\ \frac{\partial^2 \varepsilon_{yy}}{\partial z^2} + \frac{\partial^2 \varepsilon_{zz}}{\partial y^2} &= \frac{\partial^2 \gamma_{yz}}{\partial y \partial z}, \quad 2\frac{\partial^2 \varepsilon_{yy}}{\partial z \partial x} = \frac{\partial}{\partial y}\left(\frac{\partial \gamma_{yz}}{\partial x} - \frac{\partial \gamma_{xz}}{\partial y} + \frac{\partial \gamma_{xy}}{\partial z}\right) \\ \frac{\partial^2 \varepsilon_{zz}}{\partial x^2} + \frac{\partial^2 \varepsilon_{xx}}{\partial z^2} &= \frac{\partial^2 \gamma_{xz}}{\partial z \partial x}, \quad 2\frac{\partial^2 \varepsilon_{zz}}{\partial x \partial y} = \frac{\partial}{\partial z}\left(\frac{\partial \gamma_{yz}}{\partial x} + \frac{\partial \gamma_{xz}}{\partial y} - \frac{\partial \gamma_{xy}}{\partial z}\right) \end{aligned} \right\}$$

1.2.3　物理方程

物理方程也称本构方程，反映的是应力和应变之间的关系。在完全弹性且各向同性物体内，应力和应变之间的关系比较简单，对于三维问题，即为广义胡克定律

$$\left. \begin{aligned} \varepsilon_{xx} &= \frac{1}{E}\left[\sigma_{xx} - \mu(\sigma_{yy} + \sigma_{zz})\right] \\ \varepsilon_{yy} &= \frac{1}{E}\left[\sigma_{yy} - \mu(\sigma_{xx} + \sigma_{zz})\right] \\ \varepsilon_{zz} &= \frac{1}{E}\left[\sigma_{zz} - \mu(\sigma_{xx} + \sigma_{yy})\right] \end{aligned} \right\} \tag{1-15}$$

$$\left. \begin{aligned} \gamma_{xy} &= \tau_{xy}/G \\ \gamma_{yz} &= \tau_{yz}/G \\ \gamma_{zx} &= \tau_{zx}/G \end{aligned} \right\} \tag{1-16}$$

式中，E 为拉压弹性模量；G 为剪切弹性模量；μ 为泊松比。这三个弹性常数之间有如下关系

$$G = \frac{E}{2(1+\mu)} \tag{1-17}$$

如果考察的物体是完全弹性的、均匀的，而且是各向同性的，那么这些弹性常数不会随点的位置和取向的不同而改变，独立的常数只有两个。同时注意到，正应变除了与同方向的正应力有关外，还和其他方向的正应力相关，而切应变只与同向的切应力有关。

将式(1-15) 和式(1-16) 写成矩阵形式，有

$$\begin{bmatrix} \varepsilon_{xx} \\ \varepsilon_{yy} \\ \varepsilon_{zz} \\ \gamma_{xy} \\ \gamma_{yz} \\ \gamma_{zx} \end{bmatrix} = \frac{1}{E} \begin{bmatrix} 1 & -\mu & -\mu & 0 & 0 & 0 \\ -\mu & -1 & -\mu & 0 & 0 & 0 \\ -\mu & -\mu & 1 & 0 & 0 & 0 \\ 0 & 0 & 0 & 2(1+\mu) & 0 & 0 \\ 0 & 0 & 0 & 0 & 2(1+\mu) & 0 \\ 0 & 0 & 0 & 0 & 0 & 2(1+\mu) \end{bmatrix} \begin{bmatrix} \sigma_{xx} \\ \sigma_{yy} \\ \sigma_{zz} \\ \tau_{xy} \\ \tau_{yz} \\ \tau_{zx} \end{bmatrix} \tag{1-18}$$

若以应变表达应力，则有

$$
\begin{bmatrix} \sigma_{xx} \\ \sigma_{yy} \\ \sigma_{zz} \\ \tau_{xy} \\ \tau_{yz} \\ \tau_{zx} \end{bmatrix} = \begin{bmatrix} \lambda+2G & \lambda & \lambda & 0 & 0 & 0 \\ \lambda & \lambda+2G & \lambda & 0 & 0 & 0 \\ \lambda & \lambda & \lambda+2G & 0 & 0 & 0 \\ 0 & 0 & 0 & G & 0 & 0 \\ 0 & 0 & 0 & 0 & G & 0 \\ 0 & 0 & 0 & 0 & 0 & G \end{bmatrix} \begin{bmatrix} \varepsilon_{xx} \\ \varepsilon_{yy} \\ \varepsilon_{zz} \\ \gamma_{xy} \\ \gamma_{yz} \\ \gamma_{zx} \end{bmatrix}
\tag{1-19}
$$

式中，λ 称为 Lamé 系数，且

$$
\lambda = \frac{\mu E}{(1+\mu)(1-2\mu)}
\tag{1-20}
$$

1.2.4　应变能及其构成

当弹性体承受外力或内力作用时，发生变形，变形和施加的力成线性关系，力做的功以应变能的形式储存在弹性体中。在理想弹性体中，由于弹性变形是一个没有能量耗散的可逆过程，所以，在卸载后，弹性应变能将全部释放出来，卸载时能对外做功。

若一弹性体单向受外力 F_x 作用，所产生的最终位移为 u，则外力所做的功为

$$
W = \int_u F_x \, \mathrm{d}u
\tag{1-21}
$$

它等于物体内应变能的增量 U_t，即

$$
W = U_t = \frac{1}{2} \int_V \sigma_{xx} \varepsilon_{xx} \, \mathrm{d}x \, \mathrm{d}y \, \mathrm{d}z
$$

用符号 U 表示物体内单位体积的应变能，即应变能密度，对于受单向载荷作用的弹性体，应变能密度 U 为

$$
U = \int_{\varepsilon_{xx}} \sigma_{xx} \, \mathrm{d}\varepsilon_{xx} = \frac{1}{2} E \varepsilon_{xx}^2 = \frac{1}{2} \sigma_{xx} \varepsilon_{xx} = \frac{\sigma_{xx}^2}{2E}
\tag{1-22}
$$

若施加的外力是剪力，应变能密度 U 为

$$
U = \frac{1}{2} G \gamma_{xy}^2 = \frac{1}{2} \tau_{xy} \gamma_{xy} = \frac{\tau_{xy}^2}{2G}
\tag{1-23}
$$

显然，根据应力-应变关系，可以消除应变能密度表达式中的应力或应变。例如，仅用应力表示，应变能密度为

$$
U = \frac{1}{2E} \left[\sigma_{xx}^2 + \sigma_{yy}^2 + \sigma_{zz}^2 - 2\mu(\sigma_{xx}\sigma_{yy} + \sigma_{yy}\sigma_{zz} + \sigma_{zz}\sigma_{xx}) + 2(1+\mu)(\tau_{xy}^2 + \tau_{yz}^2 + \tau_{zx}^2) \right]
\tag{1-24}
$$

仅用应变表示，应变能密度为

$$
U = \frac{E}{2} \left[\frac{\mu}{(1+\mu)(1-2\mu)} (\varepsilon_{xx} + \varepsilon_{yy} + \varepsilon_{zz})^2 + \frac{1}{1+\mu}(\varepsilon_{xx}^2 + \varepsilon_{yy}^2 + \varepsilon_{zz}^2) + \frac{1}{2(1+\mu)}(\gamma_{xy}^2 + \gamma_{yz}^2 + \gamma_{zx}^2) \right]
\tag{1-25}
$$

在整个弹性体中，所储存的应变能为应变能密度在原始体积上的积分，即

$$U_t = \int_V U dV = \iiint U dx dy dz$$

应变能可以分为两部分：体积改变能和形状改变能。

$$U = U_v + U_d \tag{1-26}$$

其中体积改变能为

$$U_v = \frac{1-2\mu}{6E}(\sigma_1 + \sigma_2 + \sigma_3)^2 \tag{1-27}$$

形状改变能为

$$U_d = \frac{1+\mu}{3E}[\sigma_1^2 + \sigma_2^2 + \sigma_3^2 - (\sigma_1\sigma_2 + \sigma_2\sigma_3 + \sigma_3\sigma_1)] \tag{1-28}$$

式(1-28)在表征材料屈服条件时有重要意义。

1.3　平面问题

任何一个弹性体都是一个空间物体，因此，一般说来在外力作用下，弹性体内各点的应力、应变和位移是各不相同的，它们都是坐标 x，y，z 的函数，这样的问题叫作弹性力学空间问题。严格说，任何一个实际的弹性力学问题都是空间问题。空间问题是三维问题，其弹性力学求解难度远比二维问题大。因此，当物体几何形状特殊，同时又受到某种特殊的外力时，可以在满足工程设计要求的条件下，对空间问题进行简化。例如，如果弹性体内各点的应力、应变和位移不随坐标 z 变化，只是 x、y 的函数，就可以把该三维问题变为二维问题求解，这就是弹性力学平面问题。平面问题是弹性力学中最基本、也是最重要的内容。

一般平面问题可分为两种类型：平面应力问题和平面应变问题。

1.3.1　平面应力问题

如图 1-7 所示，在工程上，经常遇到这样的一类物体，例如薄板梁、墙体等，这类物体具有以下共同的特点：

① 在几何形状上，它们都是一个很薄的等厚度薄板；

② 在受力方面，面力作用在板的周边上且平行于板面沿厚度均布，同时，体力也平行于板面且不沿厚度变化。

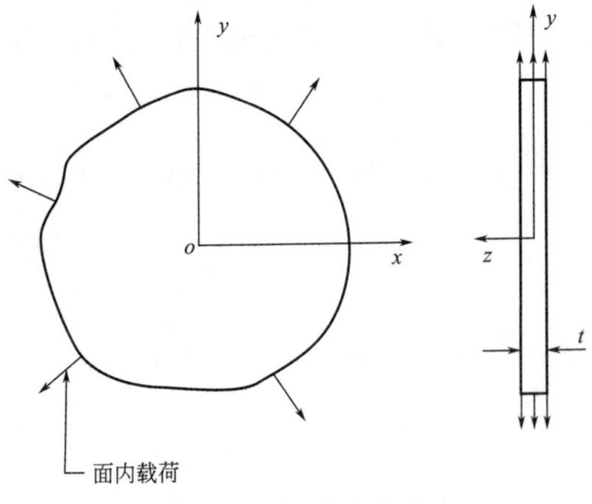

由于板很薄且均匀，载荷又平行于板面，或者说在板的前后表面上并不受力，因此，作用在该面的应力必等于零，即

$$\sigma_{zz}\Big|_{z=\pm\frac{t}{2}}=0, \ \tau_{zx}\Big|_{z=\pm\frac{t}{2}}=0, \ \tau_{yz}\Big|_{z=\pm\frac{t}{2}}=0$$

由于板很薄，外力沿厚度不变，所以，即使在薄板内部出现这些应力分量，它们也是微不足道的，因此，可以近似地假设这些应力分量在整个薄板的内部各处都为零。再利用切应力互等定理，有

$$\sigma_{zz}=0, \ \tau_{xz}=\tau_{zx}=0, \ \tau_{yz}=\tau_{zy}=0$$

图 1-7　平面应力状态

面内载荷

在这种情况下，弹性体内仅存在平行于中面 xoy 的应力分量 σ_{xx}、σ_{yy}、τ_{xy}，且认为沿厚度不发生改变，把这种问题称为平面应力问题。

由于和 z 轴相关的应力分量为零，物理方程变为

$$\left.\begin{array}{l} \varepsilon_{xx}=\dfrac{1}{E}(\sigma_{xx}-\mu\sigma_{yy}) \\[2mm] \varepsilon_{yy}=\dfrac{1}{E}(\sigma_{yy}-\mu\sigma_{xx}) \\[2mm] \gamma_{xy}=\tau_{xy}/G \end{array}\right\} \tag{1-29}$$

但应注意的是，板的厚度在外力作用下可变厚或变薄，所以沿着 z 轴方向的应变 ε_{zz} 不等于零，大小按下式计算

$$\varepsilon_{zz}=-\frac{\mu}{E}(\sigma_{xx}+\sigma_{yy}) \tag{1-30}$$

1.3.2 平面应变问题

在工程上，经常还会遇到这样的一类物体，例如水坝、隧道、输油管等，这类物体具有以下共同的特点：

① 在几何形状上，它们都是等截面的长柱体；

② 在受力方面，它们都只受到平行于横截面且沿长度方向不变的外力。

首先讨论一个极限情况，假设等截面柱体为无限长，所受载荷平行于横截面且沿长度方向不变，那么柱体中的任一截面都是对称面，不会出现沿着 z 方向的变形，包括截面沿 z 方向的位移和截面偏转，因此有 $\varepsilon_{zz}=0$、$\varepsilon_{zx}=0$、$\varepsilon_{yz}=0$。于是只存在平行于中面 xoy 的应力分量 ε_{xx}、ε_{yy}、γ_{xy}，这就是说，变形只发生在横截面内，把这类问题称为平面应变问题。

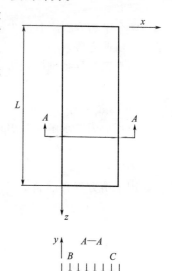

图 1-8 平面应变状态

其次，若柱体较长，如图 1-8 所示，对于远离端部的截面 $OACB$，也可认为不发生 z 方向的变形，可以近似看作平面应变。即

$$\varepsilon_{zz}=0,\ \varepsilon_{xz}=\varepsilon_{zx}=0,\ \varepsilon_{yz}=\varepsilon_{zy}=0 \tag{1-31}$$

同样应注意的是，由于沿 z 轴方向的正应变受到限制，柱体内沿该方向的正应力 σ_{zz} 不等于零，大小按下式计算

$$\sigma_{zz}=\mu(\sigma_{xx}+\sigma_{yy}) \tag{1-32}$$

由此，平面应变问题的物理方程为

$$\left.\begin{array}{l} \varepsilon_{xx}=\dfrac{1-\mu^2}{E}\left(\sigma_{xx}-\dfrac{\mu}{1-\mu}\sigma_{yy}\right) \\[3mm] \varepsilon_{yy}=\dfrac{1-\mu^2}{E}\left(\sigma_{yy}-\dfrac{\mu}{1-\mu}\sigma_{xx}\right) \\[3mm] \gamma_{xy}=\dfrac{2(1+\mu)}{E}\tau_{xy} \end{array}\right\} \tag{1-33}$$

注意到，若将平面应变解［式（1-33）］中的 $\mu/(1-\mu)$ 换为 μ，将 $E/(1-\mu^2)$ 换为 E，就得到了平面应力解［式（1-29）］。

1.3.3 弹性力学平面问题的解

所谓弹性力学问题的解，是指求出在弹性状态下承载后物体内的应力场、应变场和位移场。对于一般的非静定问题，要利用平衡方程、几何方程和物理方程联立求解。

弹性力学问题求解时有三种方法：位移法、应力法和混合法。按位移法求解时，以位移分量为基本未知量，由以位移分量表示的平衡微分方程和边界条件先求出位移分量，再用几何方程求出应变分量，应用物理方程求出应力分量。按应力法求解时，以应力分量作为未知量，由用应力分量表示的平衡微分方程、相容方程和边界条件求出应力分量后，再用物理方程求出应变分量，进而用几何方程求出位移分量。在混合求解时，同时以某些位移分量和应力分量作为未知量，由包含这些未知量的微分方程和边界条件求出未知量，再利用其他方程求出其余未知量。

本节只介绍弹性力学平面问题的应力法求解方法，分平面问题直角坐标解和平面问题极坐标解。

（1）平面问题直角坐标解

对于不考虑体力的二维弹性力学问题，直角坐标系下的平衡方程为

$$\left.\begin{array}{l} \dfrac{\partial \sigma_{xx}}{\partial x}+\dfrac{\partial \tau_{xy}}{\partial y}=0 \\[2mm] \dfrac{\partial \sigma_{yy}}{\partial y}+\dfrac{\partial \tau_{xy}}{\partial x}=0 \end{array}\right\} \tag{1-34}$$

两个平衡方程中有三个应力未知量，无法直接求解，应寻求补充方程，这个补充方程就是应变协调方程。

前面已推导得到应变协调方程为

$$\frac{\partial^2 \varepsilon_{xx}}{\partial y^2}+\frac{\partial^2 \varepsilon_{yy}}{\partial x^2}=\frac{\partial^2 \gamma_{xy}}{\partial x \partial y}$$

采用应力法求解时，引进函数 $\phi(x,y)$，并使

$$\sigma_{xx}=\frac{\partial^2 \phi}{\partial y^2}, \sigma_{yy}=\frac{\partial^2 \phi}{\partial x^2}, \tau_{xy}=-\frac{\partial^2 \phi}{\partial x \partial y} \tag{1-35}$$

则平衡方程自动满足，而变形协调方程变为

$$\frac{\partial^4 \phi}{\partial x^4}+2\frac{\partial^4 \phi}{\partial^2 x \partial^2 y}+\frac{\partial^4 \phi}{\partial y^4}=0 \tag{1-36}$$

或

$$\nabla^2(\nabla^2 \phi)=\nabla^2(\sigma_{xx}+\sigma_{yy})=0 \tag{1-37}$$

式中，∇ 为拉普拉斯算子，$\nabla^2=\dfrac{\partial^2}{\partial x^2}+\dfrac{\partial^2}{\partial y^2}$。

于是，采用应力法求解弹性力学平面问题，就归结为解出满足双调和方程（1-29）的应力函数 $\phi(x,y)$，且在边界上满足边界条件，进而利用物理方程和边界条件求出弹性体的应变分量和位移分量。$\phi(x,y)$ 称为平面问题中的应力函数，也称为艾瑞（Airy）应力函数。

然而，要想直接从双调和方程和边界条件求出应力函数 $\phi(x,y)$ 往往是很困难的，因此，在解决许多实际问题中常常采用一种适用的解法——逆解法或半逆解法来求解弹性力学问题。

所谓逆解法，就是先假定各种形式的应力函数 $\phi(x,y)$，使其满足相容方程，再求出应力分量，然后根据应力边界条件来考虑在各种形状的弹性体上，这些应力对应于什么样的外力。反过来，便可以知道所设定的应力函数可以解决什么类型的弹性力学问题。换言之，即

在一定的载荷条件下，弹性体内将出现唯一确定的应力分布，这一性质称为弹性理论解的唯一性，从而判定由逆解法得到的解是完全正确的。

所谓半逆解法，就是针对每一具体问题的边界条件和受力情况，假设部分应力分量为某种形式的函数，由此推导出应力函数 $\phi(x, y)$ 的初步形式，然后，进一步来考察这个应力函数是否满足相容方程，并且检验由这个应力函数求出的应力分量是否满足应力边界条件和位移单值条件，如果上述各方面的条件都得到满足，就能得出完全正确的解。如果所设应力函数不正确，就需重新选取应力函数。

（2）平面问题极坐标解

同样，采用应力法求解时，引进函数 $\phi(r, \theta)$，并使

$$\left.\begin{aligned}
\sigma_{rr} &= \frac{1}{r}\frac{\partial \phi}{\partial r} + \frac{1}{r^2}\frac{\partial^2 \phi}{\partial \theta^2} \\
\sigma_{\theta\theta} &= \frac{\partial^2 \phi}{\partial r^2} \\
\tau_{r\theta} &= \frac{1}{r^2}\frac{\partial \phi}{\partial \theta} - \frac{1}{r}\frac{\partial^2 \phi}{\partial r \partial \theta} = -\frac{\partial}{\partial r}\left(\frac{1}{r}\frac{\partial \phi}{\partial \theta}\right)
\end{aligned}\right\} \tag{1-38}$$

显然，不考虑体力时，式（1-38）满足极坐标系下的平衡方程

$$\left.\begin{aligned}
\frac{\partial \sigma_{rr}}{\partial r} + \frac{\partial \tau_{r\theta}}{r\partial \theta} + \frac{\sigma_{rr} - \sigma_{\theta\theta}}{r} &= 0 \\
\frac{\partial \sigma_{\theta\theta}}{r\partial \theta} + \frac{\partial \tau_{\theta r}}{\partial r} + \frac{2\tau_{r\theta}}{r} &= 0
\end{aligned}\right\} \tag{1-39}$$

而变形协调方程变为

$$\left(\frac{\partial^2}{\partial r^2} + \frac{1}{r}\frac{\partial}{\partial r} + \frac{1}{r^2}\frac{\partial^2}{\partial \theta^2}\right)\left(\frac{\partial^2 \phi}{\partial r^2} + \frac{1}{r}\frac{\partial \phi}{\partial r} + \frac{1}{r^2}\frac{\partial^2 \phi}{\partial \theta}\right) = 0 \tag{1-40}$$

或

$$\left.\begin{aligned}
\nabla^2\left(\nabla^2 \phi\right) &= 0 \\
\nabla^2\left(\sigma_{rr} + \sigma_{\theta\theta}\right) &= 0
\end{aligned}\right\}$$

1.4　小孔应力集中

1.4.1　小圆孔应力集中

小孔应力集中问题是典型的平面应力问题。如图 1-9 所示，一块单向（x 方向）受均匀拉应力的大薄板中心有一个半径为 a 的圆孔，应用应力法对此进行求解。

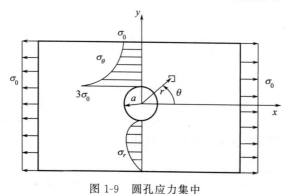

图 1-9　圆孔应力集中

采用半逆解法，分两步进行。首先，如果受均匀拉应力作用的大薄板中没有小孔，则板内任一点的应力分量为

$$\left.\begin{array}{l} \sigma_{xx}=\sigma_0 \\ \sigma_{yy}=0 \\ \tau_{xy}=0 \end{array}\right\}$$

由此，在略去了线性项和常数项以后，取直角坐标系下的应力函数为

$$\phi_1=\frac{\sigma_0}{2}y^2$$

在极坐标下，因为 $y=r\sin\theta$，所以

$$\phi_1=\frac{\sigma_0}{2}r^2\sin^2\theta=\frac{\sigma_0}{4}r^2(1-\cos2\theta)$$

由此得应力分量

$$\left.\begin{array}{l} \sigma_{rr}^{(1)}=\dfrac{\sigma_0}{2}(1+\cos2\theta) \\[2mm] \sigma_{\theta\theta}^{(1)}=\dfrac{\sigma_0}{2}(1-\cos2\theta) \\[2mm] \tau_{r\theta}^{(1)}=-\dfrac{\sigma_0}{2}\sin2\theta \end{array}\right\} \tag{1-41}$$

其次，在薄板中引入小孔，小孔边界（$r=a$）为自由边界，应满足如下边界条件

$$\sigma_{rr}=\tau_{r\theta}=0 \tag{1-42}$$

换句话说，必须引入另一个应力函数 ϕ_2，使其在小孔边界处所产生的应力 σ_{rr}、$\tau_{r\theta}$ 与式(1-41) 中的对应应力抵消，下列应力函数满足该要求

$$\phi_2=\frac{\sigma_0a^2}{2}\left\{-\lg r+\left[1-\frac{1}{2}\left(\frac{a}{r}\right)^2\right]\cos2\theta\right\}$$

由此，又得到应力分量

$$\left.\begin{array}{l} \sigma_{rr}^{(2)}=\dfrac{\sigma_0a^2}{2r^2}\left\{-1+\left[-4+3\left(\dfrac{a}{r}\right)^2\right]\cos2\theta\right\} \\[3mm] \sigma_{\theta\theta}^{(2)}=\dfrac{\sigma_0a^2}{2r^2}\left[1-3\left(\dfrac{a}{r}\right)^2\cos2\theta\right] \\[3mm] \tau_{r\theta}^{(2)}=\dfrac{\sigma_0a^2}{2r^2}\left[-2+3\left(\dfrac{a}{r}\right)^2\right]\sin2\theta \end{array}\right\} \tag{1-43}$$

在小孔边界 $r=a$ 上，由式(1-43) 得

$$\left.\begin{array}{l} \sigma_{rr}^{(2)}=-\dfrac{\sigma_0}{2}(1+\cos2\theta)=-\sigma_{rr}^{(1)} \\[3mm] \tau_{r\theta}^{(2)}=\dfrac{\sigma_0}{2}\sin2\theta=-\tau_{r\theta}^{(1)} \end{array}\right\}$$

另外，ϕ_2 要满足的另一个条件是：当 r 较大时，ϕ_2 的应力场必须是可以忽略的，因为在远离小孔处，应力场不应再受小孔影响，而是由 ϕ_1 单独确定。

当 $r\gg a$ 时，$\left(\dfrac{a}{r}\right)^2\rightarrow0$，于是有

$$\sigma_{rr}^{(2)} = \frac{\sigma_0 a^2}{2r^2} \left\{ -1 + \left[-4 + 3\left(\frac{a}{r}\right)^2 \right] \cos2\theta \right\} \approx 0$$

$$\sigma_{\theta\theta}^{(2)} = \frac{\sigma_0 a^2}{2r^2} \left[1 - 3\left(\frac{a}{r}\right)^2 \cos2\theta \right] \approx 0$$

$$\tau_{r\theta}^{(2)} = \frac{\sigma_0 a^2}{2r^2} \left[-2 + 3\left(\frac{a}{r}\right)^2 \right] \sin2\theta \approx 0$$

满足了对 ϕ_2 的远场要求。

显然，单向受均匀拉应力作用的大薄板中心开小圆孔的弹性力学解应是由 ϕ_1 和 ϕ_2 给出的应力场的叠加，即

$$\sigma_r = \sigma_{rr}^{(1)} + \sigma_{rr}^{(2)} = \frac{\sigma_0}{2}\left(1 - \frac{a^2}{r^2}\right) + \frac{\sigma_0}{2}\left(1 + \frac{3a^4}{r^4} - \frac{4a^2}{r^2}\right)\cos2\theta$$

$$\sigma_\theta = \sigma_{\theta\theta}^{(1)} + \sigma_{\theta\theta}^{(2)} = \frac{\sigma_0}{2}\left(1 + \frac{a^2}{r^2}\right) - \frac{\sigma_0}{2}\left(1 + \frac{3a^4}{r^4}\right)\cos2\theta \qquad (1\text{-}44)$$

$$\tau_{r\theta} = \tau_{r\theta}^{(1)} + \tau_{r\theta}^{(2)} = -\frac{\sigma_0}{2}\left(1 + \frac{2a^2}{r^2} - \frac{3a^4}{r^4}\right)\sin2\theta$$

由式（1-44）得孔边（$r=a$）的应力为

$$\sigma_r = 0$$
$$\sigma_\theta = \sigma_0(1 - 2\cos2\theta)$$
$$\tau_{r\theta} = 0$$

沿着 y 轴（$\theta = 90°$）截面上的应力分量为

$$\sigma_r = \sigma_0\left(\frac{3a^2}{2r^2} - \frac{3a^4}{2r^4}\right)$$

$$\sigma_\theta = \sigma_0\left(1 + \frac{a^2}{2r^2} + \frac{3a^4}{2r^4}\right) \qquad (1\text{-}45)$$

$$\tau_{r\theta} = 0$$

应力分布如图 1-9 所示。显然，在孔边沿 y 轴截面上有最大应力，大小为 $3\sigma_0$。

定义应力集中系数 K_t 为弹性范围内最大局部应力与名义应力的比值，则在小圆孔条件下，$K_t = 3$。

1.4.2 椭圆孔应力集中

若大薄板中心有一小椭圆孔，单向（x 方向）受均匀拉应力 σ_0 作用，如图 1-10 所示，同样可采用弹性力学方法进行求解，得到在椭圆孔的 A 和 B 两点与椭圆孔边界相切的周向应力分别为

$$\sigma_A = \sigma_0\left(1 + \frac{2a}{b}\right)$$
$$\sigma_B = -\sigma_0 \qquad (1\text{-}46)$$

因此，椭圆孔引起的应力集中系数为

$$K_t = 1 + \frac{2a}{b} \qquad (1\text{-}47)$$

当 $a/b = 2$ 时，$K_t = 5$。若椭圆更扁，a/b 更大，应力集中系数也会近似成比例增加。裂纹可看作 $b\to0$ 的椭圆孔，此时 $K_t\to\infty$，意味着在弹性分析中，裂纹尖端的应力场是奇异的。

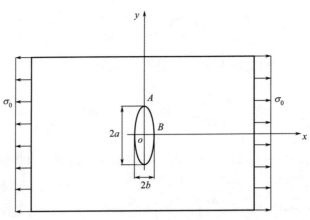

图 1-10 椭圆孔应力集中

1.5 屈服条件

所谓屈服条件是指物体内某一点开始产生塑性变形时其所受应力必须满足的条件。

对于单向应力状态，只要单向应力大到材料的屈服点时，则该点开始由弹性状态进入塑性状态，即发生屈服，所以屈服条件是 $\sigma = R_{eL}$。而压力容器中各点处于多向应力状态，即有多个应力分量同时作用，判断材料是否进入塑性的条件必然和这些应力分量有关。因此一般情况下屈服条件可表示为

$$f(\sigma_{xx}, \sigma_{yy}, \sigma_{zz}, \tau_{xy}, \tau_{yz}, \tau_{zx}) = C$$

或

$$f(\sigma_1, \sigma_2, \sigma_3) = C$$

式中，C 是与材料有关的常数。

对于压力容器用材料，韧性较好，常用的屈服条件有 Tresca 屈服条件和 Mises 屈服条件。

1.5.1 Tresca 屈服条件

Tresca 屈服条件是由法国科学家亨利·特雷斯卡提出，后也被称为特雷斯卡（Tresca）屈服准则。该理论提出：当金属材料中一点的最大切应力 τ_{max} 达到某一极限值时，材料便开始屈服。若主应力大小已知，即 $\sigma_1 > \sigma_2 > \sigma_3$，则 Tresca 屈服条件可写为

$$2\tau_{max} = \sigma_1 - \sigma_3 = R_{eL} \tag{1-48}$$

式中，R_{eL} 为单向拉伸试验的屈服极限。

一般情况下，主应力次序是未知的，此时 Tresca 屈服条件如下，其中任一个条件成立即发生屈服

$$\left.\begin{array}{l} \sigma_1 - \sigma_2 = \pm R_{eL} \\ \sigma_2 - \sigma_3 = \pm R_{eL} \\ \sigma_3 - \sigma_1 = \pm R_{eL} \end{array}\right\} \tag{1-49}$$

若以 σ_1、σ_2、σ_3 为坐标轴建立主应力空间，过坐标原点 o 作一条与三个坐标轴成等倾角的斜线 om，则该直线上任一点的应力状态对应一个静水压的应力状态，即 $\sigma_1 = \sigma_2 = \sigma_3$。过坐标原点且与 om 垂直的平面称为 π 平面，π 平面上各点的平均应力为零，与 π 平面平行的平面上各点的平均应力不为零但相等。在主应力空间中，式(1-49)屈服条件的几何图形为

图 1-11(a) 所示的垂直于 π 平面的正六角柱面。π 平面上的屈服轨迹是外接圆半径为 $\sqrt{\dfrac{2}{3}}$ R_{eL} 的正六边形，如图 1-11(b) 所示。

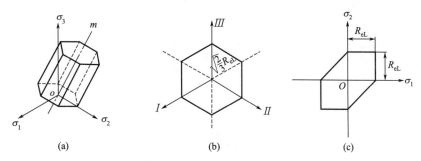

图 1-11　Tresca 屈服条件

平面应力状态下，$\sigma_3 = 0$，则屈服条件为

$$\left.\begin{array}{r}\sigma_1 - \sigma_2 = \pm R_{\mathrm{eL}} \\ \sigma_2 = \pm R_{\mathrm{eL}} \\ \sigma_1 = \pm R_{\mathrm{eL}}\end{array}\right\} \tag{1-50}$$

屈服条件为斜六边形，如图 1-11(c) 所示。

　　Tresca 屈服条件数学表达简单，与实验也较吻合，但使用该条件必须预知主应力的次序才能求出 $\tau_{\max}$。但一般情况下主应力次序并不知道，而且随加载变化而改变，故使用起来有一定困难。在结构有限元分析中，若采用 Tresca 屈服条件，计算机必须对各点应力计算结果进行变换和比较，得到主应力次序。

1.5.2　Mises 屈服条件

　　1913 年，Mises 指出，Tresca 屈服轨迹的六个角点可由实验得到，但连接这六个点的直线却是一种假设，而且六边形的不连续会引起数学上的困难。Mises 认为用一个圆连接六个顶点可能更合理更方便。于是 Mises 屈服条件所得的屈服曲面是一个垂直于 π 平面的正圆柱面，如图 1-12(a) 所示。π 平面上的屈服轨迹是一个半径为 $\sqrt{\dfrac{2}{3}} R_{\mathrm{eL}}$ 的圆，如图 1-12(b) 所示，用公式表达为

$$(\sigma_1 - \sigma_2)^2 + (\sigma_2 - \sigma_3)^2 + (\sigma_3 - \sigma_1)^2 = 2R_{\mathrm{eL}}^2 \tag{1-51}$$

　　平面应力状态下，$\sigma_3 = 0$，则屈服条件为

$$\sigma_1{}^2 - \sigma_1 \sigma_2 + \sigma_2{}^2 = R_{\mathrm{eL}}^2$$

这是一个椭圆方程，如图 1-12(c) 所示。

　　1924 年，Hencky 对 Mises 屈服条件的物理意义做了解释，他指出，Mises 屈服条件可理解为：当材料的形状改变能 U_{d} 达到一定数值（该值可由简单拉伸状态确定）时，材料开始屈服，即

$$\frac{1+\mu}{6E}\left[(\sigma_1 - \sigma_2)^2 + (\sigma_2 - \sigma_3)^2 + (\sigma_3 - \sigma_1)^2\right] = \frac{1+\mu}{6E} 2R_{\mathrm{eL}}^2 \tag{1-52}$$

该条件显然与 Mises 屈服条件［式(1-51)］是一致的。

　　若采用当量应力来表达屈服条件，则有更简单的形式

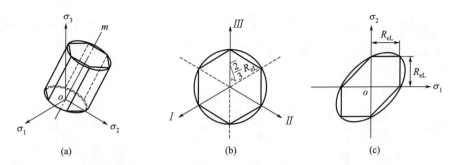

图 1-12 Mises 屈服条件

$$\sigma_{e} = \frac{1}{\sqrt{2}} \sqrt{(\sigma_1 - \sigma_2)^2 + (\sigma_2 - \sigma_3)^2 + (\sigma_3 - \sigma_1)^2} = R_{eL} \qquad (1-53)$$

于是 Mises 屈服条件又可看作：材料内一点处的当量应力达到一定数值（材料单向拉伸的屈服极限 R_{eL}）时，材料开始屈服。

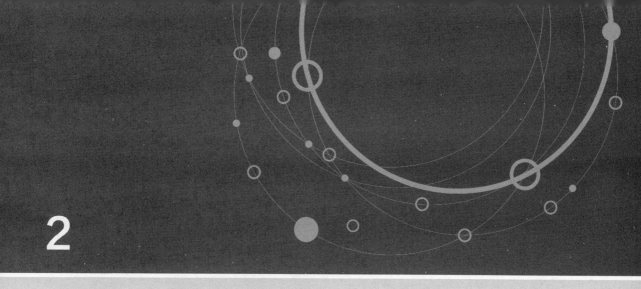

2 有限元基本原理

有限元法是目前最常见的数值分析方法，其工程应用越来越普遍，采用有限元法进行应力分析和强度与刚度或稳定性评定是目前压力容器分析设计常见的做法。本章将介绍有限元基础知识，目的是了解有限元求解结构力学问题的基本思路、原理和要点。

2.1 概述

有限元法（finite element method，FEM），也称为有限单元法或有限元素法，基本思想是将求解区域离散为一组有限个、且按一定方式相互连接在一起的单元的组合体，利用每一个单元内假设的近似函数来分片地表示全求解域上待求的未知场函数。由于单元可以被分割成各种形状和不同的尺寸，且能按不同的连接方式进行组合，所以它能很好地适应复杂的几何形状、材料特性和边界条件。它是将弹性理论、计算数学和计算机软件有机结合在一起的一种数值计算方法。

有限元方法的思想就是离散逼近的思想，古人的"化整为零""化圆为直"都体现了这种思想，如"曹冲称象"的典故，就是采用大量的简单小物体堆积来离散逼近复杂大物体的重量；古代数学家刘徽采用割圆法来对圆周长进行计算，也是离散逼近的思想。

从应用数学角度来看，早在1870年，英国科学家 Rayleigh 就采用假想的"试函数"来求解复杂的微分方程，1909年 Ritz 将其发展成为完善的数值近似方法，为现代有限元方法打下坚实基础。20世纪40年代，由于航空事业的飞速发展，设计师需要对飞机结构进行精确的设计和计算，便逐渐在工程中产生了矩阵力学分析方法。1943年，Courant 发表了使用三角形区域的多项式函数来求解扭转问题的论文；1955年德国 Argyris 的关于结构分析中的能量原理和矩阵方法的书，为后续的有限元研究奠定了重要基础；1956年波音公司的 Turner、Clough、Martin 和 Topp 在分析飞机结构时系统研究了离散杆、梁、三角形的单元刚度表达式；1960年，Clough 在"The finite element in plane stress analysis"的论文中首次提出了有限元（finite element）这一术语；1967年 Zienkiewicz 和 Cheung 出版了第一本有关有限元分析的专著；1969年 B. A. Szabo 和 G. C. Lee 指出可以用加权余量法特别是 Galerkin 法，导出标准的有限元过程来求解结构力学问题；1970年以后，有限元方法开始应用于处理非线性和大变形问题。

随着计算机技术的突飞猛进，有限元法得到了巨大的发展，为工程设计和优化提供了强大的计算工具。对于特定形状、承受特定载荷、材料均匀的结构，采用材料力学或弹性力学方法也许可以得到解析解，但如果形状复杂、载荷复杂，甚至材料复杂的结构，一般无法得到解析解，此时，可以采用可行、有效的有限元法求解。

基于有限元方法原理的软件大量出现，并在实际工程中发挥了愈来愈重要的作用。目前，国际上专业、著名的有限元分析软件公司有几十家，通用的有限元分析软件有 AN-SYS、ABAQUS、MSC/NASTRAN、MSC/MARC、ADINA、ALGOR、PRO/ME-CHANICA、IDEAS 等，还有一些专门的有限元分析软件，如 LS-DYNA、DEFORM、PAM-STAMP、AUTOFORM、SUPER-FORGE 等。

有限元法处理力学问题的基本思路是：

① 将一个受力的连续弹性体"离散化"，即将它看作是由一定数量的有限小的单元集合体。而认为这些单元之间只在节点上互相联系，亦即只有节点才能传递力。

② 按静力等效原则将作用于每个单元的外力简化到节点上去，形成等效节点力。

③ 根据弹性力学的基本方程推导出单元节点力和节点位移之间的关系，建立作用在每个节点上力的平衡方程式，于是得到一个以节点位移为未知数的线性方程组。

④ 加入位移边界条件求解方程组，得到全部未知位移，进而求得各单元的应变和应力。

这种求解方法的主要优点是：

① 概念浅显，易于掌握，既可以从直观的物理模型来理解，也可以按严格的数学逻辑来研究；

② 适应性强，应用范围广，不仅能成功地解决应力分析中的复杂的边界条件、非线性、非均质材料、动力学等难题，而且还可以解决数学物理方程的其他边值问题，如热传导、电磁场、流体力学等领域的问题；

③ 普遍采用矩阵形式表达公式，便于计算机的程序运算。

2.2　有限元分析简明过程

2.2.1　二连杆结构经典静力分析

有限元法求解结构力学问题的思路和经典力学（材料力学或弹性力学）方法不同，这里以二连杆结构受力分析为例，说明其异同之处。本节先用经典力学进行求解。

图 2-1 是截面大小不同的二连杆结构，杆件 1 的长度为 $l_1 = 0.2$m，截面积为 $A_1 = 0.002$m^2；杆件 2 的长度为 $l_2 = 0.2$m，截面积为 $A_2 = 0.001$m^2。杆件 1 和杆件 2 的材料相同，弹性模量为 $E_1 = E_2 = 2 \times 10^{11}$Pa。杆件 2 右端 C 受轴向力 F 作用，大小为 100kN，杆件 1 左端 A 铰支固定。

由于是一维静力平衡结构，可采用材料力学方法求解各杆件中的应力、应变和杆件变形或位移。

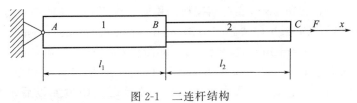

图 2-1　二连杆结构

将两个杆件进行分解，两杆件之间的作用以相互作用力代替，图 2-2 标出各杆件受力状况，其中杆件 1 在 B 端承受杆件 2 的作用力 I_1，在 A 端承受支座反力 P_A；杆件 2 在 B 端承受杆件 1 的作用力 I_2，在 C 端承受外加作用力 $P_C=F$。

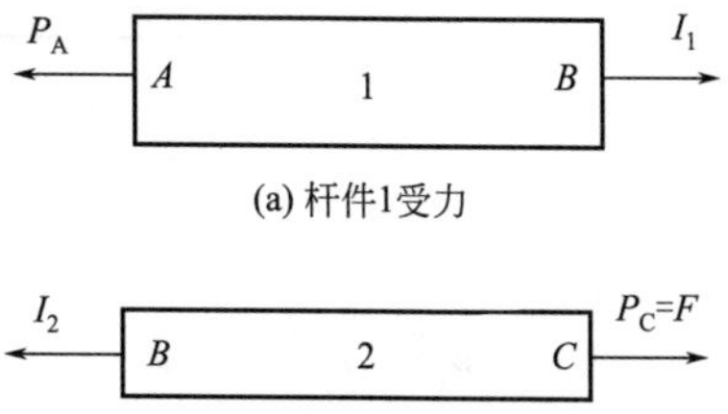

因杆件处于静力平衡状态，且 I_1 和 I_2 是作用力和反作用力关系，因此有

$$I_2=P_C=F=100\text{kN}$$
$$I_1=I_2=100\text{kN}$$
$$P_A=I_1=100\text{kN}$$

图 2-2　各杆件受力

下面计算每根杆件的应力，这是一个等截面杆受拉伸的情况，则杆件 1 的应力为

$$\sigma_1=\frac{P_A}{A_1}=\frac{100\times10^3}{0.002}=50\times10^6(\text{Pa})=50(\text{MPa})$$

杆件（2）的应力为

$$\sigma_2=\frac{P_C}{A_2}=\frac{100\times10^3}{0.001}=100\times10^6(\text{Pa})=100(\text{MPa})$$

对于弹性分析，由胡克定律容易求出杆件 1 和杆件 2 中的应变 ε_1 和 ε_2 为

$$\varepsilon_1=\frac{\sigma_1}{E_1}=\frac{50\times10^6}{2\times10^{11}}=0.25\times10^{-3}$$

$$\varepsilon_2=\frac{\sigma_2}{E_2}=\frac{100\times10^6}{2\times10^{11}}=0.5\times10^{-3}$$

由于 $\varepsilon=\dfrac{\Delta l}{l}$，故杆件 1 和杆件 2 的变形 Δl_1 和 Δl_2 为

$$\Delta l_1=\varepsilon_1 l_1=0.25\times10^{-3}\times0.2=0.05\times10^{-3}(\text{m})=0.05(\text{mm})$$

$$\Delta l_2=\varepsilon_2 l_2=0.5\times10^{-3}\times0.2=0.1\times10^{-3}(\text{m})=0.1(\text{mm})$$

由于左端 A 固定，则该点沿 x 方向的位移为零，而 B 点的位移则为杆件 1 的伸长量，C 点的位移为杆件 1 和 2 的总伸长量，故 A、B 和 C 点的位移为

$$u_A=0,u_B=0.05\text{mm},u_C=0.15\text{mm}$$

至此，采用经典力学分析方法求解得到了图 2-1 所示结构中各杆件中的应力、应变和变形。

2.2.2　二连杆结构有限元分析

有限元法是基于节点的位移来构建相应的平衡关系，然后再进行求解，见图 2-3。

虽然所处理的对象相同，但为了和有限元的描述一致，将杆件 1 改称为单元 1，杆件 2 改称为单元 2，两单元之间由节点 B 连接。另外，单元 1 在左端有节点 A，单元 2 在右端有节点 C。

若结构处于静力平衡状态，那么所划分的各单元以及单元节点当然也处于静力平衡状态。用 I_A 表示单元 1 对节点 A 的作用，I_B 和 I_B' 分别表示单元 1 和单元 2 对节点 B 的作用，I_C' 表示单元 2 对节点 C 的作用。

首先分析单元 1 内部的受力及变形状况，它的绝对伸长量为 (u_B-u_A)，则应变为

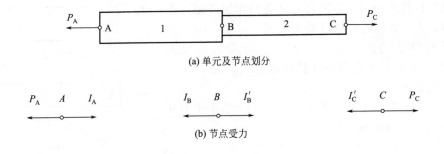

(a) 单元及节点划分

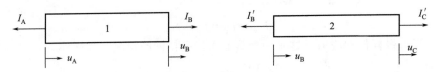

(b) 节点受力

(c) 单元内部受力

图 2-3　二连杆结构有限元单元划分

$$\varepsilon_1 = \frac{u_B - u_A}{l_1} \tag{2-1}$$

对于一维弹性问题，按胡克定律，单元 1 中的应力为

$$\sigma_1 = E_1 \varepsilon_1 = E_1 \frac{u_B - u_A}{l_1} \tag{2-2}$$

单元 1 的内力为　　　$I_A = I_B = \sigma_1 A_1 = \dfrac{E_1 A_1}{l_1}(u_B - u_A)$

对于单元 2 进行同样的分析和计算，它的内力为

$$I'_B = I'_C = \sigma_2 A_2 = \frac{E_2 A_2}{l_2}(u_C - u_B)$$

下面建立节点 A、B、C 的平衡方程。对于节点 A，有平衡关系

$$-P_A + I_A = 0$$

将 I_A 表达式代入，有

$$-P_A + \frac{E_1 A_1}{l_1}(u_B - u_A) = 0 \tag{2-3}$$

对于节点 B，有平衡关系

$$I'_B - I_B = 0$$

将 I_B 和 I'_B 表达式代入，有

$$-\frac{E_1 A_1}{l_1}(u_B - u_A) + \frac{E_2 A_2}{l_2}(u_C - u_B) = 0 \tag{2-4}$$

对于节点 C，有平衡关系

$$P_C - I'_C = 0$$

将 I'_C 表达式代入，有

$$P_C - \frac{E_2 A_2}{l_2}(u_C - u_B) = 0 \tag{2-5}$$

将节点 A、B、C 的平衡关系写成一个方程组，并以 0 补齐一些项，有

$$
\left.
\begin{array}{ll}
\text{节点 } A & -P_A - \dfrac{E_1 A_1}{l_1} u_A + \dfrac{E_1 A_1}{l_1} u_B + 0 = 0 \\[3mm]
\text{节点 } B & 0 + \dfrac{E_1 A_1}{l_1} u_A - \left(\dfrac{E_1 A_1}{l_1} + \dfrac{E_2 A_2}{l_2} \right) u_B + \dfrac{E_2 A_2}{l_2} u_C = 0 \\[3mm]
\text{节点 } C & P_C - 0 + \dfrac{E_2 A_2}{l_2} u_B - \dfrac{E_2 A_2}{l_2} u_C = 0
\end{array}
\right\}
\tag{2-6}
$$

写成矩阵形式，有

$$
\begin{bmatrix} -P_A \\ 0 \\ P_C \end{bmatrix} -
\begin{bmatrix}
\dfrac{E_1 A_1}{l_1} & -\dfrac{E_1 A_1}{l_1} & 0 \\[3mm]
-\dfrac{E_1 A_1}{l_1} & \dfrac{E_1 A_1}{l_1} + \dfrac{E_2 A_2}{l_2} & -\dfrac{E_2 A_2}{l_2} \\[3mm]
0 & -\dfrac{E_2 A_2}{l_2} & \dfrac{E_2 A_2}{l_2}
\end{bmatrix}
\begin{bmatrix} u_A \\ u_B \\ u_C \end{bmatrix} =
\begin{bmatrix} 0 \\ 0 \\ 0 \end{bmatrix}
\tag{2-7}
$$

将材料弹性模量和结构尺寸代入，有以下方程（采用国际单位）

$$
\begin{bmatrix}
20 \times 10^8 & -20 \times 10^8 & 0 \\
-20 \times 10^8 & 30 \times 10^8 & -10 \times 10^8 \\
0 & -10 \times 10^8 & 10 \times 10^8
\end{bmatrix}
\begin{bmatrix} u_A \\ u_B \\ u_C \end{bmatrix} =
\begin{bmatrix} -P_A \\ P_B \\ 100 \times 10^3 \end{bmatrix}
\tag{2-8}
$$

由于左端点固定，即 $u_A = 0$，另外节点 B 无外加载荷，$P_B = 0$，该方程的未知量为 u_B、u_C、P_A，求解该方程，有

$$
\left.
\begin{array}{l}
u_B = 0.05 \times 10^{-3} \, \text{m} = 0.05 \, \text{mm} \\[2mm]
u_C = 0.15 \times 10^{-3} \, \text{m} = 0.15 \, \text{mm} \\[2mm]
P_A = 100 \times 10^3 \, \text{N} = 100 \, \text{kN}
\end{array}
\right\}
$$

这里的 P_A 就是支座反力，下面就很容易求解出杆 1 和 2 中的其他力学量，即

$$
\left.
\begin{array}{l}
\varepsilon_1 = \dfrac{u_B - u_A}{l_1} = 0.25 \times 10^{-3} \\[3mm]
\varepsilon_2 = \dfrac{u_C - u_B}{l_2} = 0.5 \times 10^{-3} \\[3mm]
\sigma_1 = E_1 \varepsilon_1 = 50 \times 10^6 \, (\text{Pa}) = 50 \, (\text{MPa}) \\[2mm]
\sigma_2 = E_2 \varepsilon_2 = 100 \times 10^6 \, (\text{Pa}) = 100 \, (\text{MPa})
\end{array}
\right\}
$$

由推导过程可知，基于有限元法，最后得到的是一个全结构的平衡方程，该方程的特点为：

① 基本的力学参量为节点位移 u_A、u_B、u_C 和节点力 P_A、P_C；

② 直接给出了全结构的平衡方程，不需要针对每一个单元去进行递推；

③ 在获得节点位移变量 u_A、u_B、u_C 后，其他力学参量（如应变和应力）都可以求出。

2.2.3　刚度方程

式 (2-7) 是推导得到的全结构矩阵方程，下面对此做进一步研究，讨论它的物理含义，并总结出相应的规律。

将式(2-7) 改写为

$$
\begin{array}{c} 节点\,A \\ \\ 节点\,B \\ \\ \\ 节点\,C \end{array}
\begin{bmatrix}
\dfrac{E_1 A_1}{l_1} & -\dfrac{E_1 A_1}{l_1} & 0 \\[3mm]
-\dfrac{E_1 A_1}{l_1} & \dfrac{E_1 A_1}{l_1}+\dfrac{E_2 A_2}{l_2} & -\dfrac{E_2 A_2}{l_2} \\[3mm]
0 & -\dfrac{E_2 A_2}{l_2} & \dfrac{E_2 A_2}{l_2}
\end{bmatrix}
\begin{bmatrix} u_A \\ u_B \\ u_C \end{bmatrix}
=
\begin{bmatrix} P_A \\ P_B \\ P_C \end{bmatrix}
\tag{2-9}
$$

再将其分解为两个单元之和，即写成

$$
\begin{bmatrix}
\dfrac{E_1 A_1}{l_1} & -\dfrac{E_1 A_1}{l_1} & 0 \\[3mm]
-\dfrac{E_1 A_1}{l_1} & \dfrac{E_1 A_1}{l_1} & 0 \\[3mm]
0 & 0 & 0
\end{bmatrix}
\begin{bmatrix} u_A \\ u_B \\ u_C \end{bmatrix}
+
\begin{bmatrix}
0 & 0 & 0 \\[3mm]
0 & \dfrac{E_2 A_2}{l_2} & -\dfrac{E_2 A_2}{l_2} \\[3mm]
0 & -\dfrac{E_2 A_2}{l_2} & \dfrac{E_2 A_2}{l_2}
\end{bmatrix}
\begin{bmatrix} u_A \\ u_B \\ u_C \end{bmatrix}
=
\begin{bmatrix} P_A \\ P_B \\ P_C \end{bmatrix}
\tag{2-10}
$$

上式左端的第 1 项实质为

$$
\begin{bmatrix}
\dfrac{E_1 A_1}{l_1} & -\dfrac{E_1 A_1}{l_1} \\[3mm]
-\dfrac{E_1 A_1}{l_1} & \dfrac{E_1 A_1}{l_1}
\end{bmatrix}
\begin{bmatrix} u_A \\ u_B \end{bmatrix}
=\dfrac{E_1 A_1}{l_1}
\begin{bmatrix} u_A - u_B \\ u_B - u_A \end{bmatrix}
=
\begin{bmatrix} -I_A \\ I_B \end{bmatrix}
\tag{2-11}
$$

上式中的 $-I_A$ 和 I_B 含义分别为单元1在节点 A 和节点 B 处内力。

同样地，左端的第 2 项实质为

$$
\begin{bmatrix}
\dfrac{E_2 A_2}{l_2} & -\dfrac{E_2 A_2}{l_2} \\[3mm]
-\dfrac{E_2 A_2}{l_2} & \dfrac{E_2 A_2}{l_2}
\end{bmatrix}
\begin{bmatrix} u_B \\ u_C \end{bmatrix}
=\dfrac{E_2 A_2}{l_2}
\begin{bmatrix} u_B - u_C \\ u_C - u_B \end{bmatrix}
=
\begin{bmatrix} -I'_B \\ I'_C \end{bmatrix}
\tag{2-12}
$$

上式中的 $-I'_B$ 和 I'_C 含义分别为单元2在节点 B 和节点 C 处内力。

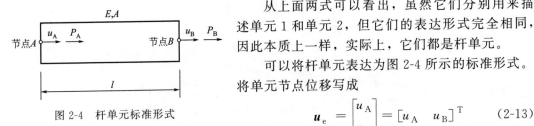

图 2-4　杆单元标准形式

从上面两式可以看出，虽然它们分别用来描述单元1和单元2，但它们的表达形式完全相同，因此本质上一样，实际上，它们都是杆单元。

可以将杆单元表达为图 2-4 所示的标准形式。

将单元节点位移写成

$$
\mathop{\boldsymbol{u}_e}_{(2\times1)} = \begin{bmatrix} u_A \\ u_B \end{bmatrix} = \begin{bmatrix} u_A & u_B \end{bmatrix}^T
\tag{2-13}
$$

将单元节点外力写成

$$
\mathop{\boldsymbol{P}_e}_{(2\times1)} = \begin{bmatrix} P_A \\ P_B \end{bmatrix} = \begin{bmatrix} P_A & P_B \end{bmatrix}^T
\tag{2-14}
$$

该单元节点处内力为

$$
\begin{bmatrix} -I_A \\ I_B \end{bmatrix}
=
\begin{bmatrix}
\dfrac{EA}{l} & -\dfrac{EA}{l} \\[3mm]
-\dfrac{EA}{l} & \dfrac{EA}{l}
\end{bmatrix}
\begin{bmatrix} u_A \\ u_B \end{bmatrix}
\tag{2-15}
$$

它将与单元的节点外力相平衡，即 $P_A = -I_A$，$P_B = I_B$。因此，该方程可以写成

$$
\begin{bmatrix} \dfrac{EA}{l} & -\dfrac{EA}{l} \\ -\dfrac{EA}{l} & \dfrac{EA}{l} \end{bmatrix} \begin{bmatrix} u_A \\ u_B \end{bmatrix} = \begin{bmatrix} P_A \\ P_B \end{bmatrix} \tag{2-16}
$$

进一步表达成

$$
\underset{(2\times2)}{\boldsymbol{K}_e} \cdot \underset{(2\times1)}{\boldsymbol{u}_e} = \underset{(2\times1)}{\boldsymbol{P}_e} \tag{2-17}
$$

本质上，此方程是单元内力与外力的平衡方程，又叫单元刚度方程，其中

$$
\underset{(2\times2)}{\boldsymbol{K}_e} = \begin{bmatrix} \dfrac{EA}{l} & -\dfrac{EA}{l} \\ -\dfrac{EA}{l} & \dfrac{EA}{l} \end{bmatrix} = \begin{bmatrix} K_{11} & K_{12} \\ K_{21} & K_{22} \end{bmatrix} \tag{2-18}
$$

$\boldsymbol{K}_e$ 叫作单元的刚度矩阵，K_{11}、K_{12}、K_{21}、K_{22} 叫作刚度矩阵中的刚度系数。

由于整体结构是由各个单元按一定连接关系组合而成的，因此，需要按照节点的对应位置将以上方程进行组装。

2.2.4 有限元分析基本过程

以图 2-5 所示的一维三杆件连接结构为例，展现有限元分析的基本过程。

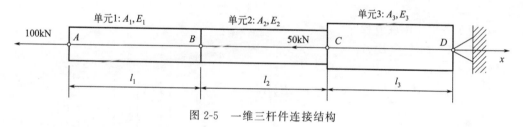

图 2-5 一维三杆件连接结构

该三连杆结构的材料参量和尺寸为

$$
A_1 = A_2 = \frac{1}{2} A_3 = 0.001\,\mathrm{m}^2, E_1 = 2\times10^{11}\,\mathrm{Pa}, E_2 = E_3 = 1\times10^{11}\,\mathrm{Pa}, l_1 = l_2 = l_3 = 0.2\,\mathrm{m}
$$

有限元分析的基本过程是：将原整体结构按几何形状及材料性质的变化划分单元和节点并进行编号；基于节点位移，建立每一个单元的节点平衡关系，即单元刚度方程；将各个单元进行组合和集成，得到该结构的整体平衡方程，即整体刚度方程；按实际情况对方程中一些节点位移和节点力给定相应的值，即施加边界条件；求解出所有的节点位移和支反力，最后计算其他力学参量（如应变、应力）。

（1）单元划分和节点编号

该结构由三根杆件组成，杆 1 和杆 2 截面尺寸一样，但材料（弹性模量）不一样，杆 2 和杆 3 材料一样，但在连接处有外加载荷，且两杆截面尺寸不一样，为此，在杆件连接处划分出节点，这样对于该结构就自动给出三个单元。将每一个单元分离出来，并

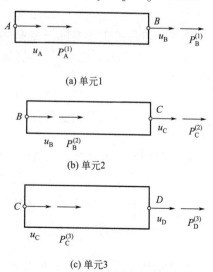

(a) 单元1

(b) 单元2

(c) 单元3

图 2-6 三连杆结构单元划分

标出每一个节点的位移和外力，如图 2-6 所示。注意，这里位移和力的方向都以 x 正方向来标注。

（2）计算各单元的单元刚度方程

单元 1 的刚度方程为

$$\begin{bmatrix} \dfrac{E_1 A_1}{l_1} & -\dfrac{E_1 A_1}{l_1} \\ -\dfrac{E_1 A_1}{l_1} & \dfrac{E_1 A_1}{l_1} \end{bmatrix} \begin{bmatrix} u_A \\ u_B \end{bmatrix} = \begin{bmatrix} P_A^{(1)} \\ P_B^{(1)} \end{bmatrix} \tag{2-19}$$

单元 2 的刚度方程为

$$\begin{bmatrix} \dfrac{E_2 A_2}{l_2} & -\dfrac{E_2 A_2}{l_2} \\ -\dfrac{E_2 A_2}{l_2} & \dfrac{E_2 A_2}{l_2} \end{bmatrix} \begin{bmatrix} u_B \\ u_C \end{bmatrix} = \begin{bmatrix} P_B^{(2)} \\ P_C^{(2)} \end{bmatrix} \tag{2-20}$$

单元 3 的刚度方程为

$$\begin{bmatrix} \dfrac{E_3 A_3}{l_3} & -\dfrac{E_3 A_3}{l_3} \\ -\dfrac{E_3 A_3}{l_3} & \dfrac{E_3 A_3}{l_3} \end{bmatrix} \begin{bmatrix} u_C \\ u_D \end{bmatrix} = \begin{bmatrix} P_C^{(3)} \\ P_D^{(3)} \end{bmatrix} \tag{2-21}$$

（3）组装各单元刚度方程

$$\begin{bmatrix} \dfrac{E_1 A_1}{l_1} & -\dfrac{E_1 A_1}{l_1} & 0 & 0 \\ -\dfrac{E_1 A_1}{l_1} & \dfrac{E_1 A_1}{l_1}+\dfrac{E_2 A_2}{l_2} & -\dfrac{E_2 A_2}{l_2} & 0 \\ 0 & -\dfrac{E_2 A_2}{l_2} & \dfrac{E_2 A_2}{l_2}+\dfrac{E_3 A_3}{l_3} & -\dfrac{E_3 A_3}{l_3} \\ 0 & 0 & -\dfrac{E_3 A_3}{l_3} & \dfrac{E_3 A_3}{l_3} \end{bmatrix} \begin{bmatrix} u_A \\ u_B \\ u_C \\ u_D \end{bmatrix} = \begin{bmatrix} P_A^{(1)} \\ P_B^{(1)}+P_B^{(2)} \\ P_C^{(2)}+P_C^{(3)} \\ P_D^{(3)} \end{bmatrix} \tag{2-22}$$

上面的组装过程，实际上就是将各个单元方程按照节点编号的位置进行集成。其中 $P_A^{(1)}$、$P_B^{(1)}+P_B^{(2)}$、$P_C^{(2)}+P_C^{(3)}$、$P_D^{(3)}$ 就是节点 A、B、C、D 上的合成节点力，也就是节点所受的总外力，即有

$$P_A = P_A^{(1)}, P_B = P_B^{(1)}+P_B^{(2)}, P_C = P_C^{(2)}+P_C^{(3)}, P_D = P_D^{(3)}$$

式（2-22）即为图 2-5 结构的整体刚度方程，左边（4×4）的矩阵即为总刚度矩阵。

在本例中，$P_A = -100\text{kN}, P_B = 0, P_C = -50\text{kN}$，而 P_D 为支座的支反力。

将该结构的材料参数和几何尺寸参数代入，则有

$$\begin{bmatrix} 10\times10^8 & -10\times10^8 & 0 & 0 \\ -10\times10^8 & 15\times10^8 & -5\times10^8 & 0 \\ 0 & -5\times10^8 & 15\times10^8 & -10\times10^8 \\ 0 & 0 & -10\times10^8 & 10\times10^8 \end{bmatrix} \begin{bmatrix} u_A \\ u_B \\ u_C \\ u_D \end{bmatrix} = \begin{bmatrix} P_A \\ P_B \\ P_C \\ P_D \end{bmatrix}$$

上式中的 u_A、u_B、u_C、u_D 为节点位移，P_A、P_B、P_C、P_D 为节点力，可以看出，在单元组装后，实际上只需要合成后的节点力；也就是说，只需要对各个单元的刚度矩阵按对应节点

位移的位置进行组装，而节点力直接写出即可，无须将节点力按单元分解。

（4）处理边界条件并求解

结构的位移边界条件为：$u_D = 0$，将已知的节点位移和节点力代入后，则方程变为

$$\begin{bmatrix} 10 \times 10^8 & -10 \times 10^8 & 0 & 0 \\ -10 \times 10^8 & 15 \times 10^8 & -5 \times 10^8 & 0 \\ 0 & -5 \times 10^8 & 15 \times 10^8 & -10 \times 10^8 \\ 0 & 0 & -10 \times 10^8 & 10 \times 10^8 \end{bmatrix} \begin{bmatrix} u_A \\ u_B \\ u_C \\ u_D \end{bmatrix} = \begin{bmatrix} -100 \times 10^3 \\ 0 \\ -50 \times 10^3 \\ P_4 \end{bmatrix}$$

由于 $u_4 = 0$，则划掉上述刚度矩阵的第 4 列和第 4 行，则有

$$\begin{bmatrix} 10 \times 10^8 & -10 \times 10^8 & 0 \\ -10 \times 10^8 & 15 \times 10^8 & -5 \times 10^8 \\ 0 & -5 \times 10^8 & 15 \times 10^8 \end{bmatrix} \begin{bmatrix} u_A \\ u_B \\ u_C \end{bmatrix} = \begin{bmatrix} -100 \times 10^3 \\ 0 \\ -50 \times 10^3 \end{bmatrix}$$

求解上述方程，有

$$\left. \begin{aligned} u_A &= -0.45 \times 10^{-3} \text{m} = -0.45 \text{mm} \\ u_B &= -0.35 \times 10^{-3} \text{m} = -0.35 \text{mm} \\ u_C &= -0.15 \times 10^{-3} \text{m} = -0.15 \text{mm} \end{aligned} \right\}$$

（5）求支反力

在求得所有节点位移后，可求出支反力为

$$P_D = -10 \times 10^8 u_C = -10 \times 10^8 \times (-0.15 \times 10^{-3}) = 150 (\text{kN})$$

（6）求各单元应变、应力

各单元的应变为

$$\left. \begin{aligned} \varepsilon_1 &= \frac{u_B - u_A}{l_1} = \frac{(-0.35 + 0.45) \times 10^{-3}}{0.2} = 0.5 \times 10^{-3} \\ \varepsilon_2 &= \frac{u_C - u_B}{l_2} = \frac{(-0.15 + 0.35) \times 10^{-3}}{0.2} = 1.0 \times 10^{-3} \\ \varepsilon_2 &= \frac{u_D - u_C}{l_3} = \frac{0 + 0.15 \times 10^{-3}}{0.2} = 0.75 \times 10^{-3} \end{aligned} \right\}$$

各个单元的应力为

$$\left. \begin{aligned} \sigma_1 &= E_1 \varepsilon_1 = 100 \times 10^6 \text{Pa} = 100 \text{MPa} \\ \sigma_2 &= E_2 \varepsilon_2 = 100 \times 10^6 \text{Pa} = 100 \text{MPa} \\ \sigma_3 &= E_3 \varepsilon_3 = 75 \times 10^6 \text{Pa} = 75 \text{MPa} \end{aligned} \right\}$$

2.2.5 总刚度矩阵特点

上述对二连杆和三连杆的求解表明，总刚度矩阵的系数是由各个单元刚度矩阵的系数 K_{ij} 送到对应的 ij 位置叠加而成。总刚度矩阵有以下特点：

① 稀疏性。总刚度矩阵重要特点之一是它的高度稀疏性，非零项很少，比如平面问题，用三角形单元的话，一个节点一般只与它周围的 6~8 个节点有关，因此，总刚度矩阵中一行最多只有 14~18 个非零项。一行中所有非零项的个数和矩阵阶数相比的平均值，就是矩阵稀疏性，对于平面问题而言，一般在 5% 以下。

有限元总刚度矩阵中的稀疏结构，通常是非零项集中对角线的附近，如图 2-7 所示。各子矩阵在总刚度矩阵中的位置和数字与物体离散方法和节点编号次序有密切关系。对一个给

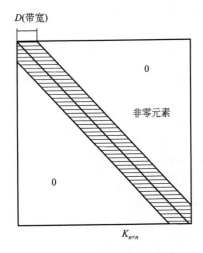

图 2-7 总刚度矩阵中的稀疏
结构示意图

定的结构来说，任意的编号方式固然都得到同样大小的总刚度矩阵和同样数目的非零项，然而，不同的编号方式会导致非零项在总刚度矩阵中的不同排列。

② 对称性，即 $K_{ij} = K_{ji}$。这个特点是由功的互等定理决定的。功的互等定理认为：对于线性弹性体，第一种加载状态下的诸力在第二种加载状态下产生位移时所做的功，等于第二种加载状态下的诸力在第一种加载状态下产生相应位移时所做的功。

③ 任一行（列）元素之和为零。这反映了平衡条件。总刚度矩阵中每一行（列）的物理意义表示为：要迫使弹性体的某一节点在坐标轴方向发生单位位移，而其他节点位移都保持为零的变形状态，在所有节点上需要施加的节点力。它们构成一个平衡力系。

④ 主对角线上元素均为正值。这与 K_{ii} 的物理意义是一致的，即 $K_{ii} > 0$，否则，在 i 节点施加的外力产生与该力方向相反的位移，这有悖常理。

⑤ 奇异性。总刚度矩阵是一个奇异矩阵，也就是说它的行列式等于零。这表明 K^{-1} 是不存在的，这是尚未加入边界约束之前，整个构件系统尚可作刚体运动的缘故，因而位移是不定的，故只有加入边界条件约束后，消除刚体位移才能使 K 成为正定矩阵，才能使位移得到唯一解。

2.3 虚功原理的应用

2.3.1 虚位移和虚功原理

结构的虚位移是指假定的、约束允许的、任意微小的位移。虚位移是包含所有的约束条件允许的可能产生的微小位移的集合。虚位移和实位移不同，实位移是与外载相对应的一个确定的位移，虚位移是在约束条件允许的范围内结构位置可能发生的微小变形。

实功是作用在结构上的力在实位移上所做的功，简称为功。如果结构因力 F 的施加而产生变形，在力 F 的作用点相应地产生位移为 u。当作用力增加时，位移也跟着线性地增加，这就是实位移的特点。力 F 在实位移 u 上所做的功为

$$W = \frac{1}{2} Fu \qquad (2\text{-}23)$$

虚功是作用在结构上的力在结构的虚位移上所做的功。如果结构上作用有力 F，在结构上相应于力 F 的作用点上就产生微小的虚位移 δ^*。在产生微小的虚位移过程中，认为力是恒定不变的，如图 2-8 所示。则力 F 在虚位移 δ^* 上产生的虚功为

$$\Delta A = F\delta^* \qquad (2\text{-}24)$$

在虚位移过程中，由于认为力 F 是恒定不变的，所以，虚功不乘因子 $1/2$。

虚功原理叙述为：结构平衡的必要和充分条件是作用在

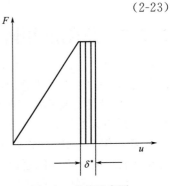

图 2-8 虚功示意图

结构上的力在任意的虚位移上所做的虚功之和等于零。由虚功原理可知：

① 结构平衡的必要条件。若结构在外载荷作用下处于平衡，则必定有作用在结构上的力在任意的虚位移上所做的虚功之和等于零。

② 结构平衡的充分条件。若作用在结构上的力在所有的虚位移上所做的虚功之和等于零，则结构必定处于平衡状态之下。

弹性体处于平衡状态的必要与充分条件：对于任意的、满足相容条件的虚位移，外力所做的功等于弹性体所接受的总虚变形功，即

$$\delta W = \delta U \tag{2-25}$$

总外力虚功为

$$\delta W = \iiint (X\delta u + Y\delta v + Z\delta w)\mathrm{d}x\,\mathrm{d}y\,\mathrm{d}z + \iint_{S_1} (\overline{X}\delta u + \overline{Y}\delta v + \overline{Z}\delta w)\mathrm{d}S \tag{2-26}$$

式中，X，Y，Z 为体力；$\overline{X}$，$\overline{Y}$，$\overline{Z}$ 为面力。

总虚变形功为

$$\delta U = \iiint (\sigma_x\delta\varepsilon_x + \sigma_y\delta\varepsilon_y + \sigma_z\delta\varepsilon_z + \tau_{yz}\delta\gamma_{yz} + \tau_{zx}\delta\gamma_{zx} + \tau_{xy}\delta\gamma_{xy})\mathrm{d}x\,\mathrm{d}y\,\mathrm{d}z \tag{2-27}$$

2.3.2 应用虚功原理推导有限元基本方程

本小节以三角形常应变单元和轴对称单元为例，应用虚功原理推导有限元基本方程。

2.3.2.1 三角形常应变单元

（1）离散化

将连续体用假想的线分割成有限个三角形单元，各单元之间由节点相连，如图 2-9 所示。对任一三角形单元，假设其三顶点为 i、j、k，并作为该单元的三个节点，如图 2-10 所示，用 $\boldsymbol{\delta}_x$ 表示节点位移列阵，$\boldsymbol{\delta}_e$ 表示单元节点位移列阵，即

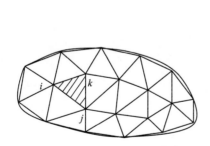

图 2-9　三角形单元划分

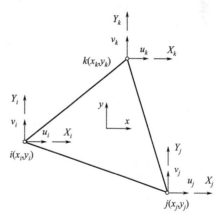

图 2-10　三角形单元

$$\boldsymbol{\delta}_x = \begin{bmatrix} u_x & v_x \end{bmatrix}^{\mathrm{T}} \quad (x=i,j,k)$$

$$\boldsymbol{\delta}_e = \begin{bmatrix} \boldsymbol{\delta}_i^{\mathrm{T}} & \boldsymbol{\delta}_j^{\mathrm{T}} & \boldsymbol{\delta}_k^{\mathrm{T}} \end{bmatrix}^{\mathrm{T}} \tag{2-28}$$

用 $\boldsymbol{R}_x$ 表示节点力列阵，$\boldsymbol{R}_e$ 表示单元节点力列阵，即

$$\boldsymbol{R}_x = \begin{bmatrix} X_x & Y_x \end{bmatrix}^{\mathrm{T}} \quad (x=i,j,k)$$

$$\boldsymbol{R}_e = \begin{bmatrix} \boldsymbol{R}_i^{\mathrm{T}} & \boldsymbol{R}_j^{\mathrm{T}} & \boldsymbol{R}_k^{\mathrm{T}} \end{bmatrix}^{\mathrm{T}} \tag{2-29}$$

（2）位移模式与形函数

所谓位移模式指的是单元内某点位移与该点坐标的关系，对于三角形单元，假设位移模式为

$$u = a_1 + a_2 x + a_3 y$$
$$v = a_4 + a_5 x + a_6 y \tag{2-30}$$

式中，$a_1 \sim a_6$ 为待定常数。

三角形单元的三个节点坐标和位移也满足位移模式，因此有

$$
\begin{aligned}
u_i &= a_1 + a_2 x_i + a_3 y_i & v_i &= a_4 + a_5 x_i + a_6 y_i \\
u_j &= a_1 + a_2 x_j + a_3 y_j & v_j &= a_4 + a_5 x_j + a_6 y_j \\
u_k &= a_1 + a_2 x_k + a_3 y_k & v_k &= a_4 + a_5 x_k + a_6 y_k
\end{aligned} \tag{2-31}
$$

解此方程得到

$$
a_1 = \frac{1}{2\Delta}
\begin{vmatrix}
u_i & x_i & y_i \\
u_j & x_j & y_j \\
u_k & x_k & y_k
\end{vmatrix}
\quad
a_2 = \frac{1}{2\Delta}
\begin{vmatrix}
1 & u_i & y_i \\
1 & u_j & y_j \\
1 & u_k & y_k
\end{vmatrix}
\quad
a_3 = \frac{1}{2\Delta}
\begin{vmatrix}
1 & x_i & u_i \\
1 & x_j & u_j \\
1 & x_k & u_k
\end{vmatrix}
$$

$$
a_4 = \frac{1}{2\Delta}
\begin{vmatrix}
v_i & x_i & y_i \\
v_j & x_j & y_j \\
v_k & x_k & y_k
\end{vmatrix}
\quad
a_5 = \frac{1}{2\Delta}
\begin{vmatrix}
1 & v_i & y_i \\
1 & v_j & y_j \\
1 & v_k & y_k
\end{vmatrix}
\quad
a_6 = \frac{1}{2\Delta}
\begin{vmatrix}
1 & x_i & v_i \\
1 & x_j & v_j \\
1 & x_k & v_k
\end{vmatrix} \tag{2-32}
$$

其中

$$
2\Delta =
\begin{vmatrix}
1 & x_i & y_i \\
1 & x_j & y_j \\
1 & x_k & y_k
\end{vmatrix} \tag{2-33}
$$

式中，Δ 为单元面积。

将系数 $a_1 \sim a_6$ 代入式（2-30）并整理得

$$
\left.
\begin{aligned}
u &= \frac{1}{2\Delta} \left[(a_i + b_i x + c_i y) u_i + (a_j + b_j x + c_j y) u_j + (a_k + b_k x + c_k y) u_k \right] \\
v &= \frac{1}{2\Delta} \left[(a_i + b_i x + c_i y) v_i + (a_j + b_j x + c_j y) v_j + (a_k + b_k x + c_k y) v_k \right]
\end{aligned}
\right\} \tag{2-34}
$$

式中

$$
a_i =
\begin{vmatrix}
x_j & y_j \\
x_k & y_k
\end{vmatrix}
, \quad
b_i = -
\begin{vmatrix}
1 & y_j \\
1 & y_k
\end{vmatrix}
, \quad
c_i =
\begin{vmatrix}
1 & x_j \\
1 & x_k
\end{vmatrix} \tag{2-35}
$$

式（2-34）中其他常数由式（2-35）按下标 i、j、k 循环得到。

上式又可以写成如下形式

$$
u = N_i u_i + N_j u_j + N_k u_k = \sum N_x u_x
$$
$$
v = N_i v_i + N_j v_j + N_k v_k = \sum N_x v_x \tag{2-36}
$$

其中

$$
N_x = \frac{1}{2\Delta} (a_x + b_x x + c_x y) \quad (x = i, j, k) \tag{2-37}
$$

N_x 称为形函数，所以式（2-36）的物理意义是通过形函数由单元节点位移求得单元内任一位置的位移。

将单元位移写成矩阵形式

$$
\boldsymbol{d} =
\begin{bmatrix} u \\ v \end{bmatrix}
=
\begin{bmatrix} N_i \boldsymbol{I} & N_j \boldsymbol{I} & N_k \boldsymbol{I} \end{bmatrix}
\boldsymbol{\delta}_e = \boldsymbol{N} \boldsymbol{\delta}_e \tag{2-38}
$$

式中，I 为二阶单位阵，$I=\begin{bmatrix} 1 & 0 \\ 0 & 1 \end{bmatrix}$；$N$ 为形函数矩阵。

（3）应变

根据几何方程可由位移求得应变

$$\boldsymbol{\varepsilon}=\begin{bmatrix} \varepsilon_x \\ \varepsilon_y \\ \gamma_{xy} \end{bmatrix}=\left\{\begin{array}{c} \dfrac{\partial u}{\partial x} \\ \dfrac{\partial v}{\partial y} \\ \dfrac{\partial u}{\partial y}+\dfrac{\partial v}{\partial x} \end{array}\right\}=\frac{1}{2\Delta}\begin{bmatrix} b_i & 0 & b_j & 0 & b_k & 0 \\ 0 & c_i & 0 & c_j & 0 & c_k \\ c_i & b_i & c_j & b_j & c_k & b_k \end{bmatrix}\boldsymbol{\delta}_e \tag{2-39}$$

或
$$\boldsymbol{\varepsilon}=\boldsymbol{B}\boldsymbol{\delta}_e \tag{2-40}$$

式中，B 为应变矩阵
$$\boldsymbol{B}=\begin{bmatrix} \boldsymbol{B}_i & \boldsymbol{B}_j & \boldsymbol{B}_k \end{bmatrix} \tag{2-41}$$

$$\boldsymbol{B}_x=\frac{1}{2\Delta}\begin{bmatrix} b_x & 0 \\ 0 & c_x \\ c_x & b_x \end{bmatrix}(x=i,j,k) \tag{2-42}$$

可以看出，应变矩阵为常量，所以三角形平面单元内的应变是常数。

（4）应力

根据物理方程可由应变求得应力

$$\boldsymbol{\sigma}=\boldsymbol{D}\boldsymbol{\varepsilon}\Rightarrow\boldsymbol{\sigma}=\boldsymbol{DB}\boldsymbol{\delta}_e=\boldsymbol{S}\boldsymbol{\delta}_e \tag{2-43}$$

式中，S 称为应力矩阵

$$\boldsymbol{S}=\boldsymbol{DB}=\boldsymbol{D}\begin{bmatrix} \boldsymbol{B}_i & \boldsymbol{B}_j & \boldsymbol{B}_k \end{bmatrix}=\begin{bmatrix} \boldsymbol{S}_i & \boldsymbol{S}_j & \boldsymbol{S}_k \end{bmatrix} \tag{2-44}$$

式中，D 为弹性矩阵，对于平面应力问题

$$\boldsymbol{D}=\frac{E}{1-\mu^2}\begin{bmatrix} 1 & \mu & 0 \\ \mu & 1 & 0 \\ 0 & 0 & \dfrac{1-\mu}{2} \end{bmatrix} \tag{2-45}$$

对于平面应变问题

$$\boldsymbol{D}=\frac{E(1-\mu)}{(1+\mu)(1-2\mu)}\begin{bmatrix} 1 & \dfrac{\mu}{1-\mu} & \dfrac{\mu}{1-\mu} & 0 \\ & 1 & \dfrac{\mu}{1-\mu} & 0 \\ & & 1 & 0 \\ & & & \dfrac{1-2\mu}{2(1-\mu)} \end{bmatrix} \tag{2-46}$$

应变矩阵为常量，因此，由式（2-43）可知，单元内应力也是常数，这意味着相邻单元的应变与应力将产生突变，但位移却是连续的。

（5）单元刚度矩阵

假设单元节点虚位移

$$\boldsymbol{\delta}_e^*=\begin{bmatrix} \delta u_i & \delta v_i & \delta u_j & \delta v_j & \delta u_k & \delta v_k \end{bmatrix}^T \tag{2-47}$$

则单元内虚位移

$$\boldsymbol{d}^*=\boldsymbol{N}\boldsymbol{\delta}_e^* \tag{2-48}$$

单元内虚应变
$$\boldsymbol{\varepsilon}^*=\boldsymbol{B}\boldsymbol{\delta}_e^* \tag{2-49}$$

内力虚功
$$\delta U = \iint \boldsymbol{\varepsilon}^{*\,\mathrm{T}} \boldsymbol{\sigma} t \, \mathrm{d}x \, \mathrm{d}y = \boldsymbol{\delta}_{\mathrm{e}}^{*\,\mathrm{T}} \left(\iint \boldsymbol{B}^{\mathrm{T}} \boldsymbol{D} \boldsymbol{B} t \, \mathrm{d}x \, \mathrm{d}y \right) \boldsymbol{\delta}_{\mathrm{e}} \tag{2-50}$$

式中，t 为单元厚度。

外力虚功
$$\delta W = \boldsymbol{\delta}_{\mathrm{e}}^{*\,\mathrm{T}} \boldsymbol{R}_{\mathrm{e}} \tag{2-51}$$

应用虚功原理
$$\delta W = \delta U \tag{2-52}$$

单元刚度方程
$$\boldsymbol{R}_{\mathrm{e}} = \left(\iint \boldsymbol{B}^{\mathrm{T}} \boldsymbol{D} \boldsymbol{B} t \, \mathrm{d}x \, \mathrm{d}y \right) \boldsymbol{\delta}_{\mathrm{e}} \tag{2-53}$$

或
$$\boldsymbol{R}_{\mathrm{e}} = \boldsymbol{k} \boldsymbol{\delta}_{\mathrm{e}} \tag{2-54}$$

$\boldsymbol{k}$ 即为单元刚度
$$\boldsymbol{k} = \iint \boldsymbol{B}^{\mathrm{T}} \boldsymbol{D} \boldsymbol{B} t \, \mathrm{d}x \, \mathrm{d}y \tag{2-55}$$

由于矩阵 $\boldsymbol{B}$ 和 $\boldsymbol{D}$ 中各元素均为常数，因此上式可直接积分得到

$$\boldsymbol{k} = \boldsymbol{B}^{\mathrm{T}} \boldsymbol{D} \boldsymbol{B} t \Delta \tag{2-56}$$

Δ 为单元面积，$\boldsymbol{k}$ 展开后为

$$\boldsymbol{k} = \begin{bmatrix} \boldsymbol{k}_{ii} & \boldsymbol{k}_{ij} & \boldsymbol{k}_{ik} \\ \boldsymbol{k}_{ji} & \boldsymbol{k}_{jj} & \boldsymbol{k}_{jk} \\ \boldsymbol{k}_{ki} & \boldsymbol{k}_{kj} & \boldsymbol{k}_{kk} \end{bmatrix} \tag{2-57}$$

$$\boldsymbol{k}_{rs} = \frac{Et}{4(1-\mu^2)\Delta} \begin{bmatrix} b_r b_s + \dfrac{1-\mu}{2} c_r c_s & \mu b_r c_s + \dfrac{1-\mu}{2} c_r b_s \\ \mu c_r b_s + \dfrac{1-\mu}{2} b_r c_s & c_r c_s + \dfrac{1-\mu}{2} b_r b_s \end{bmatrix} \quad (r=i,j,k ; s=i,j,k) \tag{2-58}$$

（6）形函数的性质

形函数本质上是位移插值函数，为保持位移连续性，应具有一些特殊性质，下面以图 2-11 三角形单元为例说明。

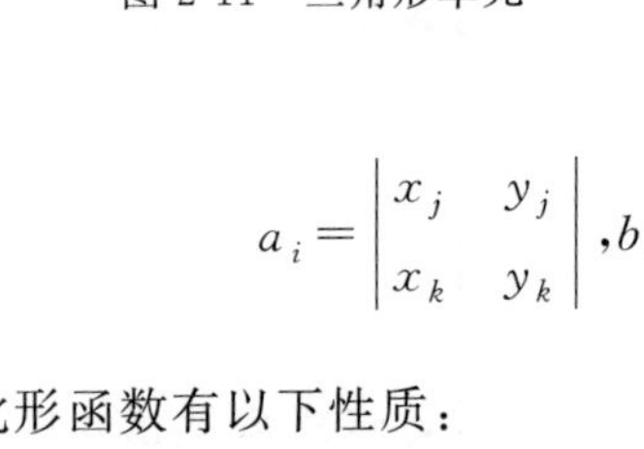

前面演算中假设的平面三角形单元形函数为

图 2-11 三角形单元

$$N_x = \frac{1}{2\Delta}(a_x + b_x x + c_x y) \quad (x=i,j,k) \tag{2-59}$$

式中

$$a_i = \begin{vmatrix} x_j & y_j \\ x_k & y_k \end{vmatrix}, b_i = - \begin{vmatrix} 1 & y_j \\ 1 & y_k \end{vmatrix}, c_i = \begin{vmatrix} 1 & x_j \\ 1 & x_k \end{vmatrix}, 2\Delta = \begin{vmatrix} 1 & x_i & y_i \\ 1 & x_j & y_j \\ 1 & x_k & y_k \end{vmatrix}$$

此形函数有以下性质：

① 在单元节点上
$$N_i(x_i,y_i)=1, N_i(x_j,y_j)=0 \qquad (j \neq i) \tag{2-60}$$

② 在单元任一点上三个形函数和为 1，即
$$N_i + N_j + N_k = 1 \tag{2-61}$$

③ 在三角形单元 ijk 的边 ij 上
$$N_i(x,y)=1-\frac{x-x_i}{x_j-x_i}, \quad N_j(x,y)=\frac{x-x_i}{x_j-x_i}, \quad N_k(x,y)=0 \tag{2-62}$$

因此，边界 ij 上位移为

$$u = N_i u_i + N_j u_j, v = N_i v_i + N_j v_j \tag{2-63}$$

2.3.2.2 轴对称单元

（1）离散化

轴对称指的是结构几何形状、约束条件以及作用的载荷都对称于某一固定轴。在轴对称问题中，通常采用圆柱坐标 (r, θ, z)，如图 2-12 所示。以对称轴作为 z 轴，所有应力、应变和位移都与 θ 方向无关，只是 r, z 的函数。任一点的位移只有两个方向的分量，即沿 r 方向的径向位移 u 和沿 z 方向的轴向位移 w。由于轴对称，周向的位移 v 等于零，因此轴对称问题是二维问题。

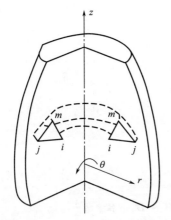

图 2-12 轴对称结构及三角形轴对称单元

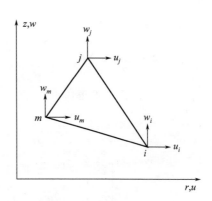

图 2-13 三角形轴对称单元节点编号

离散轴对称体时，采用的单元是一些圆环。这些圆环单元与 rz 平面正交的截面可以有不同的形状，例如 3 节点三角形、6 节点三角形或其他形式。单元的节点是圆周状的铰链，各单元在 rz 平面内形成网格。下面以 3 节点三角形轴对称单元为例求解轴对称问题，图 2-13 为单元节点编号。

和三角形平面单元一样，建立单元节点位移列阵

$$\boldsymbol{\delta}_x = \begin{bmatrix} u_x & w_x \end{bmatrix}^{\mathrm{T}} (x = i, j, m) \tag{2-64}$$

$$\boldsymbol{\delta}_e = \begin{bmatrix} \boldsymbol{\delta}_i^{\mathrm{T}} & \boldsymbol{\delta}_j^{\mathrm{T}} & \boldsymbol{\delta}_m^{\mathrm{T}} \end{bmatrix}^{\mathrm{T}} = \begin{bmatrix} u_i \\ w_i \\ u_j \\ w_j \\ u_m \\ w_m \end{bmatrix} \tag{2-65}$$

（2）位移模式与形函数

选取位移模式，并根据三节点坐标和位移求单元内任一位置 (r, z) 的位移，得到

$$\left. \begin{array}{l} u = N_i u_i + N_j u_j + N_m u_m \\ w = N_i w_i + N_j w_j + N_m w_m \end{array} \right\} \tag{2-66}$$

式中，N_i, N_j, N_m 是形函数。

$$N_x = \frac{1}{2A}(a_x + b_x r + c_x z) \quad (x = i, j, m) \tag{2-67}$$

其中

$$\begin{cases} a_i = r_j z_m - r_m z_j; \\ a_j = r_m z_i - r_i z_m, \\ a_m = r_i z_j - r_j z_i \end{cases} \begin{cases} b_i = z_j - z_m \\ b_j = z_m - z_i, \\ b_m = z_i - z_j \end{cases} \begin{cases} c_i = -(r_j - r_m) \\ c_j = -(r_m - r_i), \\ c_m = -(r_i - r_j) \end{cases} \tag{2-68}$$

$$2A = \begin{vmatrix} 1 & r_i & z_i \\ 1 & r_j & z_j \\ 1 & r_m & z_m \end{vmatrix} \tag{2-69}$$

A 是环状三角形单元截面积。

（3）应变

将位移写成矩阵形式

$$\boldsymbol{\delta} = \begin{bmatrix} u \\ w \end{bmatrix} = \boldsymbol{N}\boldsymbol{\delta}_e = \begin{bmatrix} N_i & 0 & N_j & 0 & N_m & 0 \\ 0 & N_i & 0 & N_j & 0 & N_m \end{bmatrix} \boldsymbol{\delta}_e \tag{2-70}$$

根据几何方程可由位移求得应变

$$\boldsymbol{\varepsilon} = \begin{bmatrix} \varepsilon_r \\ \varepsilon_z \\ \gamma_{rz} \\ \varepsilon_\theta \end{bmatrix} = \begin{bmatrix} \dfrac{\partial u}{\partial r} \\[2mm] \dfrac{\partial w}{\partial z} \\[2mm] \dfrac{\partial u}{\partial z} + \dfrac{\partial w}{\partial r} \\[2mm] \dfrac{u}{r} \end{bmatrix} = \boldsymbol{B}\boldsymbol{\delta}_e = \begin{bmatrix} \boldsymbol{B}_i & \boldsymbol{B}_j & \boldsymbol{B}_m \end{bmatrix} \boldsymbol{\delta}_e \tag{2-71}$$

式中

$$\boldsymbol{B}_x = \frac{1}{2A} \begin{bmatrix} b_x & 0 \\ 0 & c_x \\ c_x & b_x \\ f_x & 0 \end{bmatrix} \quad (x = i, j, m) \tag{2-72}$$

其中

$$f_x = \frac{a_x}{r} + b_x + \frac{c_x z}{r} \quad (x = i, j, m) \tag{2-73}$$

由上两式可见，由于 f_i、f_j、f_m 与单元中各点的位置 (r, z) 有关，单元中的应变分量 ε_r、ε_z、γ_{rz} 都是常量，但环向应变 ε_θ 不是常量。

（4）应力

根据物理方程可由应变求得应力

$$\boldsymbol{\sigma} = \begin{bmatrix} \sigma_r \\ \sigma_z \\ \tau_{rz} \\ \sigma_\theta \end{bmatrix} = \boldsymbol{D}\boldsymbol{\varepsilon} = \boldsymbol{D}\boldsymbol{B}\boldsymbol{\delta}_e = \boldsymbol{S}\boldsymbol{\delta}_e = \begin{bmatrix} \boldsymbol{S}_i & \boldsymbol{S}_j & \boldsymbol{S}_m \end{bmatrix} \boldsymbol{\delta}_e \tag{2-74}$$

式中，D 是弹性矩阵。

$$D=\frac{E(1-\mu)}{(1+\mu)(1-2\mu)}\begin{bmatrix} 1 & \dfrac{\mu}{1-\mu} & 0 & \dfrac{\mu}{1-\mu} \\ & 1 & 0 & \dfrac{\mu}{1-\mu} \\ & & \dfrac{1-2\mu}{2(1-\mu)} & 0 \\ & & & 0 \end{bmatrix} \tag{2-75}$$

轴对称结构中任一点的应力分量见图 2-14。

每个应力矩阵分块为

$$S_x=\frac{E(1-\mu)}{2A(1+\mu)(1-2\mu)}\begin{bmatrix} b_x+A_1f_x & A_1c_x \\ A_1(b_x+f_x) & c_x \\ A_2c_x & A_2c_x \\ A_1b_x+f_1 & A_1c_x \end{bmatrix} \quad (x=i,j,m)$$

$$\tag{2-76}$$

其中

$$A_1=\frac{\mu}{1-\mu} \quad A_2=\frac{1-2\mu}{2(1-\mu)} \tag{2-77}$$

由此可见，单元中除切应力 τ_{rz} 外，其他应力都不是常量。

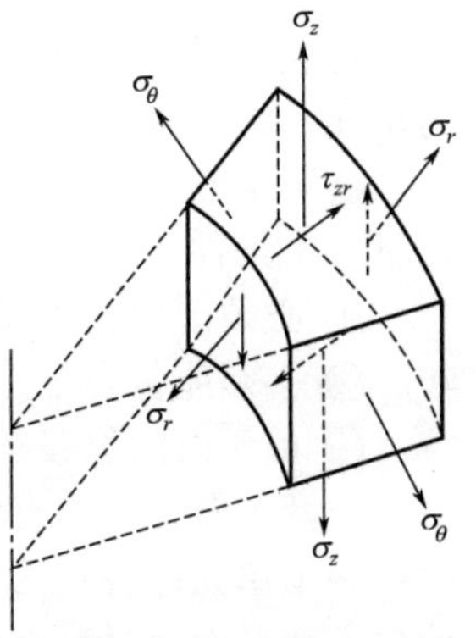

（5）单元刚度矩阵

内力虚功　　$\delta U=\iint\boldsymbol{\varepsilon}^{*\mathrm{T}}\boldsymbol{\sigma}r\mathrm{d}\theta\mathrm{d}r\mathrm{d}z=$

$$\boldsymbol{\delta}_\mathrm{e}^{*\mathrm{T}}\left(\iiint\boldsymbol{B}^\mathrm{T}\boldsymbol{DB}r\mathrm{d}\theta\mathrm{d}r\mathrm{d}z\right)\boldsymbol{\delta}_\mathrm{e} \tag{2-78}$$

外力虚功　　　　　　　　　$\delta W=\boldsymbol{\delta}_\mathrm{e}^{*\mathrm{T}}\boldsymbol{R}_\mathrm{e}$ $\tag{2-79}$

由虚功原理：$\delta W=\delta U$，得

$$\boldsymbol{\delta}_\mathrm{e}^{*\mathrm{T}}\boldsymbol{R}_\mathrm{e}=\boldsymbol{\delta}_\mathrm{e}^{*\mathrm{T}}\left(\iiint\boldsymbol{B}^\mathrm{T}\boldsymbol{DB}r\mathrm{d}\theta\mathrm{d}r\mathrm{d}z\right)\boldsymbol{\delta}_\mathrm{e}$$

$$\boldsymbol{R}_\mathrm{e}=k\boldsymbol{\delta}_\mathrm{e} \tag{2-80}$$

$$k=2\pi\iint\boldsymbol{B}^\mathrm{T}\boldsymbol{DB}r\mathrm{d}r\mathrm{d}z \tag{2-81}$$

为了简化计算和避免出现 $r=0$ 的极值情况，把单元中随点而变化的 r，z 用单元截面形心处的 r 和 z 来近似，即

$$r\approx\frac{1}{3}(r_i+r_j+r_m),z=\frac{1}{3}(z_i+z_j+z_m)$$

于是

$$k_\mathrm{e}=2\pi r\boldsymbol{B}^\mathrm{T}\boldsymbol{DB}A=\begin{bmatrix} \boldsymbol{k}_{ii} & \boldsymbol{k}_{ij} & \boldsymbol{k}_{im} \\ \boldsymbol{k}_{ji} & \boldsymbol{k}_{jj} & \boldsymbol{k}_{jm} \\ \boldsymbol{k}_{mi} & \boldsymbol{k}_{mj} & \boldsymbol{k}_{mm} \end{bmatrix} \tag{2-82}$$

代入 $\boldsymbol{B}$ 和 $\boldsymbol{D}$ 后可以得到

$$k_{rs}=\frac{\pi E(1-\mu)r}{2A(1+\mu)(1-2\mu)}\begin{bmatrix} K_1 & K_3 \\ K_2 & K_4 \end{bmatrix} \quad (r,s=i,j,m) \tag{2-83}$$

式中

图 2-14　轴对称结构
中点应力分量

$$K_1 = b_r b_s + f_r f_s + A_1(b_r f_s + f_r b_s) + A_2 c_r c_s$$
$$K_2 = A_1 c_r (b_s + f_s) + A_2 b_r c_s$$
$$K_3 = A_1 c_s (b_r + f_r) + A_2 c_r b_s \qquad (r,s=i,j,m) \qquad (2\text{-}84)$$
$$K_4 = c_r c_s + A_2 b_r b_s$$

其中
$$A_1 = \frac{\mu}{1-\mu}, A_2 = \frac{1-2\mu}{2(1-\mu)} \qquad (2\text{-}85)$$

2.3.3　关于位移函数

单元内任一点的位移场与单元节点位移之间是通过函数 $N(x,y)$ 组成的矩阵 $\boldsymbol{N}$ 来转换的，也就是说，单元的节点位移通过 $N(x,y)$ 控制着单元的位移场的形态。所以称 $N(x,y)$ 为单元的形态函数或形函数。

有限单元法中收敛性取决于位移函数。为了保证解的收敛性，单元的位移函数必须满足如下三个条件：

① 必须能包含单元的刚体位移；

② 必须能包含单元的常应变；

③ 单元内的位移必须连续，在相邻单元之间也应保持位移协调。

前两个条件，是有限元解能收敛于正确解的必要条件，第三个是充分条件。

一个单元内各点的位移实际上包含两部分，即该单元本身变形引起的位移部分和由于其他单元变形而通过节点传递给它的位移部分，这部分与它自身变形无关，即所谓刚体位移部分。因此位移函数必须能够反映这两种位移。

单元内各点处的应变一般也包含与坐标无关的常应变和与坐标有关的变应变两部分。对于小变形问题，当单元划分比较小时，单元内的应变变化很小，而常应变就成为主要的基本的部分，因此，为了正确反映单元的变形状态，位移必须能够包含单元的常应变。

按线性插值方法给出的位移函数无疑是能够满足前两个条件的。这种位移函数，同样可以满足第三个条件。因为三角形单元边界上的各点在发生线性位移过程中仍保持在一条直线上，而相邻单元的节点在位移之后不允许脱开，所以变形后的边界必然是密贴的。

2.4　载荷移置与高斯积分

2.4.1　单元载荷移置

有限元法的求解对象是单元的组合体，因此作用在弹性体上的外力，需要移置到相应的节点上成为节点载荷。载荷移置要满足静力等效原则。静力等效是指原载荷与节点载荷在任意虚位移上做的虚功相等。

单元的虚位移可以用节点的虚位移表示
$$\boldsymbol{f}^* = \boldsymbol{N}\boldsymbol{\delta}_e^* \qquad (2\text{-}86)$$

若为平面单元，令单元节点载荷为
$$\boldsymbol{R}^* = \begin{bmatrix} X_i \\ Y_i \\ X_j \\ Y_j \\ X_m \\ Y_m \end{bmatrix} \qquad (2\text{-}87)$$

（1）集中力的移置

如图 2-15 所示，在均质、等厚的三角形单元 ijm 的任意一点 $B(x_B，y_B)$ 上作用有集中载荷 $\boldsymbol{P}$。

$$\boldsymbol{P}=\begin{bmatrix}P_x\\P_y\end{bmatrix}\qquad(2\text{-}88)$$

由虚功相等可得

$$\boldsymbol{\delta}_e^{*\mathrm{T}}\boldsymbol{R}_e=\boldsymbol{\delta}_e^{*\mathrm{T}}\boldsymbol{N}^{\mathrm{T}}\boldsymbol{P}\qquad(2\text{-}89)$$

由于虚位移是任意的，则

$$\boldsymbol{R}_e=\boldsymbol{N}^{\mathrm{T}}\boldsymbol{P}\qquad(2\text{-}90)$$

展开为

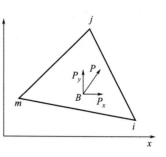

图 2-15　集中力的移置

$$\begin{bmatrix}X_i\\Y_i\\X_j\\Y_j\\X_m\\Y_m\end{bmatrix}=\begin{bmatrix}N_i&0\\0&N_i\\N_j&0\\0&N_j\\N_m&0\\0&N_m\end{bmatrix}_{(x_B,y_B)}\begin{bmatrix}P_x\\P_y\end{bmatrix}\qquad(2\text{-}91)$$

（2）分布面力的移置

设在单元的边上有分布面力 $\overline{\boldsymbol{P}}=[\overline{X}，\overline{Y}]^{\mathrm{T}}$，同样通过静力等效原则可以得到节点载荷

$$\boldsymbol{R}_e=\int_s\boldsymbol{N}^{\mathrm{T}}\overline{\boldsymbol{P}}t\,\mathrm{d}s\qquad(2\text{-}92)$$

对于图 2-16 所示的三角形单元上的面力 q_x，载荷移置后的节点力为

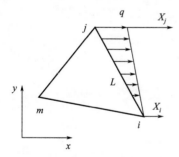

图 2-16　三角形单元上的面力移置

$$\begin{bmatrix}X_i\\Y_i\\X_j\\Y_j\\X_m\\Y_m\end{bmatrix}=\int_s\begin{bmatrix}N_i&0\\0&N_i\\N_j&0\\0&N_j\\N_m&0\\0&N_m\end{bmatrix}\begin{bmatrix}q_x\\0\end{bmatrix}t\,\mathrm{d}s\qquad(2\text{-}93)$$

取局部坐标 s，在 i 点 $s=0$，在 j 点 $s=L$，L 为 ij 边的长度。由式（2-62）～式（2-64）知，在 ij 边上，以局部坐标表示的插值函数为

$$N_i=1-\frac{s}{L},N_j=\frac{s}{L},N_m=0$$

设 ij 边上最大面力为 q，作用在 j 点，面力大小沿边长线性分布，则 q_x 为

$$q_x=q\frac{s}{L}$$

因此，移置后的节点载荷为

$$X_i=\int_0^L\left(1-\frac{s}{L}\right)q\frac{s}{L}t\,\mathrm{d}s=qt\left(\frac{s^2}{2L}-\frac{s^3}{3L^2}\right)\Big|_0^L=\frac{1}{6}qtL$$

$$X_j=\int_0^L\frac{s}{L}q\frac{s}{L}t\,\mathrm{d}s=qt\frac{s^3}{3L^2}\Big|_0^L=\frac{1}{3}qtL$$

（3）体力的移置

令单元所受的均匀分布体力为 $p = \begin{bmatrix} x \\ y \end{bmatrix}$，由虚功相等

$$\boldsymbol{\delta}_e^{*\mathrm{T}} \boldsymbol{R}_e = \iint \boldsymbol{\delta}_e^{*\mathrm{T}} \boldsymbol{N}^{\mathrm{T}} \boldsymbol{p} t \,\mathrm{d}x\,\mathrm{d}y \tag{2-94}$$

可得

$$\boldsymbol{R}_e = \iint \boldsymbol{N}^{\mathrm{T}} \boldsymbol{p} t \,\mathrm{d}x\,\mathrm{d}y \tag{2-95}$$

设有均质、等厚的三角形单元 ijm，受到沿 y 方向的重力载荷 q_y 的作用。则均布体力移置到各节点的载荷为

$$\begin{bmatrix} X_i \\ Y_i \\ X_j \\ Y_j \\ X_m \\ Y_m \end{bmatrix} = \iint \begin{bmatrix} N_i & 0 \\ 0 & N_i \\ N_j & 0 \\ 0 & N_j \\ N_m & 0 \\ 0 & N_m \end{bmatrix} \begin{bmatrix} 0 \\ q_y \end{bmatrix} t \,\mathrm{d}x\,\mathrm{d}y \tag{2-96}$$

由此得 $X_i = 0, X_j = 0, X_m = 0$，而

$$Y_i = \iint N_i q_y t \,\mathrm{d}x\,\mathrm{d}y = q_y t \iint N_i \,\mathrm{d}x\,\mathrm{d}y$$

其中

$$\iint N_i \,\mathrm{d}x\,\mathrm{d}y = \iint \frac{1}{2A}(a_i + b_i x + c_i y) \,\mathrm{d}x\,\mathrm{d}y$$

$$= \frac{1}{2A}(a_i A + b_i A x_c + c_i A y_c) = \frac{1}{2}(a_i + b_i x_c + c_i y_c)$$

$$= \frac{1}{3} A$$

所以

$$Y_i = \frac{1}{3} q_y A t$$

同理

$$Y_j = \frac{1}{3} q_y A t, \quad Y_m = \frac{1}{3} q_y A t$$

应说明的是，按圣维南原理，载荷的这种重新分布只在离载荷作用处很近的地方才使应力的分布发生显著的变化，在离载荷较远处只有较小的影响。

（4）关于边界条件

根据具体结构和实际可能的变形情况，施加合理的约束，防止出现平移和转动刚体位移。

2.4.2　高斯积分

在有限元计算中，往往会遇到复杂的被积函数，不能直接积分，只能采用数值积分。其基本步骤是：在单元内选取某些点作为积分点，把这些点的坐标值代入，算出被积函数值，再乘以加权系数，然后求其总和，就得到近似的积分值，由此也会带来一定的误差。

对于一维积分，若对积分点 ξ_k 及 H_k 进行适当的选择，使求积公式

$$\int_{-1}^{1} f(\xi)\,\mathrm{d}\xi = \sum_{k=1}^{n} f(\xi_k) H_k \tag{2-97}$$

对任何次数不超过 $2n-1$ 的多项式函数均能精确成立。这时求积公式将具有最高的代数精确度，称之为高斯求积公式。

应用时，高斯积分点 ξ_k 及加权系数 H_k 根据积分点的数目 n 确定，对一维积分，高斯积分点个数、坐标及加权系数见表 2-1。

表 2-1 高斯积分点个数、坐标及加权系数

n	ξ_k	H_k
2	$\pm 1/\sqrt{3}$	1
3	$\pm\sqrt{3}/\sqrt{5}$ 0	5/9 8/9
4	± 0.8611363116 ± 0.3399810436	0.3478548451 0.6521451549

数值积分的精确度与所采用的求积公式及所取的积分点数有关。对同一种积分方法，积分点数越多，所产生的误差越小，但所需的计算工作量也就越大，下面以一个简单的例子来说明。

设函数 $f(\xi)=2+\xi+\xi^4$，在（$-1,1$）内的线积分精确解为

$$\int_{-1}^{1} f(\xi)\,\mathrm{d}\xi = \int_{-1}^{1} (2+\xi+\xi^4)\,\mathrm{d}\xi$$

$$= 2\xi + \frac{\xi^2}{2} + \frac{\xi^5}{5}\Big|_{-1}^{1} = \left(2+\frac{1}{2}+\frac{1}{5}\right) - \left(-2+\frac{1}{2}-\frac{1}{5}\right)$$

$$= 4.4$$

若选两个积分点，坐标为 $\xi_{1,2}=\pm 0.57735$，加权系数为 $H_{1,2}=1$，则高斯积分值为

$$\sum_{k=1}^{n} f(\xi_k) H_k = \sum_{k=1}^{2} f(\xi_k) H_k$$

$$= (2+0.57735+0.57735^4)\times 1 + [2-0.57735+(-0.57735)^4]\times 1$$

$$= 4.2222$$

若选四个积分点，坐标为 $\xi_{1,2}=\pm 0.86116$，$\xi_{3,4}=\pm 0.33998$，加权系数为 $H_{1,2}=0.34786$，$H_{3,4}=0.66215$，则高斯积分值为

$$\sum_{k=1}^{n} f(\xi_k) H_k = (2+0.86116+0.86116^4)\times 0.34786$$

$$+ [2-0.86116+(-0.86116)^4]\times 0.34786$$

$$+ (2+0.55998+0.33998^4)\times 0.66215$$

$$+ [2-0.55988+(-0.33988)^4]\times 0.66215$$

$$= 4.44033$$

可见，四个积分点得到的积分值比两个积分点的积分值更接近精确值。

对于二维问题，单元内的积分点总数为 n^2，且至少为 4，见图 2-17。对于三维问题，单元内的积分点总数为 n^3，且至少为 8。

图 2-17 高斯积分点与节点

2.4.3 应力修匀

至此，有限元求解位移、应变和应力的过程可归纳为：

① 根据总体刚度方程，得到节点的位移解；

② 根据几何方程，得到单元高斯点的应变解；

③ 根据物理方程，得到单元高斯点的应力解；

④ 因工程上对节点应力较感兴趣，尤其是边界节点，所以在某一个单元内，基于最小二乘法将高斯点应力外推到该单元的所有节点；

⑤ 对于某一公共节点，将该节点所关联的所有单元所推出的该节点的应力解进行平均，最终得到该节点的应力解。

过程④和⑤称为应力修匀，修匀前后的应力分布如图 2-18 所示。所以，在高斯点及节点位置上有限元计算结果的相对精确性不一样：

① 节点位移解是准确的，但应力、应变解是近似的；

② 高斯积分点上的应力、应变解是准确的。

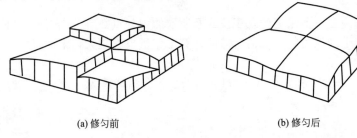

(a) 修匀前   (b) 修匀后

图 2-18　修匀前后的应力分布

2.5　等参单元

2.5.1　一般四节点矩形单元

在进行有限元分析时，单元离散化会带来计算误差，主要采用两种方法来降低单元离散化产生的误差：

① 提高单元划分的密度；

② 提高单元位移函数多项式的阶次。

在平面问题的有限单元中，可以选择四节点的矩形单元，如图 2-19 所示，该矩形单元在 x 及 y 方向的边长分别为 $2a$ 和 $2b$。

同前面的分析类似，选单元的位移模式为

$$\left.\begin{array}{l} u = a_1 + a_2 x + a_3 y + a_4 xy \\ v = a_5 + a_6 x + a_7 y + a_8 xy \end{array}\right\} \tag{2-98}$$

可得到

$$\left.\begin{array}{l} u = N_i u_i + N_j u_j + N_m u_m + N_p u_p \\ v = N_i v_i + N_j v_j + N_m v_m + N_p v_p \end{array}\right\} \tag{2-99}$$

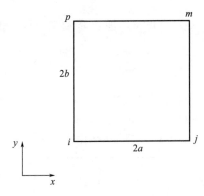

图 2-19　四节点矩形单元

形函数为

$$N_i = \frac{1}{4}\left(1 - \frac{x}{a}\right)\left(1 - \frac{y}{b}\right)$$

$$N_j = \frac{1}{4}\left(1+\frac{x}{a}\right)\left(1-\frac{y}{b}\right) \Bigg\}$$

$$N_m = \frac{1}{4}\left(1+\frac{x}{a}\right)\left(1+\frac{y}{b}\right) \Bigg\} \qquad (2\text{-}100)$$

$$N_p = \frac{1}{4}\left(1-\frac{x}{a}\right)\left(1+\frac{y}{b}\right) \Bigg\}$$

上述单元位移模式满足位移模式选择的基本要求：

① 反映了单元的刚体位移和常应变；

② 单元在公共边界上位移连续。

在矩形单元的边界上，坐标 x 和 y 的其中一个取常量，因此在边界上位移是线性分布的，由两个节点上的位移确定。

与三节点三角形单元相比，四节点矩形单元的位移模式是坐标的二次函数，能够提高计算精度，但也有明显的缺点，表 2-2 为两种单元的比较。

表 2-2 三节点三角形单元与四节点矩形单元比较

单元类型	优点	缺点
三节点三角形单元	适应复杂形状，单元大小过渡方便	计算精度低
四节点矩形单元	单元内的应力、应变是线性变化的，计算精度较高	不能适应曲线边界和非正交的直线边界

2.5.2 等参单元基本概念

2.5.2.1 实际单元与基本单元

如果任意形状的四边形四节点单元采用矩形单元的位移模式，则在公共边界上不满足位移连续性条件。而要在公共边界上满足位移连续性条件，特别是曲面边界，单元位移模式和形函数很复杂，往往无法直接构造。

为了既能得到较高的计算精度，又能适应复杂的边界形状，可以采用坐标变换。在图 2-20 所示的任意四边形单元上，用等分四条边的两族直线分割四边形，以两族直线的中心为原点，建立局部坐标系 (ξ, η)，沿 ξ 及 η 增大的方向作为 ξ 轴和 η 轴，并令四条边上的 ξ 及 η 值分别为 ± 1。为了求出位移模式，以及局部坐标与整体坐标之间的变换式，在局部坐标系中定义一个四节点正方形单元，如图 2-21 所示。

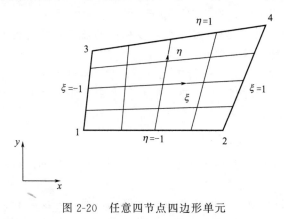

图 2-20 任意四节点四边形单元

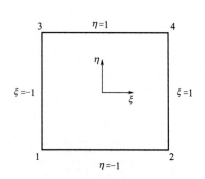

图 2-21 四节点正方形单元

参照矩形单元，四节点正方形单元的位移模式为

$$u = N_1 u_1 + N_2 u_2 + N_3 u_3 + N_4 u_4$$
$$v = N_1 v_1 + N_2 v_2 + N_3 v_3 + N_4 v_4 \tag{2-101}$$

其中

$$\left. \begin{array}{l} N_1 = \dfrac{1}{4}(1-\xi)(1-\eta) \\[2mm] N_2 = \dfrac{1}{4}(1+\xi)(1-\eta) \\[2mm] N_3 = \dfrac{1}{4}(1-\xi)(1+\eta) \\[2mm] N_4 = \dfrac{1}{4}(1+\xi)(1+\eta) \end{array} \right\} \tag{2-102}$$

四个节点的坐标为 (ξ_i, η_i)，定义新的变量

$$\xi_0 = \xi_i \xi, \eta_0 = \eta_i \eta \quad (i=1,2,3,4) \tag{2-103}$$

形函数表示为

$$N_i = \frac{1}{4}(1+\xi_0)(1+\eta_0) \quad (i=1,2,3,4) \tag{2-104}$$

把 ξ 及 η 作为任意四边形单元的局部坐标，把式(2-101)的位移模式和式(2-104)的形函数用于任意四边形单元，可得：

① 在四个节点处可以得到节点的位移；

② 在单元的四条边上，位移线性变化，保证了单元公共边界上位移的连续性。

因此给出任意四边形单元的节点位移就能得到整个单元上的位移，式(2-101)的位移模式就是所要找的正确的位移模式。

把局部坐标与整体坐标的变换式也取为

$$\left. \begin{array}{l} x = N_1 x_1 + N_2 x_2 + N_3 x_3 + N_4 x_4 \\ y = N_1 y_1 + N_2 y_2 + N_3 y_3 + N_4 y_4 \end{array} \right\} \tag{2-105}$$

将坐标变换式用于任意四边形单元，可得：

① 在四个节点处给出节点的整体坐标；

② 在四条边上的整体坐标是线性变化的。

只要给出任意四边形单元四个节点的整体坐标，用式(2-105)就可以建立局部坐标系中的正方形单元和整体坐标系中的任意四边形单元之间的坐标变换关系。

把图 2-21 局部坐标系中的正方形单元称为基本单元。把图 2-20 在整体坐标系中的任意四边形单元看作是由基本单元通过坐标变换得来的，称为实际单元。

单元几何形状和单元内的未知量采用相同数目的节点参数以及相同的插值函数进行变换，称为等参变换。采用等参变换的单元，称为等参单元。

采用等参单元，可以在局部坐标系中的规则单元上进行单元分析，然后再映射到实际单元上。等参单元同时具有计算精度高和适用性好的特点，是有限元程序中主要采用的单元形式。

2.5.2.2　常见等参单元

在有限元分析软件中，提供的等参单元不同，其形函数也不同，这里介绍常见的几种：

(1) 四边形八节点等参单元

ANSYS 提供的 Plane82 单元（见图 2-22）为四边形八节点等参单元，能很好反映物体内的应力变化，单元的边是一条二次曲线，可以更好地适应曲线边界，在弹性力学平面问题

的分析中经常使用。

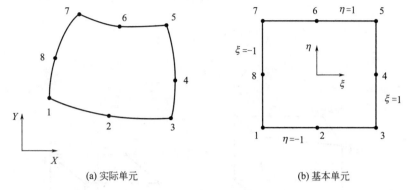

(a) 实际单元   (b) 基本单元

图 2-22　四边形八节点等参单元

四边形八节点基本单元形函数构造如下：

$$N_i(\xi,\eta)=\begin{cases}\dfrac{1}{4}(1+\xi_i\xi)(1+\eta_i\eta)(\xi_i\xi+\eta_i\eta) & (i=1,3,5,7)\\[3mm]\dfrac{1}{2}(1-\xi^2)(1+\eta_i\eta) & (i=2,6)\\[3mm]\dfrac{1}{2}(1-\eta^2)(1+\xi_i\xi) & (i=4,8)\end{cases}$$

式中，ξ_i,η_i 为单元节点在局部坐标系中的坐标。

有了形函数之后，位移模式为

$$u=\sum_{i=1}^{8}N_i(\xi,\eta)u_i$$

$$v=\sum_{i=1}^{8}N_i(\xi,\eta)v_i$$

坐标变换式采用了相似的公式

$$x=\sum_{i=1}^{8}N_i(\xi,\eta)x_i$$

$$y=\sum_{i=1}^{8}N_i(\xi,\eta)y_i$$

（2）六面体八节点等参单元

图 2-23 为六面体八节点等参单元（Solid45 单元），其形函数为

$$N_i=\frac{1}{8}(1+\xi_i\xi)(1+\eta_i\eta)(1+\zeta_i\zeta)\quad(i=1,2,\cdots,8)$$

式中，ξ_i,η_i,ζ_i 为节点的局部坐标。

其位移模式和坐标变换式为

$$u=\sum_{i=1}^{8}N_i(\xi,\eta,\zeta)u_i$$

$$v=\sum_{i=1}^{8}N_i(\xi,\eta,\zeta)v_i$$

$$w=\sum_{i=1}^{8}N_i(\xi,\eta,\zeta)w_i$$

$$x = \sum_{i=1}^{8} N_i(\xi, \eta, \zeta) x_i$$

$$y = \sum_{i=1}^{8} N_i(\xi, \eta, \zeta) y_i$$

$$z = \sum_{i=1}^{8} N_i(\xi, \eta, \zeta) z_i$$

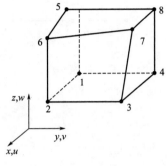 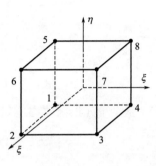

(a) 实际单元　　　　　　　　　(b) 基本单元

图 2-23　六面体八节点等参单元

（3）六面体二十节点等参单元

与六面体八节点等参单元相比，六面体二十节点等参单元（Solid95）（图 2-24）能更好地适应不规则的形状，计算误差比较小，其形函数为

$$N_i = \frac{1}{8}(1+\xi_i\xi)(1+\eta_i\eta)(1+\zeta_i\zeta)(\xi_i\xi+\eta_i\eta+\zeta_i\zeta-2) \quad (i=1,2,\cdots,8)$$

$$N_i = \frac{1}{4}(1-\xi^2)(1+\eta_i\eta)(1+\zeta_i\zeta) \quad (i=9, 11, 17, 19)$$

$$N_i = \frac{1}{4}(1-\eta^2)(1+\zeta_i\zeta)(1+\xi_i\xi) \quad (i=10, 12, 18, 20)$$

$$N_i = \frac{1}{4}(1-\zeta^2)(1+\xi_i\xi)(1+\eta_i\eta) \quad (i=13, 14, 15, 16)$$

式中，ξ_i, η_i, ζ_i 为单元节点在局部坐标系中的坐标。

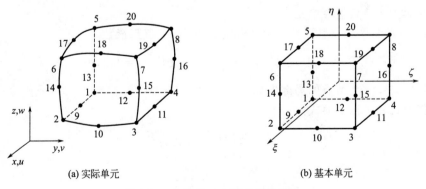

(a) 实际单元　　　　　　　　　(b) 基本单元

图 2-24　六面体二十节点等参单元

其位移模式和坐标变换式为

$$u = \sum_{i=1}^{20} N_i(\xi, \eta, \zeta) u_i$$

$$v = \sum_{i=1}^{20} N_i(\xi, \eta, \zeta) v_i$$

$$w = \sum_{i=1}^{20} N_i(\xi, \eta, \zeta) w_i$$

$$x = \sum_{i=1}^{20} N_i(\xi, \eta, \zeta) x_i$$

$$y = \sum_{i=1}^{20} N_i(\xi, \eta, \zeta) y_i$$

$$z = \sum_{i=1}^{20} N_i(\xi, \eta, \zeta) z_i$$

2.5.2.3　雅可比行列式

采用等参单元后，利用坐标变换，单元刚度矩阵计算也在局部坐标系中进行，例如，对于二维等参单元，单元刚度矩阵转变为

$$k = \iint \boldsymbol{B}^{\mathrm{T}} \boldsymbol{D} \boldsymbol{B} t \, \mathrm{d}x \, \mathrm{d}y = \int_{-1}^{1} \int_{-1}^{1} \boldsymbol{B}^{\mathrm{T}} \boldsymbol{D} \boldsymbol{B} t \, |J| \, \mathrm{d}\xi \, \mathrm{d}\eta \tag{2-106}$$

式中，$|J|$ 为雅可比行列式，对于四节点等参元

$$|J| = \begin{vmatrix} \dfrac{\partial x}{\partial \xi} & \dfrac{\partial y}{\partial \xi} \\ \dfrac{\partial x}{\partial \eta} & \dfrac{\partial y}{\partial \eta} \end{vmatrix} = \frac{\partial x}{\partial \xi} \frac{\partial y}{\partial \eta} - \frac{\partial y}{\partial \xi} \frac{\partial x}{\partial \eta}$$

而　　　$\dfrac{\partial x}{\partial \xi} = \sum_{1}^{4} \dfrac{\partial N_i}{\partial \xi} x_i, \dfrac{\partial y}{\partial \eta} = \sum_{1}^{4} \dfrac{\partial N_i}{\partial \eta} y_i, \dfrac{\partial y}{\partial \xi} = \sum_{1}^{4} \dfrac{\partial N_i}{\partial \xi} y_i, \dfrac{\partial x}{\partial \eta} = \sum_{1}^{4} \dfrac{\partial N_i}{\partial \eta} x_i$

其中　　　$\dfrac{\partial N_i}{\partial \xi} = \xi_i (1 + \eta_0)/4, \dfrac{\partial N_i}{\partial \eta} = \eta_i (1 + \xi_0)/4$。

同样，对于一些载荷移置，也利用坐标变化在局部坐标系中进行，例如，对于体力 $\boldsymbol{p}$ 的移置，有

$$\boldsymbol{R}_{\mathrm{e}} = \iint \boldsymbol{N}^{\mathrm{T}} \boldsymbol{p} t \, \mathrm{d}x \, \mathrm{d}y = \int_{-1}^{1} \int_{-1}^{1} \boldsymbol{N}^{\mathrm{T}} \boldsymbol{p} t \, |J| \, \mathrm{d}\xi \, \mathrm{d}\eta \tag{2-107}$$

3

关键受压元件力学分析与强度设计

  盛装有压力介质的封闭容器被称为压力容器。压力容器受到介质压力、支座反力等多种载荷的作用，建立力学模型，分析载荷作用下压力容器的应力和变形，是压力容器设计的重要理论基础。

3.1　回转薄壳应力分析

3.1.1　回转薄壳的几何结构

  壳体指的是以两个曲面为界，且曲面之间的距离远比其他方向尺寸小得多的构件，两曲面之间的距离即壳体的厚度，用 t 表示。与壳体两个曲面等距离的点所组成的曲面称为壳体的中面。按照厚度 t 与其中面曲率半径 R 的比值大小，壳体又可分为薄壳和厚壳。工程上一般把 $(t/R)_{max} \leqslant 1/10$ 的壳体归为薄壳，反之为厚壳。

  对于圆柱壳体（又称圆筒），若外直径与内直径的比值 $(D_o/D_i)_{max} \leqslant 1.1 \sim 1.2$，则称为薄壁圆柱壳或薄壁圆筒；反之，则称为厚壁圆柱壳或厚壁圆筒。

  压力容器通常是由板、壳等组合而成的焊接结构。常用的壳体分别是圆柱壳、球壳、椭球壳、锥形壳和由它们构成的组合壳。这些壳体多属于回转薄壳，中面由一条平面曲线或直线绕同平面内的轴线回转 $360°$ 而成的薄壳称为回转薄壳。绕轴线回转形成中面的平面曲线或直线称为母线。如图 3-1 所示，回转壳体的中面上，OA 为母线，OO' 为回转轴，中面与回转轴 OO' 的交点称为极点。通过回转轴的平面为经线平面，经线平面与中面的交线，称为经线，如 OA'。垂直于回转轴的平面与中面的交线称为平行圆。过中面上的点且垂直于中面的直线称为中面在该点的法线。法线必与回转轴相交。

  在薄壳应力分析中，假设壳体材料连续、均匀、各向同性；受载后的变形是弹性小变形；壳壁各层纤维在变形后互不挤压。

  从图 3-1 可以看出：θ 和 φ 角是确定中面上任意一点 B 的两个坐标。θ 是 r 与任意定义

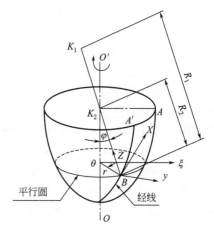

的直线 ξ 间的夹角；φ 是壳体回转轴与中面在所考察点 B 处法线间的夹角。图中 R_1 和 R_2 为回转壳的曲率半径。R_1 是经线（OA'）在考察点 B 的曲率半径（K_1B），亦即曲面的第一主曲率半径；R_2 为壳体中面上所考察点 B 到该点法线与回转轴交点 K_2 之间长度（K_2B），亦即曲面的第二主曲率半径；r 为平行圆的半径。同一点的第一与第二主曲率半径都在该点的法线上。曲率半径的符号判别：曲率半径指向回转轴时，其值为正；反之为负。如图 3-1 中 B 点的 R_1 和 R_2 都指向回转轴，所以取正值。

r 与 R_1、R_2 不是完全独立的，从图 3-1 中可以得到

$$r = R_2 \sin\varphi$$

图 3-1　回转薄壳的几何要素

3.1.2　无力矩理论

像所有承载的弹性体一样，在承载壳体内部，由于变形，其内部各点均会发生相对位移，因而产生相互作用力，即内力。

如图 3-2 所示，在一般情形下，壳体中面上存在十个内力分量；N_φ、N_θ 为法向力，$N_{\varphi\theta}$、$N_{\theta\varphi}$ 为剪力，这四个内力是因中面的拉伸、压缩和剪切变形而产生的，称为薄膜内力（或薄膜力）；Q_φ、Q_θ 为横向剪力，M_φ、M_θ 和 $M_{\varphi\theta}$、$M_{\theta\varphi}$ 分别为弯矩与扭矩，这六个内力是因中面的曲率、扭率改变而产生的，称为弯曲内力。

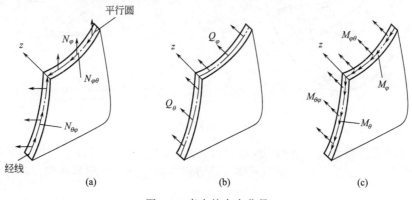

图 3-2　壳中的内力分量

在壳体理论中，若同时考虑薄膜内力和弯曲内力，这种理论称为有力矩理论或弯曲理论。严格讲，薄壳内薄膜内力和弯曲内力同时存在。但是薄壳的抗弯刚度非常小，或者中面的曲率、扭率改变非常小时，弯曲内力很小。这样，在考察薄壳平衡时，就可省略弯曲内力对平衡的影响，于是得到无力矩应力状态。省略弯曲内力的壳体理论，称为无力矩理论或薄膜理论，壳体无力矩理论在工程壳体结构分析中占有重要的地位。另外，因壁很薄，沿壁厚方向的应力与其他应力相比很小，其他应力也不随厚度而变，因此中面上的应力和变形可以代表薄壳的应力和变形，所以无力矩理论所讨论的问题都是围绕着中面进行的。

对于薄壳，由于不考虑弯曲内力，壳体内只有面内法向力 N_φ、N_θ 和剪力 $N_{\varphi\theta}$、$N_{\theta\varphi}$，而由剪力互等定理，有 $N_{\varphi\theta} = N_{\theta\varphi}$，也就是说采用无力矩理论求解薄壳问题，未知内力只有 3 个。而如果是回转薄壳，且所受载荷和约束也是轴对称的，那么 $N_{\varphi\theta}$ 必然为零，否则壳体

压力容器分析设计技术基础

形状将发生扭曲变形，变形后不再是回转薄壳。所以，回转薄壳应力状态仅由法向力 N_φ、N_θ 确定。

（1）微元平衡方程

按无力矩理论，对于回转薄壳，只能建立两个平衡方程，而未知内力也只有 N_φ、N_θ 两个，因此是力学静定问题，未知内力可直接由平衡方程求解得到。因 N_φ 沿经线变化，因此应取微元体建立含 N_φ 的平衡方程。如图 3-3 所示，在回转薄壳中取一微元体 $abdc$，它的截面构成和受力为：一是壳体内外壁表面，在内表面受外加压力 p 作用；二是两个相邻的经线截面，其上受周向内力 N_θ 作用；三是两个相邻的与经线垂直、同壳体正交的圆锥面，其上受经向内力 N_φ 作用。因为轴对称，N_φ、N_θ 不随 θ 变化，即在截面 ab 和 cd 上的 N_θ 值相等。由于 N_φ 随角度 φ 变化，若在 bd 截面上的经向内力为 N_φ，在截面 ac 上，因 φ 增加了微量 $d\varphi$，经向内力变为 $N_\varphi + dN_\varphi$。

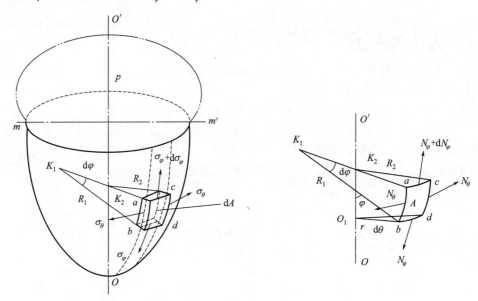

图 3-3　微体的力平衡

在微元体内表面有外载荷 p 作用，并与内力分量组成一平衡力系，根据平衡条件可得各内力分量与外载荷的关系式。作微元体法线方向的力平衡，整理后得到

$$\frac{\sigma_\varphi}{R_1} + \frac{\sigma_\theta}{R_2} = \frac{p}{t} \tag{3-1}$$

这个联系薄膜应力 σ_φ、σ_θ 和压力 p 的方程，称为微元平衡方程。此式称为拉普拉斯（Laplace）方程。

（2）区域平衡方程

在回转薄壳中，周向应力 σ_θ 大小沿周向不变，利用此性质可建立回转薄壳的另一平衡方程——区域平衡方程，这比再建立微元体轴向平衡方程简单明了。

在图 3-3 中，过 mm' 作一与壳体正交的圆锥面 mDm'，并取截面以下部分容器作为分离体，如图 3-4 所示。所要建立的区域平衡方程是分离体的轴向平衡方程。

在截面 mm' 上只有薄膜应力 σ_φ 沿经线切向作用，因此在截面 mm' 上内力的轴向分量

$$V' = 2\pi r_m \sigma_\varphi t \cos\alpha \tag{3-2}$$

式中，r_m 为 mm' 处的平行圆半径；α 为截面处 mm' 的经线切向与回转轴 OO' 的夹角。

在容器 mOm' 区域上，任作两个与壳体正交且经向相距为微长度 dl 的圆锥面，得到壳

体中面宽度为 $\mathrm{d}l$ 的环带 nn'。设环带处流体内压力为 p 并沿 $\mathrm{d}l$ 不变，则环带上所受压力沿回转轴 OO' 的分量为

$$\mathrm{d}V = 2\pi r p \,\mathrm{d}l\cos\varphi \tag{3-3}$$

由该式积分便得到压力作用在分离体上所产生的沿回转轴 OO' 方向的合力

$$V = 2\pi\int_0^{r_m} p r\,\mathrm{d}r \tag{3-4}$$

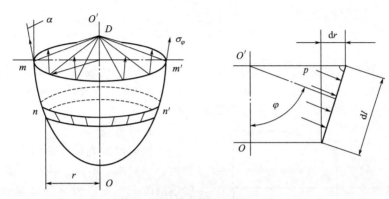

图 3-4　回转薄壳区域静力平衡

在图 3-4 的回转体 mOm' 区域上，外载荷轴向分量 V 应与 mm' 截面上的内力轴向分量 V' 相平衡，所以

$$V = V' = 2\pi r_m\sigma_\varphi t\cos\alpha \tag{3-5}$$

此式称为回转薄壳的区域平衡方程。通过式(3-5)可独立求得 σ_φ，这也表明，对于回转薄壳，周向薄膜应力 σ_θ 和壳体所承受的轴向载荷大小无关。将 σ_φ 代入式(3-1)可解出 σ_θ。

微元平衡方程与区域平衡方程是回转薄壳无力矩理论的两个基本方程。

3.1.3　无力矩理论的应用

在工程上，多数压力容器壳体属于回转薄壳。下面应用无力矩理论，分析几种典型压力容器壳体中的薄膜应力，并讨论无力矩理论的应用条件。

3.1.3.1　承受气体内压作用的回转薄壳

回转薄壳仅受气体内压作用时，各处的压力相等，压力产生的轴向力 V 为

$$V = 2\pi\int_0^{r_m} p r\,\mathrm{d}r = \pi r_m^2 p \tag{3-6}$$

此式证明，气体内压在回转薄壳中所产生的轴向力和垂直于轴线的截面大小有关，而和薄壳的形状无关，利用这一点在工程上可以方便地求出薄壁压力容器壳体中的经向应力。

由式(3-5)得

$$\sigma_\varphi = \frac{V}{2\pi r_m t\cos\alpha} = \frac{p r_m}{2t\cos\alpha} = \frac{pR_2}{2t} \tag{3-7}$$

将式(3-7)代入式(3-1)得

$$\sigma_\theta = \sigma_\varphi\left(2 - \frac{R_2}{R_1}\right) \tag{3-8}$$

（1）球形壳体

球形壳体上各点的第一曲率半径与第二曲率半径相等，即 $R_1 = R_2 = R$。将曲率半径代入式(3-7)和式(3-8)得

$$\sigma_\varphi = \sigma_\theta = \sigma = \frac{pR}{2t} \tag{3-9}$$

此结果表明，受气体压力作用的薄壁球形容器中各点各方向的应力大小是一样的，所以球形容器的受力状态好。

(2) 圆筒形壳体

圆筒形壳体中各点的第一曲率半径和第二曲率半径分别为 $R_1 = \infty$，$R_2 = R$，将 R_1、R_2 代入式 (3-7) 和式 (3-8) 得

$$\sigma_\theta = \frac{pR}{t}, \sigma_\varphi = \frac{pR}{2t} \tag{3-10}$$

显然，圆筒形壳体中，周向应力是轴向应力的 2 倍。另外，比较式 (3-9) 和式 (3-10) 可以看出，在同样压力、直径和厚度下，球形壳体中的应力和圆筒形壳体中轴向应力相等，不过却是周向应力的一半，表明圆筒形壳体承载能力不如球形壳体。

(3) 锥形壳体

单独的锥形壳体作为容器在工程上并不常用，一般用于不同直径圆筒体间的过渡段，以逐渐改变气体或液体的流速或减小设备重量、降低设备成本，或者作为底封头，便于固体或黏性物料的卸出。承受压力 p 的锥形壳体几何尺寸见图 3-5。现求解锥壳上任一点 A 的应力。

锥形壳体的母线为直线，所以 $R_1 = \infty$。壳体上任一点 A 的第二曲率半径 R_2 为 $R_2 = x \tan\alpha$。将 R_1、R_2 代入式 (3-7) 和式 (3-8) 得

$$\left. \begin{array}{l} \sigma_\theta = \dfrac{pR_2}{t} = \dfrac{px\tan\alpha}{t} = \dfrac{pr}{t\cos\alpha} \\[3mm] \sigma_\varphi = \dfrac{px\ \tan\alpha}{2t} = \dfrac{pr}{2t\cos\alpha} \end{array} \right\} \tag{3-11}$$

由式 (3-11) 可知：

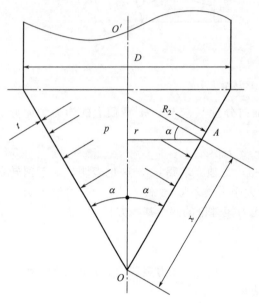

图 3-5 受气体内压作用的锥形壳体

① 周向应力和经向应力与 x 呈线性关系，锥顶处应力为零，离锥顶越远应力越大，锥底处最大，所以锥形壳体的大端是设计要关注的重点，往往要采用折边或加强结构。

② 与圆筒形壳体一样，锥形壳体中的周向应力是经向应力的两倍。

③ 锥壳的半锥角 α 是确定壳体应力的一个重要参量。当 α 趋于零时，锥壳的应力趋于圆筒的壳体应力。当 α 趋于 $90°$ 时，锥体变成平板，其应力就接近无限大，因此以上锥形壳体应力分析适用于半锥角 $\alpha \leqslant 60°$ 的锥壳。

(4) 椭球形壳体

椭球形壳体常用作压力容器的封头，其中面是由 1/4 椭圆曲线作为母线绕一固定轴回转而成。它的应力同样可以用式 (3-7) 和式 (3-8) 计算，但第一和第二曲率半径 R_1 和 R_2 都是沿着椭球壳的经线连续变化的。

承受内压 p 的椭球壳的几何尺寸见图 3-6。已知椭圆曲线方程为

$$\frac{x^2}{a^2} + \frac{y^2}{b^2} = 1$$

即
$$y = \pm \frac{b}{a}\sqrt{a^2 - x^2}$$

其一阶导数和两阶导数为
$$y' = \frac{-bx}{a\sqrt{a^2 - x^2}} = -\frac{b^2 x}{a^2 y}$$

和
$$y'' = -\frac{b^4}{a^2 y^3}$$

椭球壳经线曲率半径为
$$R_1 = \frac{[1 + (y')^2]^{3/2}}{|y''|}$$

代入 y' 和 y'' 值可得

$$R_1 = \frac{[a^4 - x^2(a^2 - b^2)]^{3/2}}{a^4 b}$$

第二曲率半径 R_2 为椭圆至回转轴的法线长度。椭圆切线的斜率（在 x-y 坐标系中）为

$$\tan\varphi = y' = -\frac{bx}{a\sqrt{a^2 - x^2}}$$

从图 3-6 可知 $\tan\varphi = \dfrac{x}{l}$ 和 $R_2 = \sqrt{l^2 + x^2}$，从这三式中可计算得

$$R_2 = \frac{[a^4 - x^2(a^2 - b^2)]^{1/2}}{b}$$

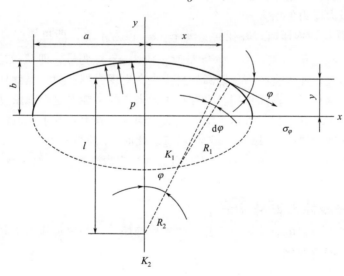

图 3-6　受气体内压作用的椭球形壳体

将 R_1 和 R_2 代入式（3-7）和式（3-8）得

$$\left.\begin{array}{l}
\sigma_\varphi = \dfrac{pR_2}{2t} = \dfrac{p}{2t} \times \dfrac{[a^4 - x^2(a^2 - b^2)]^{1/2}}{b} \\[4mm]
\sigma_\theta = \dfrac{p}{2t} \times \dfrac{[a^4 - x^2(a^2 - b^2)]^{1/2}}{b}\left[2 - \dfrac{a^4}{a^4 - x^2(a^2 - b^2)}\right]
\end{array}\right\} \tag{3-12}$$

这个用以计算椭球壳薄膜应力的方程式称为胡金伯格（Huggenberger）方程。

图 3-7 为椭球壳中的应力随长轴与短轴之比的变化规律，从式（3-12）和图 3-7 可以看出：

① 椭球壳上各点的应力是不等的，它与各点的坐标有关。在壳体顶点处（$x = 0$，$y = $

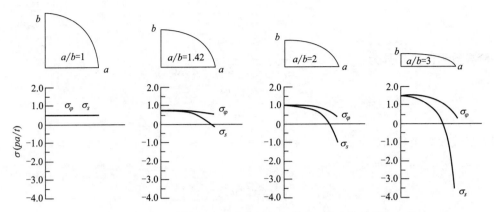

图 3-7 椭球壳中的应力随长轴与短轴之比的变化规律

b），$R_1 = R_2 = \dfrac{a^2}{b}$，$\sigma_\varphi = \sigma_\theta = \dfrac{pa^2}{2bt}$。在壳体赤道上（$x=a$，$y=0$），$R_1 = \dfrac{b^2}{a}$，$R_2 = a$，$\sigma_\varphi = \dfrac{pa}{2t}$，$\sigma_\theta = \dfrac{pa}{t}\left(1 - \dfrac{a^2}{2b^2}\right)$。

② 椭球壳应力的大小除与内压 p、壁厚 t 有关外，还与长轴与短轴之比 a/b 有很大关系。当 $a=b$ 时，椭球壳变成球壳，这时最大应力为圆筒壳中的 σ_θ 的一半，随着 a/b 的增大，椭球壳中的最大应力值增大。

③ 椭球壳承受均匀内压时，在任何 a/b 下，σ_φ 恒为正值，即拉伸应力，且由顶点处最大值向赤道逐渐递减至最小值。当 $a/b > \sqrt{2}$ 时，应力 σ_θ 将变号，即从拉应力变为压应力。随着周向压应力增大，在大直径薄壁椭圆形封头中会出现局部屈曲，也就是说，对于大直径薄壁椭圆形封头，尽管承受内压作用，也存在失稳失效的可能。这个现象应采用整体或局部增加厚度及局部采用环状加强构件措施加以预防，同时工程上也要求一般情况下 $a/b \leqslant 2.6$。

④ 工程上常用标准椭圆形封头，其 $a/b=2$。此时 σ_θ 的数值在顶点处和赤道处大小相等但符号相反，即顶点处为拉应力 pa/t，赤道上为压应力 $-pa/t$，而 σ_φ 恒为拉伸应力，在顶点处最大值为 pa/t。

3.1.3.2 储存液体的回转薄壳

工程上许多压力容器内有液体介质并产生液柱静压力，与气体压力不同，壳壁上的液柱静压力随液层的深度而变化。

（1）圆筒形壳体

如图 3-8 所示底部轴向支承的圆筒，液体表面压力为 p_0，液体密度为 ρ，筒壁上任一点 A 承受的压力为

$$p = p_0 + \rho g x$$

由式（3-1）得

$$\sigma_\theta = \frac{(p_0 + \rho g x)R}{t} \tag{3-13a}$$

作垂直于回转轴的任一横截面，由上部壳体的轴向力平衡可得

$$2\pi R t \sigma_\varphi = \pi R^2 p_0$$

即

$$\sigma_\varphi = \frac{p_0 R}{2t} \tag{3-13b}$$

显然，对于敞开的储液罐，$p_0 = 0$，则 $\sigma_\varphi = 0$，容器底部环向应力最大，大小为

$$\sigma_\theta = \frac{(p_0 + \rho g H)R}{t}$$

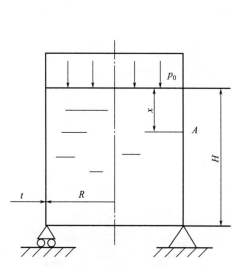

图 3-8 储存液体的圆筒形壳

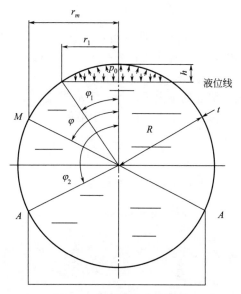

图 3-9 储存液体的圆球壳

若支座位置不在底部，由于存在支座反力，应分别计算支座上下的轴向内力，再根据轴向力平衡方程计算轴向应力。支座反力的大小等于容器中液体的重量。

（2）球形壳体

图 3-9 为球形壳体，半径为 R，厚度为 t。壳体内储有密度为 ρ 的液体，球形壳体顶部有高度为 h 的气相空间，气体压力为 p_0。球形壳体由裙座轴向支承，裙座支承位于 $\varphi = \varphi_2$ 截面 $A{-}A$ 处。利用无力矩理论求取球形壳体中的薄膜应力。

分以下三种情况：

① 当 $\varphi < \varphi_1$ 时，壳体只承受气体压力 p_0。根据只承受气体内压下球形壳体薄膜应力计算公式，可得

$$\sigma_\varphi = \sigma_\theta = \frac{p_0 R}{2t}$$

② 当 $\varphi_1 < \varphi < \varphi_2$ 时，即在裙座 $A{-}A$ 之上、液位之下时，壳体承受的压力包括气体压力和液柱静压力两部分，即

$$p = p_0 + \rho g R(\cos\varphi_1 - \cos\varphi)$$

因此，任意点 M 以上球壳部分承受的总轴向力为

$$V = 2\pi \int_{\varphi_1}^{\varphi} [\rho g R(\cos\varphi_1 - \cos\varphi)]R^2 \sin\varphi\cos\varphi \, d\varphi + 2\pi\int_0^\varphi p_0 R^2 \sin\varphi\cos\varphi \, d\varphi$$

$$= \pi R^3 \rho g \cos\varphi_1(\sin^2\varphi - \sin^2\varphi_1) + \frac{2}{3}\pi R^3 \rho g(\cos^3\varphi - \cos^3\varphi_1) + \pi p_0 R^2 \sin^2\varphi$$

根据区域平衡方程［式(3-5)］可得

$$\sigma_\varphi = \frac{R^2 \rho g}{6t\sin^2\varphi}[3\cos\varphi_1(\sin^2\varphi - \sin^2\varphi_1) + 2(\cos^3\varphi - \cos^3\varphi_1)] + \frac{p_0 R}{2t} \tag{3-14a}$$

代入拉普拉斯方程［式(3-1)］得

$$\sigma_\theta = \frac{\rho g R^2}{6t\sin^2\varphi}\left[\cos\varphi_1(3\sin^2\varphi+\sin^2\varphi_1+2)-\cos\varphi(4\sin^2\varphi+2)\right]+\frac{p_0 R}{2t} \qquad (3\text{-}14\text{b})$$

式(3-14)表明，当 $\varphi_1<\varphi<\varphi_2$ 时，壳体中的应力由两部分组成：一个是由气体压力引起的，和位置无关；另一个是由液柱静压力引起的，和经向位置有关。

③ 当 $\varphi>\varphi_2$ 时，即在裙座 A—A 以下时，壳体在轴向上除了承受由液柱静压力和气体压力引起的轴向力之外，还承受支座 A—A 的反力。忽略壳体自重，则支座反力等于壳体内液体的总重力。图 3-9 中液体的总重力为

$$G=\frac{4}{3}\pi R^3\rho g-\frac{1}{3}\pi h^2(3R-h)\rho g=\frac{\pi\rho g}{3}\left[4R^2-h^2\left(3-\frac{h}{R}\right)\right]$$

此时，区域平衡方程为

$$\pi R^3\rho g\cos\varphi_1(\sin^2\varphi-\sin^2\varphi_1)+\frac{2}{3}\pi R^3\rho g(\cos^3\varphi-\cos^3\varphi_1)+\pi p_0 R^2\sin^2\varphi$$

$$+\frac{\pi\rho g}{3}\left[4R^2-h^2\left(3-\frac{h}{R}\right)\right]=2\pi R t\sigma_\varphi\sin^2\varphi$$

由此得

$$\sigma_\varphi = \frac{R^2\rho g}{6t\sin^2\varphi}\left[3\cos\varphi_1(\sin^2\varphi-\sin^2\varphi_1)+2(\cos^3\varphi-\cos^3\varphi_1)\right]+\frac{p_0 R}{2t}$$

$$+\frac{\rho g}{6t\sin^2\varphi}\left[4R^2-h^2\left(3-\frac{h}{R}\right)\right] \qquad (3\text{-}15\text{a})$$

$$\sigma_\theta = \frac{\rho g R^2}{6t\sin^2\varphi}\left[\cos\varphi_1(3\sin^2\varphi+\sin^2\varphi_1+2)-\cos\varphi(4\sin^2\varphi+2)\right]+\frac{p_0 R}{2t}$$

$$-\frac{\rho g}{6t\sin^2\varphi}\left[4R^2-h^2\left(3-\frac{h}{R}\right)\right] \qquad (3\text{-}15\text{b})$$

比较式(3-15)和式(3-14)不难发现，支座以下壳体中的应力比支座以上、液面以下的壳体增加了一项，这是支座反力所引起的。

下面以一具体球形壳体为例，显示球形壳体上的应力分布。该球形壳体几何及载荷参数为：$D=10\text{m}$，$p_0=0.4\text{MPa}$，$t=0.01\text{m}$，$\rho=640\text{kg/m}^3$，$\varphi_1=30°$，$\varphi_2=120°$，$h=1.3397\text{m}$。图 3-10 是该球形壳体在不同经向位置处壳体上的应力分布，显然，在支座支承处，σ_φ 和 σ_θ 不连续，突变量分别为 $\pm\dfrac{\rho g}{6t\sin^2\varphi}\left[4R^2-h^2\left(3-\dfrac{h}{R}\right)\right]$。这个突变量是由支座反力 G 引起的。支承截面上下壳体应力发生突变，若是自由变形，支承截面上下壳体周向变形也会突变，为保持球形壳体位移的连续性，支承截面附近壳体上必存在弯曲应力。因此，支承截面处应力的计算，必须用有力矩理论进行分析，而上述用无力矩理论计算得到的壳体薄膜应力，只有远离支承截面处才与实际相符。

3.1.3.3　无力矩理论应用条件

为保证回转薄壳处于薄膜状态，壳体形状、加载方式及支承一般应满足如下条件：

① 壳体的厚度、中面曲率和载荷连续，没有突变，且构成壳体的材料的物理性能相同。因为上述因素之中，无论哪一个有突变，如按无力矩理论计算，则在这些突变处，中面的变形将是不连续的。而实际薄壳在这些部位必然产生边缘力和边缘弯矩，以保持中面的连续，

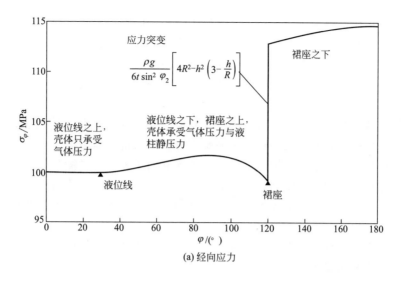

(a) 经向应力

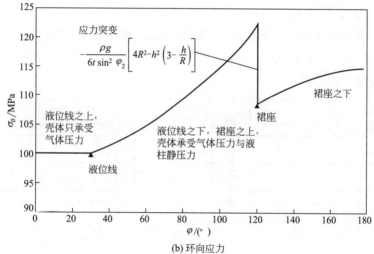

(b) 环向应力

图 3-10 球形壳体上的薄膜应力分布

这自然就破坏了无力矩状态。

　　② 壳体边界处不受横向剪力、弯矩和扭矩作用。

　　③ 壳体边界处的约束可沿经线的切线方向，不得限制边界处的转角与挠度。

　　显然，同时满足上述条件非常困难，理想的无矩状态并不容易实现，一般情况下，边界附近往往同时存在弯曲应力和薄膜应力。在很多实际问题中，一方面按无力矩理论求出问题的解，另一方面对弯矩较大的区域再用有力矩理论进行修正。联合使用有力矩理论和无力矩理论，解决了大量的薄壳问题。

3.2　厚壁圆筒应力分析

3.2.1　受压力载荷作用

　　高压容器是工程常见的关键设备，例如，合成氨、合成甲醇、合成尿素、油类加氢及压水反应堆等工程中使用的容器。由于承受高温高压，某些设备壁厚较大，其中圆柱形筒体的外直径与内直径之比大于 1.1～1.2 的容器统称为厚壁容器。

与薄壁圆筒相比，由于压力高，厚壁圆筒中的径向应力较大，不能忽略不计，所以，厚壁圆筒中各点应力有经向应力、周向应力和径向应力三个分量，为三向应力状态。另外，厚壁圆筒往往使用温度高，如果没有良好的保温，厚壁圆筒内外壁温度不一样，不同直径处温度不一样，热变形也不一样，但作为整体结构变形又必须协调一致，这导致圆筒壁中出现较大热应力。

厚壁圆筒与薄壁圆筒的应力分析方法也不相同。在薄壁筒体中，由于壳壁很薄，应力沿壁厚均匀分布，可根据微元平衡方程和区域平衡方程，求得壳体中的应力。而在厚壁圆筒中存在三个应力分量，但由于具有轴对称性，只能建立两个独立的平衡方程，因此必须利用平衡方程、几何方程和物理方程联立求解。此外，由于不同直径处圆筒的变形受到约束是不一样的，造成径向和环向应力沿壁厚的分布也不均匀，所以还应取微元平衡来建立涉及径向和环向应力的平衡方程。

厚壁圆筒结构形式较多，本节将分析在压力（内压或外压）作用下单层厚壁圆筒的弹性应力、弹塑性应力和屈服压力。

3.2.1.1　弹性应力分析

有一两端封闭的厚壁圆筒（图 3-11），受到内压 p_i 和外压 p_o 的作用，圆筒的内半径和外半径分别为 R_i、R_o，任意点的半径为 r。以圆筒轴线为 z 轴建立圆柱坐标。现求解其远离两端处筒壁中的三向应力。

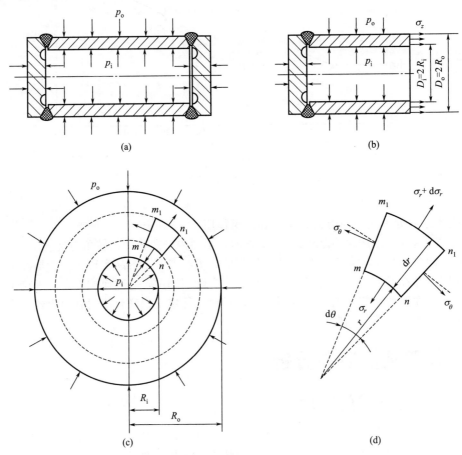

图 3-11　厚壁圆筒中的应力

（1）轴向（经向）应力

对两端封闭的圆筒，作一垂直于轴线的横截面，并保留圆筒的左部，见图 3-11（a）、（b）。若端部为轴对称结构，圆筒上的横截面在变形后仍保持平面。所以，假设轴向应力 σ_z 沿壁厚方向均匀分布，得 σ_z 为

$$\sigma_z=\frac{\pi R_i^2 p_i-\pi R_o^2 p_o}{\pi(R_o^2-R_i^2)}=\frac{p_i R_i^2-p_o R_o^2}{R_o^2-R_i^2} \tag{3-16}$$

（2）周向应力与径向应力

由于轴对称性，在圆柱坐标中，周向应力 σ_θ 和径向应力 σ_r 只是径向坐标 r 的函数。应力分析就是要确定 σ_θ 和 σ_r 与 r 之间的关系，而因为 σ_θ 和 σ_r 沿径向分布的不均匀性，进行应力分析时，必须从微元体着手，分析其应力和变形及它们之间的相互关系。

下面推导压力载荷作用下厚壁圆筒中的弹性应力。

① 微元体及各个面上的应力。如图 3-11(c)、(d) 所示，mn 和 $m_1 n_1$ 分别为半径 r 和半径 $r+dr$ 的两个圆柱面；mm_1 和 nn_1 面为两相邻的通过轴线的纵截面，其夹角为 $d\theta$；微元在轴线方向的长度为 1 单位。微元体各个面上的应力如下：在 mm_1 和 nn_1 面上的环向应力均为 σ_θ；在半径为 r 的 mn 面上，径向应力为 σ_r；在半径为 $r+dr$ 的 $m_1 n_1$ 面上，径向应力为 $\sigma_r+d\sigma_r$。

此外，在轴线方向上相距为 1 单位的两个横截面上还有轴向应力 σ_z 的作用，这个应力对微元体的平衡无影响，图中没标出。

② 平衡方程。如图 3-11(d) 所示，由微元体在半径 r 方向上的力平衡关系，得

$$(\sigma_r+d\sigma_r)(r+dr)d\theta-\sigma_r r d\theta-2\sigma_\theta dr\sin\frac{\theta}{2}=0$$

因 $d\theta$ 极小，故 $\sin\frac{d\theta}{2}\approx\frac{d\theta}{2}$，再略去高阶微量 $d\sigma_r dr$，上式可简化为

$$\sigma_\theta-\sigma_r=r\frac{d\sigma_r}{dr} \tag{3-17}$$

这就是微元体的径向平衡方程，由于为轴对称问题，微元体的四个侧面上的力在环向上投影之和为零，平衡自动满足。式(3-17) 中有两个未知数，只靠这一个方程是无法求解的。所以还必须建立补充方程，这就得借助于几何和物理方程。

③ 几何方程。几何方程就是微元体的位移与其应变之间的关系。

由于结构和受力的对称性，横截面上各点只是在原来所在的半径上发生径向位移。于是，微元体各面位移如图 3-12 所示。其中 $mm_1 n_1 n$ 为变形前的位置，$m'm_1'n_1'n'$ 为变形后的位置。若半径为 r 的 mn 面之径向位移为 w，则半径为 $r+dr$ 的 $m_1 n_1$ 面之径向位移为 $w+dw$。根据应变的定义，可导出应变的表达式为：

径向应变 $\quad\varepsilon_r=\frac{(w+dw)-w}{dr}=\frac{dw}{dr}\quad$ (3-18a)

周向应变 $\quad\varepsilon_\theta=\frac{(r+w)d\theta-rd\theta}{rd\theta}=\frac{w}{r}\quad$ (3-18b)

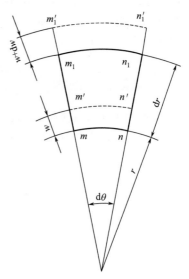

图 3-12　厚壁圆筒中微元体的位移

式(3-18) 就是微元体的几何方程。它表明 ε_r、ε_θ 都是径向位移 w 的函数，因而二者是相互联系的。对式(3-18b) 求导并变换可得

$$\frac{\mathrm{d}\varepsilon_\theta}{\mathrm{d}r} = \frac{1}{r}(\varepsilon_r - \varepsilon_\theta) \tag{3-19}$$

此方程称为变形协调方程。它表明微元体的应变不能是任意的，而是相互联系着的，即必须满足上述变形协调方程，否则变形会造成材料开裂或重叠。

④ 物理方程。按广义胡克定律，在弹性范围内，微元体的应力与应变关系必须满足下列关系

$$\left. \begin{array}{l} \varepsilon_r = \dfrac{1}{E}\left[\sigma_r - v(\sigma_\theta + \sigma_z) \right] \\[2mm] \varepsilon_\theta = \dfrac{1}{E}\left[\sigma_\theta - v(\sigma_r + \sigma_z) \right] \end{array} \right\} \tag{3-20}$$

这就是物理方程。

⑤ 应力微分方程。利用式(3-20) 将式(3-19) 的变形协调方程变为以应力表示的微分方程，得

$$\frac{\mathrm{d}\sigma_\theta}{\mathrm{d}r} - v\frac{\mathrm{d}\sigma_r}{\mathrm{d}r} = \frac{1+\mu}{r}(\sigma_r - \sigma_\theta) \tag{3-21}$$

从式(3-17) 中求出 σ_θ，再代入式(3-21)，整理得

$$r\frac{\mathrm{d}^2\sigma_r}{\mathrm{d}r^2} + 3\frac{\mathrm{d}\sigma_r}{\mathrm{d}r} = 0$$

解该微分方程，可得 σ_r 的通解，将 σ_r 再代入式(3-17) 得 σ_θ

$$\sigma_r = A - \frac{B}{r^2} \quad \sigma_\theta = A + \frac{B}{r^2} \tag{3-22}$$

式中，A，B 为积分常数，须由边界条件确定。对于承受内压 p_i 和外压 p_o 的厚壁圆筒，边界条件为：当 $r = R_i$ 时，$\sigma_r = -p_i$；当 $r = R_o$ 时，$\sigma_r = -p_o$。将边界条件代入式(3-22)，解得积分常数 A 和 B 为

$$A = \frac{p_i R_i^2 - p_o R_o^2}{R_o^2 - R_i^2} \qquad B = \frac{(p_i - p_o)R_i^2 R_o^2}{R_o^2 - R_i^2} \tag{3-23}$$

将 A 与 B 代入式(3-22) 便可得到 σ_r 和 σ_θ 的表达式。

现将已得到的在内外压力作用下厚壁圆筒的三向应力表达式汇总如下

$$\left. \begin{array}{l} \sigma_\theta = \dfrac{p_i R_i^2 - p_o R_o^2}{R_o^2 - R_i^2} + \dfrac{(p_i - p_o)R_i^2 R_o^2}{R_o^2 - R_i^2}\dfrac{1}{r^2} \\[4mm] \sigma_r = \dfrac{p_i R_i^2 - p_o R_o^2}{R_o^2 - R_i^2} - \dfrac{(p_i - p_o)R_i^2 R_o^2}{R_o^2 - R_i^2}\dfrac{1}{r^2} \\[4mm] \sigma_z = \dfrac{p_i R_i^2 - p_o R_o^2}{R_o^2 - R_i^2} \end{array} \right\} \tag{3-24}$$

式(3-24) 即为著名的 Lamè 公式。当仅有内压和外压作用时，上式可以简化，厚壁圆筒中应力值和应力分布分别如表 3-1 和图 3-13 所示。表中各式采用了径比 $K = \dfrac{R_o}{R_i}$，K 值可表示

厚壁圆筒的壁厚特征。

表 3-1　厚壁圆筒的筒壁应力值

项目	仅受内压 $p_o=0$			仅受外压 $p_i=0$		
	任意半径 r 处	内壁处 $r=R_i$	外壁处 $r=R_o$	任意半径 r 处	内壁处 $r=R_i$	外壁处 $r=R_o$
σ_r	$\dfrac{p_i}{K^2-1}\left(1-\dfrac{R_o^2}{r^2}\right)$	$-p_i$	0	$\dfrac{-p_o K^2}{K^2-1}\left(1-\dfrac{R_i^2}{r^2}\right)$	0	$-p_o$
σ_θ	$\dfrac{p_i}{K^2-1}\left(1+\dfrac{R_o^2}{r^2}\right)$	$p_i\dfrac{K^2+1}{K^2-1}$	$p_i\dfrac{2}{K^2-1}$	$\dfrac{-p_o K^2}{K^2-1}\left(1+\dfrac{R_i^2}{r^2}\right)$	$-p_o\dfrac{2K^2}{K^2-1}$	$-p_o\dfrac{K^2+1}{K^2-1}$
σ_z	$p_i\dfrac{1}{K^2-1}$			$-p_o\dfrac{K^2}{K^2-1}$		

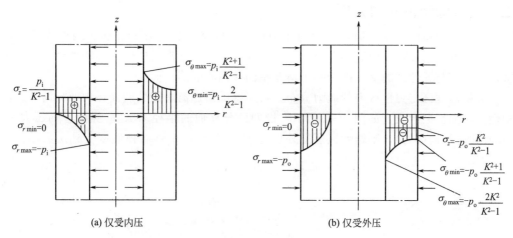

图 3-13　厚壁圆筒中各应力分量分布

从图 3-13 中可见，仅在内压作用下，筒壁中的应力分布规律可归纳为以下几点：

① 周向应力 σ_θ 及轴向应力 σ_z 均为拉应力（正值），径向应力 σ_r 为压应力（负值）。在数值上有如下规律：内壁周向应力 σ_θ 有最大值，其值为 $\sigma_{\theta\max}=p_i\dfrac{K^2+1}{K^2-1}$，而在外壁处减至最小，其值为 $\sigma_{\theta\min}=p_i\dfrac{2}{K^2-1}$，内外壁 σ_θ 之差为 p_i；径向应力内壁处为 $-p_i$，随着 r 增加，径向应力绝对值逐渐减小，在外壁处 $\sigma_r=0$；轴向应力为一常量，沿壁厚均匀分布，且为周向应力与径向应力和的一半，即 $\sigma_z=\dfrac{1}{2}(\sigma_\theta+\sigma_r)$。

② 除 σ_z 外，其他应力沿壁厚的不均匀程度与径比 K 值有关。以 σ_θ 为例，内壁与外壁处的周向应力 σ_θ 之比为 $\dfrac{(\sigma_\theta)_{r=R_i}}{(\sigma_\theta)_{r=R_o}}=\dfrac{K^2+1}{2}$，$K$ 值愈大不均匀程度愈严重，当内壁材料开始出现屈服时，外壁材料则没有达到屈服，因此筒体材料强度不能得到充分利用。当 K 值趋近于 1 时，该容器为薄壁容器，其应力沿壁厚接近于均布。$K=1.1$ 时，内外壁应力只相差 10%；而当 $K=1.3$ 时，内外壁应力差则达 35%。由此可见，在 $K=1.1$ 时，采用薄壁应力

公式进行计算，其结果与精确值相差不会很大。当 $K=1.3$ 时，若仍用薄壁应力公式计算，误差就比较大，所以工程上一般规定 $K=1.1\sim1.2$ 作为区别厚壁与薄壁容器的界限。

③ 单层厚壁圆筒的径向位移表达式。由几何方程和物理方程

$$\varepsilon_\theta = \frac{w}{r} = \frac{1}{E}\left[\sigma_\theta - \mu(\sigma_r + \sigma_z)\right] \tag{3-25}$$

得受内压和外压作用且两端封闭的厚壁圆筒径向位移

$$w = \frac{r}{E}\left[\sigma_\theta - \mu(\sigma_r + \sigma_z)\right]$$

$$= \frac{r}{E(R_o^2 - R_i^2)}\left[(1-2\mu)(p_i R_i^2 - p_o R_o^2) + (1+\mu)\frac{(p_i - p_o)R_i^2 R_o^2}{r^2}\right] \tag{3-26}$$

这里注意到，对于厚壁圆筒，由于具有轴对称性，虽然器壁中存在环向应力，但环向位移为零；另外切应力也为零，所以器壁中各点的 $\sigma_\theta,\sigma_r,\sigma_z$ 三个应力分量就是三个主应力，(θ,r,z) 是主方向。

3.2.1.2 弹塑性应力分析

对于承受内压的厚壁圆筒，随着内压的增大，内壁材料先开始屈服，内壁面呈塑性状态。若内压继续增加，则屈服层向外扩展，从而在近内壁处形成塑性区，塑性区之外仍为弹性区，塑性区与弹性区的交界面为一个与厚壁圆筒同心的圆柱面。

为分析塑性区与弹性区内的应力分布，从厚壁圆筒远离边缘处的筒体中取一筒节。筒节由塑性区与弹性区组成，如图 3-14 所示。设两区分界面的半径为 R_c，界面上的压力为 p_c（即相互间的径向应力），则塑性区所受外压为 p_c，内压为 p_i；而弹性区受外压为零，内压为 p_c。

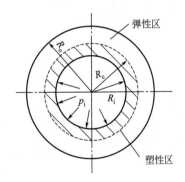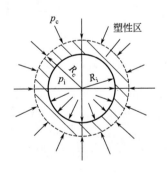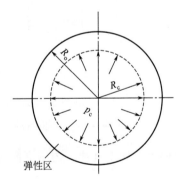

图 3-14　处于弹塑性状态的厚壁圆筒

为了简化分析，假定材料在屈服阶段的塑性变形过程中，并不发生应变硬化，这种材料称为理想弹塑性材料，其应力-应变关系如图 3-15 所示。

（1）塑性区应力

塑性区筒体材料处于塑性状态，以下的微元平衡方程仍可适用。

$$\sigma_\theta - \sigma_r = r\frac{d\sigma_r}{dr} \tag{3-27}$$

对于受内压作用的厚壁圆筒，$\sigma_\theta,\sigma_z,\sigma_r$ 即为三个主应力 σ_1、

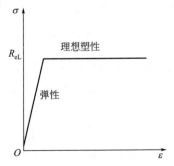

图 3-15　理想弹塑性材料
应力-应变关系

σ_2、σ_3，且 $\sigma_z = \dfrac{1}{2}(\sigma_r + \sigma_\theta)$，按 Tresca 屈服条件得

$$\sigma_\theta - \sigma_r = R_{eL} \tag{3-28}$$

由式（3-27）和式（3-28）得

$$d\sigma_r = R_{eL}\frac{dr}{r}$$

积分上式得

$$\sigma_r = R_{eL}\ln r + A \tag{3-29}$$

式中，A 为积分常数，由边界条件确定。在内壁面 $r = R_i$ 处，$\sigma_r = -p_i$；在弹塑性交界面，即 $r = R_c$ 处，$\sigma_r = -p_c$。将内壁面边界条件代入式（3-29），求出积分常数 A，再代回式（3-29），得 σ_r 的表达式

$$\sigma_r = R_{eL}\ln\frac{r}{R_i} - p_i \tag{3-30}$$

将式（3-30）代入式（3-28），得 σ_θ 的表达式

$$\sigma_\theta = R_{eL}\left(1 + \ln\frac{r}{R_i}\right) - p_i \tag{3-31}$$

由于 $\sigma_z = \dfrac{1}{2}(\sigma_r + \sigma_\theta)$，可得塑性区内轴向应力的 σ_z 的表达式

$$\sigma_z = R_{eL}\left(0.5 + \ln\frac{r}{R_i}\right) - p_i \tag{3-32}$$

利用弹塑性交界面边界条件和式（3-30），可得弹塑性两区交界面上的压力 p_c 为

$$p_c = -R_{eL}\ln\frac{R_c}{R_i} + p_i \tag{3-33}$$

（2）弹性区应力

弹性区相当于承受 p_c 内压的弹性厚壁圆筒，设 $K_c = \dfrac{R_o}{R_c}$。由表 3-1，得到弹性区内壁 $r = R_c$ 处的应力表达式

$$(\sigma_r)_{r=R_c} = -p_c$$

$$(\sigma_\theta)_{r=R_c} = p_c\left(\frac{K_c^2+1}{K_c^2-1}\right)$$

因弹性区内壁处于屈服状态，应符合式（3-28），即

$$(\sigma_\theta)_{r=R_c} - (\sigma_r)_{r=R_c} = R_{eL}$$

将各式代入并简化后得

$$p_c = \frac{R_{eL}}{2}\frac{R_o^2 - R_c^2}{R_o^2} \tag{3-34}$$

考虑到弹性区与塑性区是同一连续体内的两个部分，界面上的 p_c 应为同一数值，令式（3-33）与式（3-34）相等，则可导出内压 p_i 与所对应塑性区圆柱面半径 R_c 间关系式

$$p_i = \frac{R_{eL}}{2}\left(1 - \frac{R_c^2}{R_o^2} + 2\ln\frac{R_c}{R_i}\right) \tag{3-35}$$

由式（3-24），导出弹性区内半径 r 处，以 R_c 表示的各应力表达式为

$$\sigma_r = \frac{R_{eL}}{2}\frac{R_c^2}{R_o^2}\left(1 - \frac{R_o^2}{r^2}\right)$$

$$\sigma_\theta = \frac{R_{\mathrm{eL}}}{2} \frac{R_{\mathrm{c}}^2}{R_{\mathrm{o}}^2} \left(1 + \frac{R_{\mathrm{o}}^2}{r^2}\right) \tag{3-36}$$

$$\sigma_z = \frac{R_{\mathrm{eL}}}{2} \frac{R_{\mathrm{c}}^2}{R_{\mathrm{o}}^2}$$

若按 Mises 屈服条件，也可导出类似的上述各表达式。现将弹塑性分析中所导出的各种应力表达式列于表 3-2 中。

表 3-2　厚壁圆筒塑弹性区的应力（$p_{\mathrm{o}}=0$ 时）

屈服准则	应　力	塑 性 区 $(R_{\mathrm{i}} \leqslant r < R_{\mathrm{c}})$	弹 性 区 $(R_{\mathrm{c}} \leqslant r < R_{\mathrm{o}})$
Tresca	径向应力 σ_r	$R_{\mathrm{eL}} \ln \dfrac{r}{R_{\mathrm{i}}} - p_{\mathrm{i}}$	$\dfrac{R_{\mathrm{eL}}}{2} \times \dfrac{R_{\mathrm{c}}^2}{R_{\mathrm{o}}^2} \left(1 - \dfrac{R_{\mathrm{o}}^2}{r^2}\right)$
	周向应力 σ_θ	$R_{\mathrm{eL}} \left(1 + \ln \dfrac{r}{R_{\mathrm{i}}}\right) - p_{\mathrm{i}}$	$\dfrac{R_{\mathrm{eL}}}{2} \times \dfrac{R_{\mathrm{c}}^2}{R_{\mathrm{o}}^2} \left(1 + \dfrac{R_{\mathrm{o}}^2}{r^2}\right)$
	轴向应力 σ_z	$R_{\mathrm{eL}} \left(0.5 + \ln \dfrac{r}{R_{\mathrm{i}}}\right) - p_{\mathrm{i}}$	$\dfrac{R_{\mathrm{eL}}}{2} \times \dfrac{R_{\mathrm{c}}^2}{R_{\mathrm{o}}^2}$
	p_{i} 与 R_{c} 关系	\multicolumn{2}{c}{$p_{\mathrm{i}} = R_{\mathrm{eL}} \left(0.5 - \dfrac{R_{\mathrm{c}}^2}{2R_{\mathrm{o}}^2} + \ln \dfrac{R_{\mathrm{c}}}{R_{\mathrm{i}}}\right)$}
Mises	径向应力 σ_r	$\dfrac{2}{\sqrt{3}} R_{\mathrm{eL}} \ln \dfrac{r}{R_{\mathrm{i}}} - p_{\mathrm{i}}$	$\dfrac{R_{\mathrm{eL}}}{\sqrt{3}} \dfrac{R_{\mathrm{c}}^2}{R_{\mathrm{o}}^2} \left(1 - \dfrac{R_{\mathrm{o}}^2}{r^2}\right)$
	周向应力 σ_θ	$\dfrac{2}{\sqrt{3}} R_{\mathrm{eL}} \left(1 + \ln \dfrac{r}{R_{\mathrm{i}}}\right) - p_{\mathrm{i}}$	$\dfrac{R_{\mathrm{eL}}}{\sqrt{3}} \dfrac{R_{\mathrm{c}}^2}{R_{\mathrm{o}}^2} \left(1 + \dfrac{R_{\mathrm{o}}^2}{r^2}\right)$
	轴向应力 σ_z	$\dfrac{R_{\mathrm{eL}}}{\sqrt{3}} \left(1 + 2\ln \dfrac{r}{R_{\mathrm{i}}}\right) - p_{\mathrm{i}}$	$\dfrac{R_{\mathrm{eL}}}{\sqrt{3}} \dfrac{R_{\mathrm{c}}^2}{R_{\mathrm{o}}^2}$
	p_{i} 与 R_{c} 关系	\multicolumn{2}{c}{$p_{\mathrm{i}} = \dfrac{R_{\mathrm{eL}}}{\sqrt{3}} \left(1 - \dfrac{R_{\mathrm{c}}^2}{R_{\mathrm{o}}^2} + 2\ln \dfrac{R_{\mathrm{c}}}{R_{\mathrm{i}}}\right)$}

3.2.1.3　屈服压力

（1）初始屈服压力

对于受内压作用的厚壁圆筒，内壁面发生屈服所对应的压力称为初始屈服压力，用 p_{s} 表示。显然，在式（3-35）中令 $R_{\mathrm{c}}=R_{\mathrm{i}}$，并使 $p_{\mathrm{i}}=p_{\mathrm{s}}$，便得基于 Tresca 屈服条件的圆筒初始屈服压力 p_{s}

$$p_{\mathrm{s}} = \frac{R_{\mathrm{eL}}}{2} \frac{K^2 - 1}{K^2} \tag{3-37}$$

若采用 Mises 屈服条件，也可以类似导出圆筒初始屈服压力表达式

$$p_{\mathrm{s}} = \frac{R_{\mathrm{eL}}}{\sqrt{3}} \frac{K^2 - 1}{K^2} \tag{3-38}$$

（2）全屈服压力

假设为理想弹塑性，承受内压的厚壁圆筒，当筒壁达到整体屈服状态时所承受的压力，称为圆筒全屈服压力或极限压力（limit pressure），用 p_{so} 表示。

筒壁整体屈服时，弹塑性界面的半径等于外半径。按 Tresca 屈服条件，只要在式（3-35）中，令 $R_{\mathrm{c}}=R_{\mathrm{o}}$，便可导出全屈服压力 p_{so} 表达式

$$p_{so} = R_{eL} \ln K = R_{eL} \ln\left(1 + \frac{t}{R_i}\right) \tag{3-39}$$

若采用 Mises 屈服条件，也可以类似导出全屈服压力表达式

$$p_{so} = \frac{2}{\sqrt{3}} R_{eL} \ln K \tag{3-40}$$

3.2.2　由温度变化引起

因温度变化引起的自由膨胀或收缩受到约束，在弹性体内所引起的应力，称为热应力。

为求厚壁圆筒中的热应力，须先确定筒壁中的温度分布。当厚壁圆筒处于中心对称且沿轴向不变的温度场时，如圆筒内壁表面温度为 t_i，外壁表面温度为 t_o，则在稳态传热状态下，根据热传导公式，筒壁任意半径处的温度为

$$t = \frac{t_o \ln\dfrac{r}{R_i} - t_i \ln\dfrac{r}{R_o}}{\ln\dfrac{R_o}{R_i}} \tag{3-41}$$

由于厚壁圆筒中的热应力为三向应力，且沿厚度变化，需根据平衡方程、几何方程和物理方程，结合边界条件求解。平衡方程和几何方程与拉美公式推导时所用的方程相同，但物理方程有所不同。因为在温度变化情况下，应变由两部分叠加而成：一是热应变；二是热变形时由相互约束引起的应变，它与热应力之间满足胡克定律，即

$$\left.\begin{aligned}
\varepsilon_r^t &= \frac{1}{E}\left[\sigma_r^t - \mu(\sigma_\theta^t + \sigma_z^t)\right] + \alpha t \\
\varepsilon_\theta^t &= \frac{1}{E}\left[\sigma_\theta^t - \mu(\sigma_r^t + \sigma_z^t)\right] + \alpha t \\
\varepsilon_z^t &= \frac{1}{E}\left[\sigma_z^t - \mu(\sigma_r^t + \sigma_\theta^t)\right] + \alpha t
\end{aligned}\right\} \tag{3-42}$$

式中　α——线膨胀系数，℃^{-1}。

若圆筒长度远大于半径，可视为轴对称的平面应变问题，此时 $\varepsilon_z^t = 0$。根据平衡方程、几何方程和物理方程建立变形或应力微分方程，求解并应用边界条件，最终可推导出三向热应力的表达式：

$$\left.\begin{aligned}
\text{周向热应力} \qquad \sigma_\theta^t &= \frac{E\alpha\Delta t}{2(1-\mu)}\left(\frac{1-\ln K_r}{\ln K} - \frac{K_r^2+1}{K^2-1}\right) \\[2mm]
\text{径向热应力} \qquad \sigma_r^t &= \frac{E\alpha\Delta t}{2(1-\mu)}\left(-\frac{\ln K_r}{\ln K} + \frac{K_r^2-1}{K^2-1}\right) \\[2mm]
\text{轴向热应力} \qquad \sigma_z^t &= \frac{E\alpha\Delta t}{2(1-\mu)}\left(\frac{1-2\ln K_r}{\ln K} - \frac{2}{K^2-1}\right)
\end{aligned}\right\} \tag{3-43}$$

式中　Δt——筒体内外壁的温差，$\Delta t = t_i - t_o$；

　　　K——筒体的外半径与内半径之比，$K = \dfrac{R_o}{R_i}$；

　　　K_r——筒体的外半径与任意半径之比，$K_r = \dfrac{R_o}{r}$。

厚壁圆筒各处的热应力见表 3-3，表中 $p_t = \dfrac{E\alpha\Delta t}{2(1-\mu)}$；分布如图 3-16 所示。可见，厚壁

表 3-3　厚壁圆筒中的热应力

热应力	任意半径 r 处	圆筒内壁 $K_r=K$ 处	圆筒外壁 $K_r=1$ 处
σ_r^t	$p_t\left(-\dfrac{\ln K_r}{\ln K}+\dfrac{K_r^2-1}{K^2-1}\right)$	0	0
σ_θ^t	$p_t\left(\dfrac{1-\ln K_r}{\ln K}-\dfrac{K_r^2+1}{K^2-1}\right)$	$p_t\left(\dfrac{1}{\ln K}-\dfrac{2K^2}{K^2-1}\right)$	$p_t\left(\dfrac{1}{\ln K}-\dfrac{2}{K^2-1}\right)$
σ_z^t	$p_t\left(\dfrac{1-2\ln K_r}{\ln K}-\dfrac{2}{K^2-1}\right)$	$p_t\left(\dfrac{1}{\ln K}-\dfrac{2K^2}{K^2-1}\right)$	$p_t\left(\dfrac{1}{\ln K}-\dfrac{2}{K^2-1}\right)$

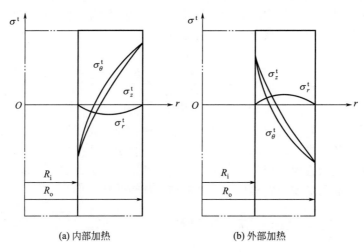

图 3-16　厚壁圆筒中的热应力分布

圆筒中热应力及其分布的规律为：

① 热应力大小与内外壁温差 Δt 成正比。Δt 取决于内外介质或环境温度和圆筒壁厚，径比 K 值愈大 Δt 值也愈大，表 3-3 中的 p_t 值也愈大。

② 热应力沿壁厚方向是变化的。径向热应力 σ_r^t 在内外壁面处均为零，在各任意半径处的数值均很小，且内加热时，均为压应力（负值），外加热时均为拉应力（正值）。周向热应力 σ_θ^t 和轴向热应力 σ_z^t，在内加热时，外壁面处拉伸应力有最大值，在内壁处为压应力。反之，在外加热时，内壁面处拉伸应力有最大值，在外壁面处为压应力。同时，内壁面的 σ_θ^t 与 σ_z^t 相等，外壁面处的 σ_θ^t 和 σ_z^t 也相等。

热应力有以下特点：

① 热应力随约束程度的增大而增大，而且受初始温度的影响。

② 热应力与零外载相平衡，是由热变形受约束引起的自平衡应力（self-balancing stress），在构件内是变化的，在温度高处发生压缩变形，温度低处发生拉伸变形。由于温度场不同，热应力有可能在整台容器中出现，也有可能只是在局部区域产生。

③ 热应力不仅引起结构中的工作应力发生变化，而且温度的变化还将引起材料物理性能和力学性能的改变，当温度和应力高到一定程度后，还可能发生蠕变现象。

④ 热应力具有自限性，屈服流动或高温蠕变可使热应力降低。对于塑性材料，热应力一般不会导致构件断裂，但交变热应力有可能导致构件发生疲劳失效或塑性变形累积。

需要指出的是：工程上一般压力容器都要采用良好的保温层，这一方面是节能和安全需要，另一方面能够减小设备内外壁温差，减小热应力。同时，为避免或减小外部对设备热胀冷缩的约束，采用滑动支撑结构或设置膨胀节（也称伸缩节）等柔性补偿元件，消除或减少热应力。

3.3 平板应力分析

3.3.1 概述

过程设备的平封头、盖板、储槽底板、换热器管板、板式塔塔盘及反应器催化剂床支承板等均为平板结构。工程上多数平板为圆板，这也是本节的主要研究对象。

如图 3-17 所示，平板的几何尺寸包括板面大小和厚度，和材料力学中梁的弯曲分析中相似，在平板分析中也定义了"中面"，它是和板的上下表面距离相等的一个平面。一般情况下，平板承受的载荷可分（解）为纵向载荷和横向载荷，前者平行于板的中面，引起的是板的面内变形，产生的应力沿着板厚均匀分布；后者垂直于板的中面，引起的是沿着板的法向变形，即所称的挠度，产生的应力沿着板厚线性分布。大多数平板承受纵向载荷的能力远大于承受横向载荷，挠度是平板结构设计的主要考核和控制指标。

按照板的厚度与其他方向的尺寸之比，以及板的挠度与其板厚度之比，平板可以分为以下几类：厚板与薄板；大挠度板和小挠度板。厚板与薄板、大挠度板与小挠度板划分影响计算过程的复杂性和计算精度，在通常计算精度要求下，平板厚度 t 与中面的最小边长 b（图 3-17）之比 $t/b \leqslant 1/5$ 时，平板挠度 w 与厚度 t 之比 $w/t \leqslant 1/5$ 时，认为可按小挠度薄板计算，其计算难度较小。

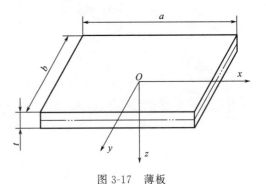

图 3-17　薄板

本节仅限于讨论弹性薄板的小挠度弯曲理论。它建立在以下基本假设基础上，该假设也称为克希霍夫（Kirchhoff）假设：

① 板弯曲时其中面保持中性，即板中面内各点无伸缩和剪切变形，只有沿中面法线的挠度 w。

② 变形前位于中面法线上的各点，变形后仍位于弹性曲面的同一法线上，且法线上各点间的距离不变。

③ 平行于中面的各层材料互不挤压，即板内垂直于板面的正应力较小，可忽略不计。

上述假设和梁的弯曲理论中的假设相似，不过这里平板的弯曲是双向的，包括了径向弯曲和周向弯曲。

3.3.2 圆平板对称弯曲微分方程

半径为 R、厚度为 t、承受轴对称横向载荷 p_z 的圆平板，除满足以上假设外，还具有轴对称性。在对称弯曲情况下，圆平板内周向和径向无拉伸或压缩内力，因此在 r、θ、z 圆柱坐标系中，圆平板内仅存在 M_r、M_θ、Q_r 三个内力分量（图 3-18），挠度只是 r 的函数，而与 θ 无关。

对于圆平板对称弯曲，只能建立两个独立的平衡方程，但有 M_r、M_θ、Q_r 三个未知内力分量，属于静不定问题，需要联立平衡、几何和物理三个方程求解。

① 平衡方程。用半径为 r 和 $r+dr$ 的两个圆柱面以及夹角为 $d\theta$ 的两个径向截面，从圆板中截出一微元体，见图 3-18(a)、(b)。

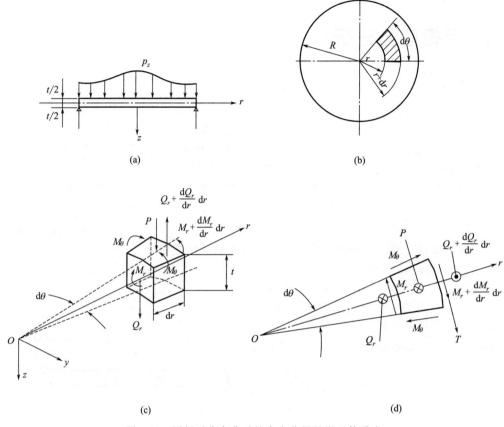

图 3-18　圆板对称弯曲时的内力分量及微元体受力

微元体上半径为 r 和 $r+\mathrm{d}r$ 的两个圆柱面上的径向弯矩分别为 M_r 和 $M_r+\left(\dfrac{\mathrm{d}M_r}{\mathrm{d}r}\right)\mathrm{d}r$；

横向剪力分别为 Q_r 和 $Q_r+\left(\dfrac{\mathrm{d}Q_r}{\mathrm{d}r}\right)\mathrm{d}r$；两径向截面上所作用的周向弯矩均为 M_θ；横向载荷

p_z 作用在微元体上表面的外力为 P，其值为 $p_z r\mathrm{d}\theta\mathrm{d}r$，如图 3-18(c)、(d) 所示。$M_r$、$M_\theta$ 为单位长度上的力矩，Q_r 为单位长度上的剪力，p_z 为单位面积上的外力。

根据微元体力矩平衡条件，所有内力与外力对圆柱面切线 T 的力矩代数和应为零，整理后得

$$M_r+\frac{\mathrm{d}M_r}{\mathrm{d}r}r-M_\theta+Q_r r=0 \tag{3-44}$$

这是圆平板在轴对称横向载荷作用下的一个平衡方程，它包括 M_r、M_θ 和 Q_r 三个未知量。利用几何和物理方程可将 M_r 和 M_θ 用 w 来表达

$$M_r=-D'\left(\frac{\mathrm{d}^2 w}{\mathrm{d}r^2}+\frac{\mu}{r}\frac{\mathrm{d}w}{\mathrm{d}r}\right) \tag{3-45a}$$

$$M_\theta=-D'\left(\frac{1}{r}\frac{\mathrm{d}w}{\mathrm{d}r}+\mu\frac{\mathrm{d}^2 w}{\mathrm{d}r^2}\right) \tag{3-45b}$$

进而得到只含 w 一个未知量的微分方程。

$$\frac{\mathrm{d}^3 w}{\mathrm{d}r^3}+\frac{1}{r}\frac{\mathrm{d}^2 w}{\mathrm{d}r^2}-\frac{1}{r^2}\frac{\mathrm{d}w}{\mathrm{d}r}=\frac{Q_r}{D'} \tag{3-46}$$

显然，上式本质上是圆平板对称弯曲力矩平衡方程。Q_r 值可依不同载荷情况由静力平衡求得。

3.3.3 圆平板中的应力

在过程设备中，圆平板通常受到均布压力的作用，$p_z = p$ 为一常量。据图 3-19，可确定作用在半径为 r 的圆柱截面上的剪力，即

$$Q_r = \frac{\pi r^2 p}{2\pi r} = \frac{pr}{2} \tag{3-47}$$

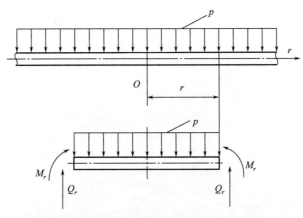

图 3-19　均布载荷作用时圆板内 Q_r 的确定

将 Q_r 值代入式(3-46)，得均布载荷作用下圆平板弯曲微分方程

$$\frac{\mathrm{d}}{\mathrm{d}r}\left[\frac{1}{r}\frac{\mathrm{d}}{\mathrm{d}r}\left(r\frac{\mathrm{d}w}{\mathrm{d}r}\right)\right] = \frac{pr}{2D'} \tag{3-48}$$

将上述方程连续对 r 积分两次得到挠曲面在半径方向的斜率

$$\frac{\mathrm{d}w}{\mathrm{d}r} = \frac{pr^3}{16D'} + \frac{C_1 r}{2} + \frac{C_2}{r}$$

再积分一次，得到中面弯曲后的挠度

$$w = \frac{pr^4}{64D'} + \frac{C_1 r^2}{4} + C_2\ln r + C_3 \tag{3-49}$$

式中，C_1, C_2, C_3 为积分常数。对于圆平板在板中心处（$r=0$）挠曲面之斜率与挠度均为有限值，因而要求积分常数 $C_2 = 0$，于是对于圆平板，上述方程改写为

$$\frac{\mathrm{d}w}{\mathrm{d}r} = \frac{pr^3}{16D'} + \frac{C_1 r}{2}$$

$$w = \frac{pr^4}{64D'} + \frac{C_1 r^2}{4} + C_3 \tag{3-50}$$

式中，C_1, C_3 由边界条件确定。

下面讨论两种典型支承情况，如图 3-20 所示。

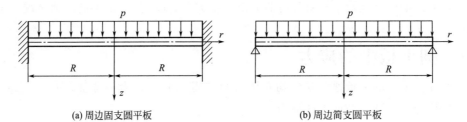

图 3-20 承受均布横向载荷的圆板

3.3.3.1 周边固支圆平板

如图 3-20(a) 所示，周边固支的圆板，在支承处不允许有挠度和转角，其边界条件为

$$r=R, \frac{\mathrm{d}w}{\mathrm{d}r}=0$$

$$r=R, w=0$$

将上述边界条件代入式(3-50)，解得积分常数

$$C_1=-\frac{pR^2}{8D'} \qquad C_3=\frac{pR^4}{64D'}$$

将 C_1、C_3 代入式(3-50)，得周边固支平板的斜率和挠度方程

$$\frac{\mathrm{d}w}{\mathrm{d}r}=-\frac{pr}{16D'}(R^2-r^2)$$

$$w=\frac{p}{64D'}(R^2-r^2)^2 \tag{3-51}$$

将挠度 W 对 r 的一阶导数和二阶导数代入式(3-45)，便得固支条件下的弯矩表达式

$$M_r=\frac{p}{16}\left[R^2(1+\mu)-r^2(3+\mu)\right]$$

$$M_\theta=\frac{p}{16}\left[R^2(1+\mu)-r^2(1+3\mu)\right] \tag{3-52}$$

由此可得 r 处上、下板面的应力表达式

$$\sigma_r=\mp\frac{M_r}{t^2/6}=\mp\frac{3}{8}\frac{p}{t^2}\left[R^2(1+\mu)-r^2(3+\mu)\right]$$

$$\sigma_\theta=\mp\frac{M_\theta}{t^2/6}=\mp\frac{3}{8}\frac{p}{t^2}\left[R^2(1+\mu)-r^2(1+3\mu)\right] \tag{3-53}$$

根据式(3-53) 可画出周边固支圆平板下表面的应力分布，如图 3-21(a) 所示。最大应力在板边缘上下表面，即 $(\sigma_r)_{\max}=\pm\frac{3pR^2}{4t^2}$。

3.3.3.2 周边简支圆平板

如图 3-20(b) 所示，周边简支的圆板的支承特点是只限制挠度而不限制转角，因而不存在径向弯矩，此时边界条件为

$$r=R \qquad w=0$$

$$r=R \qquad M_r=0$$

利用上述边界条件，得周边简支时圆平板在均布载荷作用下的挠度方程

$$w=\frac{p}{64D'}\left[(R^2-r^2)^2+\frac{4R^2(R^2-r^2)}{1+\mu}\right] \tag{3-54}$$

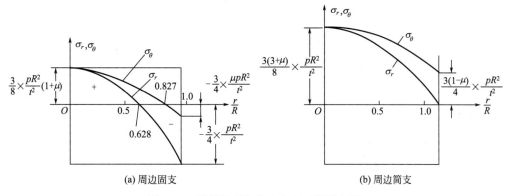

图 3-21 圆板的弯曲应力分布（板下表面）

弯矩表达式
$$M_r = \frac{p}{16}(3+\mu)(R^2 - r^2)$$

$$M_\theta = \frac{p}{16}\left[R^2(3+\mu) - r^2(1+3\mu)\right] \tag{3-55}$$

应力表达式
$$\sigma_r = \mp \frac{3}{8}\frac{p}{t^2}(3+\mu)(R^2 - r^2)$$

$$\sigma_\theta = \mp \frac{3}{8}\frac{p}{t^2}\left[R^2(3+\mu) - r^2(1+3\mu)\right] \tag{3-56}$$

不难发现，和周边固支板不一样，最大弯矩和相应的最大应力均在板中心 $r=0$ 处，$(M_r)_{max} = (M_\theta)_{max} = \frac{pR^2}{16}(3+\mu)$，$(\sigma_r)_{max} = (\sigma_\theta)_{max} = \frac{3(3+\mu)}{8}\frac{pR^2}{t^2}$。周边简支板下表面的应力分布曲线见图 3-21(b)。

3.3.3.3　支承对平板刚度和强度的影响

下面通过周边简支和周边固支圆平板的挠度与应力的讨论，分析支承对板刚度与强度的影响。

（1）挠度

由式(3-51) 和式(3-54) 知，周边固支和周边简支圆平板的最大挠度都在板中心。周边固支时，最大挠度为
$$w^f_{max} = \frac{pR^4}{64D'} \tag{3-57}$$

周边简支时，最大挠度为
$$w^s_{max} = \frac{5+\mu}{1+\mu}\frac{pR^4}{64D'} \tag{3-58}$$

二者之比为
$$\frac{w^s_{max}}{w^f_{max}} = \frac{5+\mu}{1+\mu}$$

对于钢材，将 $\mu=0.3$ 代入上式得
$$\frac{w^s_{max}}{w^f_{max}} = \frac{5+0.3}{1+0.3} = 4.08$$

这表明，周边简支板的最大挠度远大于周边固支板的挠度，所以周边固支圆平板的刚度大于周边简支圆平板的刚度。

（2）应力

周边固支圆平板中的最大正应力为支承处的径向应力，其值为

$$(\sigma_r)^{\mathrm{f}}_{\max}=\frac{3pR^2}{4t^2} \tag{3-59}$$

周边简支圆平板中的最大正应力为板中心处的径向应力，其值为

$$(\sigma_r)^{\mathrm{s}}_{\max}=\frac{3(3+\mu)}{8}\frac{pR^2}{t^2} \tag{3-60}$$

二者的比值为

$$\frac{(\sigma_r)^{\mathrm{s}}_{\max}}{(\sigma_r)^{\mathrm{f}}_{\max}}=\frac{3+\mu}{2}$$

对于钢材，将 $\mu\approx0.3$ 代入上式得

$$\frac{(\sigma_r)^{\mathrm{s}}_{\max}}{(\sigma_r)^{\mathrm{f}}_{\max}}=\frac{3.3}{2}=1.65$$

这表明周边简支板的最大正应力大于周边固支板的应力，所以周边固支圆平板的强度大于周边简支圆平板的强度。

平板受载后，除产生正应力外，还存在由内力 Q_r 引起的切应力。在均布载荷 p 作用下，圆板柱面上的最大剪力 $(Q_r)_{\max}=\frac{pR}{2}$（$r=R$ 处）。近似采用矩形截面梁中最大切应力公式，得到

$$\tau_{\max}=\frac{3}{2}\frac{(Q_r)_{\max}}{1t}=\frac{3}{4}\frac{pR}{t}$$

将其与最大正应力公式对比，最大正应力与 $(R/t)^2$ 同一量级；而最大切应力则与 R/t 同一量级。因而对于薄板 $R\geqslant t$，板内的正应力远比切应力大。

最大挠度和最大应力与圆平板的材料（E，μ）、半径、厚度和周边支承结构有关。因此，若圆平板的材料、载荷和周边支承结构已确定，则减小半径或增加厚度都能有效减小挠度和降低最大正应力。当圆平板的几何尺寸、载荷和周边支承结构一定时，则选用 E，μ 较大的材料，可以减小最大挠度。然而，在工程实际中，金属材料的 E，μ 变化范围较小，较多的是采用改变其周边支承结构，使它更趋近于固支条件。对于大直径圆平板，工程上还经常采用正交栅格、圆环肋加固平板等方法来提高平板的强度与刚度。

3.3.3.4　薄圆平板应力特点

综合前面分析可见，受轴对称均布载荷薄圆板的应力有以下特点：

① 板内为二向应力 σ_r、σ_θ。平行于中面各层相互之间的正应力 σ_z 及剪力 Q_r 引起的切应力 τ 均可予以忽略。

② 正应力 σ_r、σ_θ 沿板厚度呈直线分布，在板的上下表面有最大值，是纯弯曲应力。

③ 应力沿半径的分布与周边支承方式有关，工程实际中的圆板周边支承是介于两者之间的形式。

④ 薄板结构的最大弯曲应力 $\sigma_{\max}$ 与 $(R/t)^2$ 成正比，而薄壳的最大拉（压）应力 $\sigma_{\max}$ 与 R/t 成正比，故在相同 R/t 条件下，薄板所需厚度比薄壳大。工程上对于承受压力作用的平板，如果板的直径和周边支承结构不能改变，提高板厚度 t 能有效降低板中的应力，例如平板厚度增加一倍，板中的弯曲应力减小到 $1/4$。

3.3.3.5　承受集中载荷时圆平板中的应力

圆板轴对称弯曲中的一个特例是板中心作用一横向集中载荷 P，如图 3-22 所示。挠度微分方程式（3-46）中，剪力 Q_r 可由图 3-23 中的平衡条件确定，即 $Q_r=\frac{P}{2\pi r}$。采用与求解

均布载荷圆平板应力相同的方法，可求得不同周边条件（固支或简支）圆板的挠度和弯矩方程，例如对于图 3-22 所示的周边简支，挠度和弯矩为

$$w = \frac{P}{16\pi D'}\left[2r^2\ln\frac{r}{R} + \frac{3+\mu}{1+\mu}(R^2 - r^2)\right] \tag{3-61}$$

$$M_r = -\frac{P}{4\pi}(1+\mu)\ln\frac{r}{R}$$

$$M_\theta = -\frac{P}{4\pi}\left[(1+\mu)\ln\frac{r}{R} - 1 + \mu\right] \tag{3-62}$$

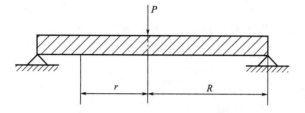

图 3-22　承受集中载荷时圆平板

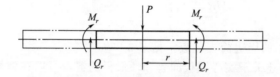

图 3-23　圆板中心承受集中载荷时板中的剪力 Q_r

弯曲应力由式(3-63)计算得到。

$$\sigma_r = \mp\frac{M_r}{t^2/6}$$

$$\sigma_\theta = \mp\frac{M_\theta}{t^2/6} \tag{3-63}$$

3.3.3.6　承受轴对称载荷时外周边简支环板中的应力

中心开有圆形孔的圆板称为"环板"，环板是圆平板的特例，通常的环板仍主要受弯曲，仍可利用上述圆板的基本方程求解环板的应力、应变，只是在内孔边缘上增加了一个边界条件，下面直接给出几种外周边简支环板承受轴对称载荷时的弯曲解（挠度和弯矩），弯曲应力同样由式(3-63)计算得到。

① 中心孔边缘受剪力作用的周边简支环板，见图 3-24(a)。

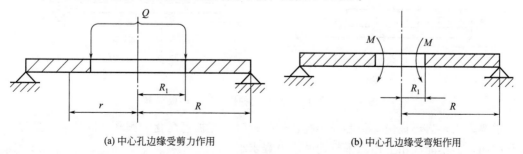

(a) 中心孔边缘受剪力作用　　　　　　　　(b) 中心孔边缘受弯矩作用

图 3-24　中心孔边缘承载的周边简支环板

$$w = \frac{QR_1}{2D'}\left\{ \frac{1}{2}\left[\frac{R_1^2}{R^2-R_1^2}\ln\frac{R_1}{R}+\ln\frac{r}{R}-\frac{3+\mu}{2(1+\mu)}\right]r^2 + \right.$$

$$\left. \frac{R^2R_1^2}{R^2-R_1^2}\left(\frac{1+\mu}{1-\mu}\ln\frac{r}{R}-\frac{1}{2}\right)\ln\frac{R_1}{R}+\frac{R^2(3+\mu)}{4(1+\mu)}\right\}$$

$$M_r = -\frac{QR_1(1+\mu)}{2}\left[\frac{R_1^2}{R^2-R_1^2}\left(1-\frac{R^2}{r^2}\right)\ln\frac{R_1}{R}+\ln\frac{r}{R}\right]$$

$$M_\theta = -\frac{QR_1(1+\mu)}{2}\left[\frac{R_1^2}{R^2-R_1^2}\left(1-\frac{R^2}{r^2}\right)\ln\frac{R_1}{R}+\ln\frac{r}{R}-\frac{1-\mu}{1+\mu}\right]$$

② 中心孔边缘受弯矩作用的周边简支环板，见图 3-24(b)。

$$w = \frac{MR_1^2}{(R^2-R_1^2)D'}\left[\frac{R^2}{1-\mu}\ln\frac{r}{R}-\frac{R^2-r^2}{2(1+\mu)}\right]$$

$$M_r = \frac{MR_1^2}{R^2-R_1^2}\left[\left(\frac{R}{r}\right)^2-1\right]$$

$$M_\theta = \frac{MR_1^2}{R^2-R_1^2}\left[\left(\frac{R}{r}\right)^2+1\right]$$

③ 受均布载荷作用的周边简支环板，见图 3-25。

应用叠加法，由前述关于实心圆板的解和环形板的解，可以在弹性范围内得到在其他支承情况和其他载荷作用下的解。例如图 3-25(a) 所示的外周边简支、内周边自由、承受均布载荷作用的环形圆板，其解可以由图 3-25(b) 和图 3-25(c) 叠加而成。而图 3-25(c) 的解由前面图 3-24(a) 和图 3-24(b) 的解叠加而成，其中的 M 和 Q 是按图 3-20(b) 令 $r=R_1$ 得到。在叠加时要注意载荷方向和解的正负之间的关系。

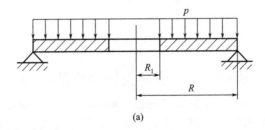

(a)

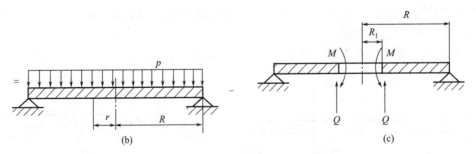

(b)　　　　　　　　　　　　　(c)

图 3-25　受均布载荷作用的周边简支环板求解

需要指出，当环板内半径和外半径比较接近时，环板可简化为圆环。圆环问题虽然为轴对称问题，但不能应用上述圆平板的基本方程求解。

3.4 壳体的稳定性分析

3.4.1 外压薄壁圆柱壳弹性失稳分析

系统在外界的干扰作用下，离开了原来平衡状态，当外界干扰作用撤销时，系统无法恢复至原来平衡状态，这一现象称为失稳（相对于原来平衡状态而言），该系统失稳时对应的载荷称为临界载荷。

在内压作用下，压力容器壳体将产生应力和变形，当此应力超过材料的屈服点，壳体将产生显著变形，直至断裂。在过程设备中还常遇见承受外压的壳体，例如，减压精馏塔的外壳、双层低温储罐的外壳、夹套反应釜的内容器等。这类承受外压的壳体，它的失效形式不同于一般的承受内压壳体。

壳体在承受均布外压作用时，壳壁中产生压缩薄膜应力，其大小与受相等内压时的拉伸薄膜应力相同。但此时壳体有两种可能的失效形式：一种是因强度不足，发生压缩屈服失效；另一种是因刚度不足，发生失稳破坏。

例如，一个受轴向压缩的薄壁圆筒，其轴向载荷与端部轴向位移的关系如图 3-26 所示。实线为几何形状理想的圆筒轴向载荷与位移的关系曲线，A 点为载荷与位移曲线最高点，它表示几何形状理想的圆筒轴向压缩时的极限载荷。B 点表示几何形状理想的薄壁圆筒从一种平衡状态向另一种平衡状态转变时的分叉点。沿平衡路径 OB，一个轴向位移对应着一个轴向力，变形是轴对称均布的。若轴向压缩载荷持续增大，变形至 B 点，出现两种平衡路径，一种可能为沿 BAC 路径变形，另一种可能为沿 BD 路径变形。在本例中，较 BAC 路径，BD 路径中系统的势能更低，所以，该圆筒将先出现分叉屈曲现象。如果沿 BD 路径，从静力学观点来说，几何形状没有大的变化，就不可能支承大于 B 点对应的载荷，于是就发生了形状突变现象，所以 B 点对应的载荷为理想结构分叉屈曲时的临界载荷。而对于实际圆筒，其几何形状不可能非常理想。对于存在一定形状缺陷的实际圆筒，其轴向载荷与位移的关系曲线如图 3-26 中的虚线所示，载荷与位移曲线最高点为 E 点，是圆筒轴向承载时的最大载荷，亦即非理想结构发生屈曲时的临界载荷。上述例子为分叉屈曲先于极值屈曲，当然也存在极值屈曲先于分叉屈曲的情况，如同样为轴受压，但当圆筒厚度适当增加时，就有可能出现极值屈曲先于分叉屈曲的情况。

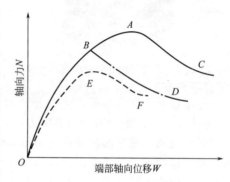

图 3-26 载荷与位移关系曲线

承受外压载荷的壳体，当外压载荷增大到某一值时，壳体会突然失去原来的形状，被压扁或出现波纹，载荷卸去后，壳体不能恢复原状，这种现象称为外压壳体的屈曲（buckling）或失稳（instability）。对于壁厚与直径比很小的薄壁回转壳，失稳时器壁的压缩应力通常低于材料的比例极限，这种失稳称为弹性失稳；当回转壳体壁厚增大时，壳壁中的压应力超过材料的屈服极限才发生失稳，这种失稳称为非弹性失稳或弹塑性失稳。非弹性失稳的机理远较弹性失稳复杂，工程上一般采用简化计算方法。

对于外压圆筒，当容器所承受的周向外压达到某极限值时，容器横断面会突然失去原来的圆形，被压扁或出现有规则的波纹，此种现象称为外压圆筒的周向失稳，如图 3-27 所示。

当容器所受的轴向外压或载荷达到某极限值时，容器的轴向截面会突然形成有规则的波纹，则称为圆筒的轴向失稳，如图 3-28 所示。工程上容器承受均匀外压时，不仅在其周向均匀受压，同时可能在轴向受到均匀压缩载荷，常见外压容器抵抗轴向失稳的能力比抵抗周向失稳的能力大。事实上，对于周向和轴向同时受均匀相同外压的容器，往往发生的是周向失稳，而且失稳时的临界压力和单独受周向均匀外压的容器的失稳临界压力相差较小，在工程上允许忽略它们之间的区别，可一律视作单独受周向均匀外压的容器。

图 3-27　圆筒周向失稳时出现的波纹

(a) 非对称形式　　　　(b) 对称形式

图 3-28　轴向压缩圆筒失稳后的形状

外压容器受压力载荷发生失稳，故通常采用"临界压力"来代替"临界载荷"，常以 p_{cr} 来表示，对应的应力为临界应力，以 σ_{cr} 来表示。

研究表明，薄壁圆柱壳受周向外压作用，当外压力达到一个临界值时，开始产生径向挠曲，并迅速增加，沿周向出现压扁或几个有规则的波纹，见表 3-4。波纹数与临界压力 p_{cr} 相对应，较少的波纹数一般对应较低的临界压力。对于给定外直径 D_o 和壳壁厚度 t 的圆柱壳，波纹数和临界压力主要取决于圆柱壳端部边缘或周向上约束形式和这些约束处之间的距离，即临界压力与圆柱壳端部约束之间距离和圆柱壳上两个刚性元件之间距离 L 有关。临界压力还随着壳体材料的弹性模量 E、泊松比 μ 的增大而增加。非弹塑性失稳的临界压力，还与材料的屈服点有关。

表 3-4　圆筒形壳体失稳后的形状

失稳波形				
波纹数 n	1	2	3	4

对外压薄壁圆柱壳失稳的分析是按照理想圆柱壳小挠度理论进行的。此理论有如下假设：第一，圆柱壳壁厚与半径相比是小量，位移与壁厚相比是小量，从而可得到线性平衡方程和挠曲微分方程；第二，失稳时圆柱壳体的应力仍处于弹性范围。但实验表明，小挠度理论分析所预示的临界压力值与试验结果并不很好吻合，其原因是壳体失稳本质上是几何非线性问题，应按非线性大挠度理论进行分析。但由于计算简单，在工程实际中，仍采用小挠度理论得到的临界压力计算结果，在引入稳定性设计系数后，还是可以用来限定外压壳体安全

运行的载荷。

受外压的圆柱壳，由于其几何特性差异，失稳时出现不同的波纹数，可将圆柱壳分成三类。当圆柱壳的 L/D_o 和 D_o/t 较大时，其中间部分将不受两端约束或刚性构件的支持作用，壳体刚性较差，失稳时呈现两个波纹，即 $n=2$，这样的圆柱壳称为长圆筒。而圆柱壳的 L/D_o 和 D_o/t 较小时，壳体两端的约束或刚性构件对圆柱壳的支持作用较为显著，壳体刚性较大，失稳时呈现两个以上的波纹数，即 $n>2$，这种圆柱壳称为短圆筒。当圆柱壳的 L/D_o 和 D_o/t 很小时，壳体的刚性很大，此时圆柱壳体的失效形式已不是失稳而是压缩强度破坏，这种圆柱壳称为刚性圆筒。

3.4.2　受均布周向外压的长圆筒的临界压力

由于长圆筒的失稳不受圆筒两端的约束作用，如从远离端部的筒体处取出单位长度的圆环，则长圆筒的临界压力可用圆环的临界压力公式计算，只是计算中采用不同的周向抗弯刚度。

对于单位轴向长度的圆环，由圆环挠度曲线微分方程和圆环力矩平衡方程可导出其分叉屈曲临界压力计算式

$$p_{cr} = \frac{(n^2-1)EI}{R^3} \tag{3-64}$$

式中，I 为圆环经线截面的惯性矩，$I = t^3/12$，mm^3；n 为波数，必须是正整数。与 n 对应的 p 的最小值就是圆环的临界压力。当 $n=1$ 时，$p=0$，表示圆环不受外压，无实际意义。当 $n=2$ 时，由式(3-64)得圆环失稳时的最小临界压力

$$p_{cr} = \frac{3EI}{R^3} \tag{3-65}$$

周向受均布外压的无限长圆筒屈曲时出现两个波纹，由于圆筒的抗弯刚度大于圆环，故在式(3-65)中用圆筒的抗弯刚度 $D' = \dfrac{Et^3}{12(1-\mu^2)}$ 代替 EI，得仅受周向均布外压的长圆筒临界压力计算公式

$$p_{cr} = \frac{2E}{1-\mu^2}\left(\frac{t}{D}\right)^3 \tag{3-66}$$

式中　D——圆筒的中面直径。

对于钢制圆筒，可取 $\mu=0.3$，式(3-66)可改写为

$$p_{cr} = 2.2E\left(\frac{t}{D_o}\right)^3 \tag{3-67}$$

3.4.3　受均布周向外压的短圆筒的临界压力

由于短圆筒两端约束或刚性构件对筒体变形的支持作用较为显著，它在失稳时会出现两个以上的波纹，故临界压力的计算要比长圆筒复杂得多。Mises 在 1914 年按线性小挠度理论导出的短圆筒临界压力计算式为

$$p_{cr} = \frac{Et}{R(n^2-1)\left[1+\left(\frac{nL}{\pi R}\right)^2\right]^2} + \frac{E}{12(1-\mu^2)}\left(\frac{t}{R}\right)^3\left[(n^2-1)+\frac{2n^2-1-\mu}{1+\left(\frac{nL}{\pi R}\right)^2}\right] \tag{3-68}$$

式中　R——圆筒的中面半径；

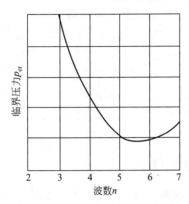

L——圆筒的计算长度。

图 3-29 波数与临界压力的关系

式(3-68)中，对于确定几何尺寸和材料的圆筒，不同波数 n 会得到不同的临界压力 p_{cr}，且 p_{cr} 不是随 n 增大而单调增大，而有一极小值，p_{cr} 的极小值才是真正的临界压力。用微分法求 p_{cr} 的极值相当复杂，常用试算法求解，即取不同的 n 值代入式(3-68)计算其相应的 p_{cr}，经比较后再确定 p_{cr} 的最小值。也可将算得的 p_{cr} 与波数 n 的关系画成曲线（图 3-29），曲线中 p_{cr} 的最小值即为临界压力。

为简化上述计算过程，工程中采用近似方法。设定 $n^2 \gg \left(\dfrac{\pi R}{L}\right)^2$，故式(3-68)中，$1 + \dfrac{n^2 L^2}{\pi^2 R^2} \approx \dfrac{n^2 L^2}{\pi^2 R^2}$，略去第二项方括号中的第二项，得

$$p_{cr} = \frac{Et}{R}\left[\frac{\left(\dfrac{\pi R}{nL}\right)^4}{n^2-1} + \frac{t^2}{12(1-\mu^2)R^2}(n^2-1)\right] \tag{3-69}$$

上式是由 R. V. Southwell 提出的短圆筒临界压力计算简化式。

将式(3-69)中的 n 看成实数，令 $\dfrac{\mathrm{d}p_{cr}}{\mathrm{d}n} = 0$，并取 $n^2-1 \approx n^2$，$\mu = 0.3$，可得与最小临界压力相应的波数

$$n = \sqrt[4]{\frac{7.06}{\left(\dfrac{L}{D}\right)^2 \dfrac{t}{D}}} \tag{3-70}$$

将式(3-70)代入式(3-69)，仍取 $n^2-1 \approx n^2$ 和 $D \approx D_o$ 即得短圆筒最小临界压力近似计算式

$$p_{cr} = \frac{2.59Et^2}{LD_o\sqrt{D_o/t}} \tag{3-71}$$

式(3-71)亦称拉姆近似式，其计算结果比 Mises 公式低 12%，故偏于安全，它仅适合于弹性失稳。

以上讨论了长圆筒和短圆筒的临界压力计算公式，接下来的问题是划分长圆筒和短圆筒的界限。对于给定 D 和 t 的圆筒，有一特征长度作为区分 $n=2$ 的长圆筒和 $n>2$ 的短圆筒的界限，此特性尺寸称为临界长度，以 L_{cr} 表示。当圆筒的计算长度 $L > L_{cr}$ 时属长圆筒；当 $L < L_{cr}$ 时属短圆筒。如圆筒的计算长度 $L = L_{cr}$ 时，则式(3-67)与式(3-71)相等，即

$$2 \times 2E\left(\frac{t}{D_o}\right)^3 = \frac{2.59E}{L_{cr}D_o\sqrt{t/D_o}}\left(\frac{t}{D_o}\right)^3$$

得

$$L_{cr} = 1.17D_o\sqrt{\frac{D_o}{t}} \tag{3-72}$$

3.4.4 受均布轴向压缩载荷圆筒的临界应力

对受有轴向均布压缩载荷的薄壁圆筒，当压缩应力达到某一数值时也会失去稳定性，在轴向截面上产生有规则的波纹。图 3-28(a) 是一种非对称失稳形式，壳壁朝着曲率中心方向

出现菱形凹陷，沿着圆柱壳母线形成几条凹陷。图 3-28（b）是一种对称失稳形式，沿周向形成环形凹陷，仅在很短的圆筒或在内压和轴向压缩同时作用下的圆筒出现对称失稳。

Timoshenko 在 1911 年按弹性小挠度理论，求解得到轴对称分叉屈曲时临界应力 σ_{cr} 的计算公式

$$\sigma_{cr} = \frac{E}{\sqrt{3(1-\mu^2)}} \times \frac{t}{R} \tag{3-73}$$

对于钢材，取 $\mu = 0.3$，改写为

$$\sigma_{cr} = 0.605 \frac{Et}{R} \tag{3-74}$$

由实验求得的临界应力一般只是用上式计算值的 $20\% \sim 25\%$，且数据分散，圆筒的初始几何缺陷是造成这种差别的重要原因。工程上，为计算有缺陷壳体的临界应力，通常采用修正系数进行修正。

圆筒的形状缺陷主要有不圆度和局部区域中的折皱、鼓胀或凹陷。在内压作用下，圆筒有消除不圆度的趋势。这些缺陷，对内压圆筒强度的影响不大。对于外压圆筒，在缺陷处会产生附加的弯曲应力，使得圆筒中的压缩应力增大，临界压力降低，这是实际失稳压力与理论计算结果不能很好吻合的主要原因之一。因此，对圆筒的初始不圆度应严格限制。

3.5 压力容器关键受压元件强度设计

对于压力容器分析设计，我国分析设计标准 GB/T 4732—2024 给出了三种互相独立的分析设计方法，分别是公式法、应力分类法和弹塑性分析法。公式法设计相对简单，力学基础以解析解为主，所以多针对特定的结构。公式法设计和依据与 GB/T 150.3 的设计基本一致，GB/T 4732.3 具体介绍了公式法，由于内容繁多，这里只介绍部分元件公式法强度设计方法和原理。

3.5.1 圆柱壳

受内压的圆柱壳的设计公式见式(3-75)，该公式适用于薄圆柱壳和厚圆柱壳

$$\delta = \frac{D_i}{2}\left(e^{\frac{p_c}{S_m^t}} - 1\right) \tag{3-75}$$

式中 D_i——圆筒内直径，mm；

p_c——计算压力，以内压为正，MPa；

S_m^t——壳体材料在设计温度下的许用应力，MPa。

式(3-75) 可以改写为

$$\frac{p_c}{S_m^t} = \ln\left(1 + \frac{\delta}{R_i}\right) \tag{3-76}$$

式(3-75) 是基于 Tresca 屈服准则依据受内压作用圆柱壳全屈服载荷（即极限载荷）推导得到的。将式(3-39) $p_{so} = R_{eL}\ln K$ 中 R_{eL} 替换为 S_m^t，p_{so} 替换为 p_c，便得到强度设计公式

$$p_c = S_m^t \ln K = S_m^t \ln\left(1 + \frac{\delta}{R_i}\right)$$

求出 δ 便是式(3-75)。

当 $\dfrac{p_{\mathrm{c}}}{S_{\mathrm{m}}^{\mathrm{t}}} > 0.4$ 时，采用式(3-75)，而当 $\dfrac{p_{\mathrm{c}}}{S_{\mathrm{m}}^{\mathrm{t}}} \leqslant 0.4$ 时，圆柱壳的设计公式如下

$$\delta = \frac{p_{\mathrm{c}} D_{\mathrm{i}}}{2 S_{\mathrm{m}}^{\mathrm{t}} - p_{\mathrm{c}}} \tag{3-77}$$

此式常称为中径公式，一般认为是按弹性失效设计准则应用最大拉应力 σ_1 理论推导得到的，不过对于常用的内压薄壁回转壳体，在远离结构不连续处，周向应力、经向应力和径向应力为三个主应力，且与周向应力和经向应力相比，径向应力可以忽略不计，因此按 Tresca 屈服准则（又称为最大切应力屈服失效准则或第三强度理论）给出的结果是一样的，即

$$\sigma_1 = \sigma_\theta = \frac{p D}{2 \delta} \leqslant S_{\mathrm{m}}^{\mathrm{t}} \tag{3-78}$$

用 $D = \dfrac{K+1}{2} D_{\mathrm{i}}$、$\delta = \dfrac{K-1}{2} D_{\mathrm{i}}$ 代入上式，经简化得

$$p \frac{K+1}{2(K-1)} \leqslant S_{\mathrm{m}}^{\mathrm{t}} \tag{3-79}$$

由此筒体壁厚计算式为

$$\delta = \frac{p D_{\mathrm{i}}}{2 S_{\mathrm{m}}^{\mathrm{t}} - p} \tag{3-80}$$

将 p 换为 p_{c} 即得式(3-77)。

事实上，若厚度相对于直径不是很大，按式(3-75) 和式(3-77) 得到的计算结果几乎是一样的。若以 $\dfrac{R_{\mathrm{i}}}{\delta}$ 为自变量，$\dfrac{p_{\mathrm{c}}}{S_{\mathrm{m}}^{\mathrm{t}}}$ 为因变量作图，式(3-75) 和式(3-77) 计算结果的相对大小见图 3-30，可见，只有在 $\dfrac{R_{\mathrm{i}}}{\delta}$ 较小，也就是壁厚很大时，才有很小差别，而且是按式(3-75) 计算得到的厚度小于或等于按式(3-77) 计算得到的厚度。另外，虽然式(3-75) 适用范围更广，但式(3-77) 物理意义更明晰，厚度估算更容易。

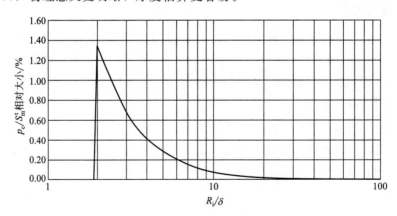

图 3-30　式(3-75) 和式(3-77) 计算结果的相对大小

需要说明的是，式(3-75) 是基于 Tresca 屈服准则，而在应力分类法和弹塑性分析法中，设计规则是基于 Mises 屈服准则，其结果最大有大约 15% 的差异，Tresca 准则的选择提供了一个更方便的设计公式。不过，按 Mises 屈服准则计算出的内壁初始屈服压力和实测值最为接近，如图 3-31 所示，可以看出，在壁厚较小时即压力较低时，各种设计准则差别不大，在同一承载能力下，最大切应力准则计算出的壁厚最大，中径公式算出的壁厚最小。

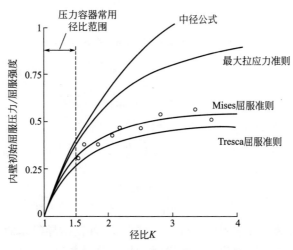

图 3-31　各种强度理论的比较

3.5.2　球壳和半球形封头

内压作用下的球形壳体或半球形封头的设计公式如式（3-81）所示。这个公式可以用于薄和厚的球形壳体。

$$\delta = \frac{D_i}{2}(e^{\frac{0.5p_c}{S_m^t}} - 1) \tag{3-81}$$

式（3-81）可以改写为

$$\frac{p_c}{S_m^t} = 2\ln\left(1 + \frac{\delta}{R_i}\right) \tag{3-82}$$

式（3-81）也是基于 Tresca 屈服准则依据受内压作用球形壳体全屈服载荷（即极限载荷）推导得到的。类似圆柱形壳体，建立微元体平衡方程，得

$$\frac{d\sigma_r}{dr} - \frac{2(\sigma_\theta - \sigma_r)}{r} = 0 \tag{3-83}$$

按 Tresca 屈服准则，有

$$\sigma_1 - \sigma_3 = \sigma_\theta - \sigma_r \leqslant R_{eL} \tag{3-84}$$

将式（3-84）代入式（3-83）得到极限状态方程

$$\frac{d\sigma_r}{dr} = \frac{2R_{eL}}{r} \tag{3-85}$$

对这个方程进行积分其中的积分常数是由边界条件决定的

$$\sigma_r = 2R_{eL}\ln[r] + c \tag{3-86}$$

内压球壳的边界条件为

$$\begin{aligned}\sigma_r &= -p_i \quad r = R_i \\ \sigma_r &= 0 \quad\quad r = R_0\end{aligned} \tag{3-87}$$

将这些边界条件代入式（3-86）可得

$$-p_i = 2R_{eL}\ln[R_i] + C$$

$$0 = 2R_{eL}\ln[R_0] + C$$

解出 C，并将 $R_0 = R_i + \delta$ 代入，得

$$\frac{p_i}{R_{eL}} = 2\ln\left(1 + \frac{R_i}{\delta}\right) \tag{3-88}$$

上式给出了基于 Tresca 屈服准则的内压下球壳的极限压力，求出 δ 并代入 $R_i = D_i/2$，得

$$\delta = \frac{D_i}{2}\left(e^{\frac{0.5p_i}{R_{eL}}} - 1\right) \tag{3-89}$$

用于设计时，将 p_i 换为 p_c，R_{eL} 换为 S_m^t，便得到设计公式(3-81)。

同样，当 $\dfrac{p_c}{S_m^t} > 0.4$ 时，采用式(3-81)，而当 $\dfrac{p_c}{S_m^t} \leqslant 0.4$ 时，球壳的设计公式如下

$$\delta = \frac{p_c R_i}{2S_m^t - 0.5p_c} \tag{3-90}$$

此式也是按弹性失效设计准则应用最大拉应力 σ_1 理论推导得到的。对于内压薄壁球壳体，在远离结构不连续处，周向应力、经向应力和径向应力为三个主应力，且与周向应力和经向应力相比，径向应力可以忽略不计，因此按 Tresca 屈服准则给出的结果是一样的，推导如下

$$\sigma_1 = \sigma_\theta = \frac{pD}{4\delta} \leqslant S_m^t \tag{3-91}$$

用 $D = \dfrac{K+1}{2}D_i$、$\delta = \dfrac{K-1}{2}D_i$（$D_i$ 系筒体内直径）代入上式，经化简得

$$p\,\frac{K+1}{4(K-1)} \leqslant S_m^t \tag{3-92}$$

由此筒体壁厚计算式为

$$\delta = \frac{pR_i}{2S_m^t - 0.5p} \tag{3-93}$$

将 p 换为 p_c 即得式(3-90)。

与圆柱壳类似，对于球壳，若厚度相对于直径不是很大，按式(3-81) 和式(3-90) 得到的计算结果几乎是一样的。若以 $\dfrac{R_i}{\delta}$ 为自变量，$\dfrac{p_c}{S_m^t}$ 为因变量作图，式(3-81) 和式(3-90) 计算结果的相对大小见图 3-32，可见，只有在 $\dfrac{R_i}{\delta}$ 较小，也就是壁厚很大时，才有很小差别，

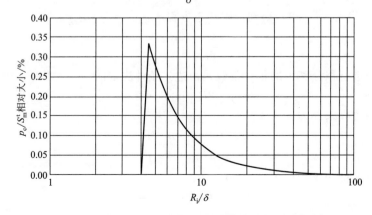

图 3-32　式(3-81) 和式(3-90) 计算结果的相对大小

而且是按式（3-81）计算得到的厚度略小于或等于按式（3-90）计算得到的厚度。同样，虽然式（3-81）适用范围更广，但式（3-90）物理意义更明晰，厚度估算更容易。

3.5.3 椭圆形封头

下面关于椭圆形封头计算厚度的确定适用于满足以下条件的椭圆形封头，若不满足该条件，按 GB/T 4732.4 或 GB/T 4732.5 设计。

$$20 \leqslant \frac{D_i}{\delta} \leqslant 2000$$

$$1.5 \leqslant \frac{D_i}{2h_i} \leqslant 2.5$$

防止椭圆形封头发生塑性垮塌所需的计算厚度按式（3-94）计算

$$\delta_s = \frac{\alpha_h p_c D_i}{S_m^t} \tag{3-94}$$

椭圆形封头有开孔时，$\alpha_h = 0.45$；其他情况，可取 $\alpha_h = 0.45$。

若 $D_i/\delta_s \leqslant 200$，椭圆形封头的计算厚度按（3-94）计算。然而，正如在本书 3.1.3.1 中所述，对于大直径薄壁椭圆形封头，即使承受内压作用，在长轴端点区域也会产生周向压应力，存在局部屈曲失效的可能，因此，对于 $D_i/\delta_s > 200$，应保证足够的厚度防止屈曲失效，所需的计算厚度按式（3-95）确定，最终椭圆形封头的计算厚度取 δ_s 和 δ_b 中的较大值。

$$\delta_b = D_i \left[\frac{p_c}{23 S_y} \left(\frac{D_i}{2h_i} \right)^{1.93} \right]^{0.77} \tag{3-95}$$

式中，S_y 为材料在设计温度下的屈服强度，$S_y = R_{eL}^t (R_{p0.2}^t)$。

3.5.4 锥壳

内压锥壳防止塑性垮塌所需的计算厚度按式（3-96）确定。

$$\delta = \frac{p_c D_{ic}}{2 S_m^t - p_c} \frac{1}{\cos\alpha} \tag{3-96}$$

式中，D_{ic} 为计算点处的内直径。

显然，式（3-96）是由内压作用下薄壁锥壳中的应力表达式［见式（3-11）］推导的，过程可参照圆柱壳的中径公式（3-77）。

锥壳与圆筒的连接可产生较大的边缘应力，并含有一次应力成分，因此在连接处可能需要采用折边及加强结构，这部分设计计算比较复杂，这里不做介绍。

3.5.5 平盖

由 3.3 节分析可知，在横向载荷作用下，平盖中的应力主要是弯曲应力，其大小和直径的平方成正比，和厚度的平方成反比，同时还和周边支承相关，由此可推得设计公式如下：

对于圆形平盖
$$\delta = D_c \sqrt{\frac{K_s p_c}{S_m^t}} \tag{3-97}$$

对于非圆形平盖
$$\delta = a \sqrt{\frac{K_s p_c}{S_m^t}} \tag{3-98}$$

压力容器分析设计技术基础

式中，D_c 为平盖计算直径；a 为非圆形平盖的短轴长度；K_s 为结构特征系数，数值大小和平盖周边结构有关，可查表取得。

3.5.6 承受组合载荷的元件应力评定

3.5.6.1 应力计算

承受内压、轴向力、弯矩等附加载荷（见图 3-33）的圆筒、球壳和锥壳，在满足以下条件时，可采用公式法计算组合应力和进行应力评定。进行应力评定可防止出现塑性垮塌并处于安定状态。

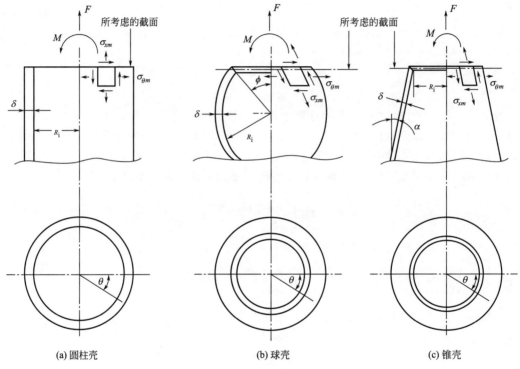

(a) 圆柱壳　　　　　　　　(b) 球壳　　　　　　　　(c) 锥壳

图 3-33　承受附加载荷的壳体

① 壳体的内半径与厚度之比大于 5.0；

② 所考虑截面距离任何总体结构不连续区不小于 $2.5\sqrt{r_m\delta_n}$；

③ 所考虑截面上没有作用横剪力和扭矩，或横剪力和扭矩可以忽略；

④ 圆筒、锥壳、球壳的厚度按公式法确定。

（1）圆筒的薄膜应力

在内压和附加载荷作用下，圆筒的薄膜应力确定如下：

壳体中周向（环向）薄膜应力　　$\sigma_{\theta m}=\dfrac{p_c D_i}{D_o-D_i}$ 　　　　　　　　（3-99）

壳体中轴向薄膜应力　　$\sigma_{xm}=\dfrac{p_c D_i^2}{D_o^2-D_i^2}+\dfrac{4F}{\pi(D_o^2-D_i^2)}\pm\dfrac{32MD_o\cos\theta}{\pi(D_o^4-D_i^4)}$ 　　（3-100）

壳体中的切应力　　　　　　　　$\tau=0$ 　　　　　　　　　　　　　（3-101）

（2）球壳的薄膜应力

在内压和附加载荷作用下，对 $0<\phi<180°$ 范围内球壳，薄膜应力确定如下：

壳体中周向（环向）薄膜应力 $\qquad \sigma_{\theta m} = \dfrac{p_c D_i^2}{D_o^2 - D_i^2}$ （3-102）

壳体中轴向薄膜应力 $\quad \sigma_{xm} = \dfrac{p_c D_i^2}{D_o^2 - D_i^2} + \dfrac{4F}{\pi(D_o^2 - D_i^2)\sin^2\phi} \pm \dfrac{32MD_o\cos\theta}{\pi(D_o^4 - D_i^4)\sin^3\phi}$ （3-103）

壳体中的切应力 $\qquad \tau = \dfrac{32MD_o\cos\phi\sin\theta}{\pi(D_o^4 - D_i^4)\sin^3\phi}$ （3-104）

（3）锥壳的薄膜应力

在内压和附加载荷作用下，$\alpha \leqslant 60°$ 的锥壳的薄膜应力确定如下：

壳体中周向（环向）薄膜应力 $\qquad \sigma_{\theta m} = \dfrac{p_c D_i}{(D_o - D_i)\cos\alpha}$ （3-105）

壳体中轴向薄膜应力 $\quad \sigma_{xm} = \dfrac{p_c D_i^2}{(D_o^2 - D_i^2)\cos\alpha} + \dfrac{4F}{\pi(D_o^2 - D_i^2)\cos\alpha} \pm \dfrac{32MD_o\cos\theta}{\pi(D_o^4 - D_i^4)\cos\alpha}$

（3-106）

壳体中的切应力 $\qquad \tau = \dfrac{32MD_o\tan\alpha\sin\theta}{\pi(D_o^4 - D_i^4)}$ （3-107）

在式(3-100)、式(3-103)和式(3-106)中，右边第三项为弯矩产生的轴向弯曲应力，沿截面线性分布，计算轴向拉应力或压应力时，式中"±"应分别取"+"或"－"。另外，作为弯曲应力，其大小还取决于弯矩作用方向和截面上应力计算点位置，式中 θ 反映了这种影响。

3.5.6.2 应力评定

（1）计算主应力

3 个主应力计算如下

$$\sigma_1 = 0.5\left(\sigma_{\theta m} + \sigma_{xm} + \sqrt{(\sigma_{\theta m} - \sigma_{xm})^2 + 4\tau^2}\right)$$
$$\sigma_2 = 0.5\left(\sigma_{\theta m} + \sigma_{xm} - \sqrt{(\sigma_{\theta m} - \sigma_{xm})^2 + 4\tau^2}\right)$$
$$\sigma_3 = \sigma_{rm} = 0 \qquad\qquad\qquad (3\text{-}108)$$

（2）应力评定

在壳体上的任意点，都应满足下列强度限制条件

$$\frac{1}{\sqrt{2}}\sqrt{(\sigma_1 - \sigma_2)^2 + (\sigma_2 - \sigma_3)^2 + (\sigma_3 - \sigma_1)^2} \leqslant KS_m^t \qquad (3\text{-}109)$$

K 在 GB/T 4732 中为载荷组合系数，当载荷中包括风载荷或地震载荷作用时，$K=1.2$；对其他载荷，如容器内压、容器自重、物料重、附属设备及外部配件的重力载荷，取 $K=1.0$。

如果壳体中轴向应力 $\sigma_{xm} < 0$，则 σ_{xm} 还应进行稳定性校核，绝对值应小于壳体组合载荷作用下的许用压缩应力。

4 结构不连续分析

工程实际中的壳体结构，绝大部分都是由几种简单的壳体组合而成，但由于焊接或螺纹强制连接，在载荷作用下，它们不能自由变形，而必须保持变形一致，由此在连接处会产生边缘力和边缘力矩，也就出现了边缘应力。在分析设计标准的公式法中，一些连接结构的设计公式也是基于结构不连续分析。本章将介绍压力容器结构不连续分析的基本方法，以及常见不连续结构边缘应力或局部应力的求解。

4.1 回转薄壳的不连续分析

4.1.1 不连续效应与不连续分析的基本方法

（1）不连续效应

如图 4-1 所示的工程实际壳体结构，包含了球壳、圆柱壳、锥壳和椭球壳等基本壳体。它也可看作是一根曲线绕回转轴旋转而得的回转壳，但其母线不是简单曲线而是由几种形状规则的曲线段，如圆弧、椭圆曲线和直线等线段组合而成，在连接处曲率发生突变。此外，在工程实际壳体中，沿壳体轴线方向的壁厚、载荷、温度和材料的物理性能也可能出现突变。这些因素引起了壳体结构中薄膜应力的不连续。

在两壳体连接处，若把两壳体作为自由体，在内压作用下能发生自由变形，则在连接处的位移和转角一般不相等，而实际上这两个壳体是连接在一起的，即两壳体在连接处的位移和转角必须相等。这样在两个壳体连接处附近形成一种约束，迫使连接处壳体发生局部的弯曲变形，在连接边缘产生了附加的边缘力和边缘力矩及由此产生的局部应力，使这一区域的总应力增大。

由于这种总体结构不连续，组合壳在连接处附近的局部区域出现应力增大但衰减很快的现象，称为不连续效应或边缘效应。由此引起的局部应力称为不连续应力或边缘应力。分析组合壳不连续应力的方法，在工程上称为不连续分析。

（2）不连续分析的基本方法

组合壳的不连续应力可以根据一般壳体有力矩理论计算，但较复杂。工程上常采用简便的解法，把壳体应力的解分解为两个部分。一是薄膜解或称主要解，即应用壳体的无力矩理论求得的薄膜应力，这是外载荷所产生且必须满足内部和外部的力和力矩的平衡关系的应力，它随外载荷的增大而增大，当它超过材料屈服点时就能导致材料的破坏或大面积变形，这类应力称为一次应力。二是有矩解或称次要解，即在两壳体连接边缘处切开后，自由边界上受到的边缘力和边缘力矩作用时的有力矩理论的解，这是两壳体连接边缘的变形受到弹性约束所致，对于用塑性材料制造的壳体，当连接边缘的局部区产生塑性变形，这种弹性约束就开始缓解，不连续应力也自动限制，即具有自限性，这类应力称为二次应力。将上述两种解叠加后就可以得到保持组合壳总体结构最终解，也就是总应力由上述一次薄膜应力和二次应力叠加而成。

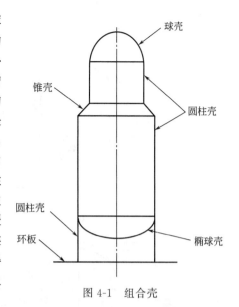

图 4-1　组合壳

现以图 4-2 半球壳与圆柱壳连接的组合壳为例说明。在内压作用下的半球壳和圆柱壳连接边缘处沿平行圆切开，两壳体各自的薄膜变形如图 4-2(b) 所示。显然，两壳体平行圆径向位移不相等，$w_1^p \neq w_2^p$，但两壳体实际是连成一体的连续结构，因此两壳体的连接处将产生边缘力 Q_0 和边缘力矩 M_0，并引起弯曲变形，见图 4-2(c)、(d)。根据变形连续性条件

$$w_1 = w_2, \varphi_1 = \varphi_2 \tag{4-1}$$

即弯曲变形与薄膜变形叠加后，两壳体在连接处的总变形量一定相等，如图 4-2(a) 所示，可写出边缘变形的连续性方程（又称变形协调方程）为

$$w_1^p + w_1^{Q_0} + w_1^{M_0} = w_2^p + w_2^{Q_0} + w_2^{M_0}$$
$$\varphi_1^p + \varphi_1^{Q_0} + \varphi_1^{M_0} = \varphi_2^p + \varphi_2^{Q_0} + \varphi_2^{M_0} \tag{4-2}$$

式中，w^p, w^{Q_0}, w^{M_0} 及 $\varphi^p, \varphi^{Q_0}, \varphi^{M_0}$ 分别表示 p、Q_0, M_0 在壳体连接处产生的平行圆径向位移和经线转角；下标 1 表示半球壳；下标 2 表示圆柱壳。其中，p、Q_0、M_0 和引起的位移、转角关系分别用无力矩和有力矩理论求得。以图 4-2(c) 和 (d) 所示左半部分圆筒为对象，径向位移 w 以向外为负，转角 φ 以逆时针为正。

将 p、Q_0、M_0 引起的变形（位移和转角）关系式代入以上两个方程，可求出 Q_0、M_0 两个未知边缘载荷，进而可求出边缘弯曲解，它与薄膜解叠加，即得问题的全解。

4.1.2　圆柱壳受边缘力和边缘力矩作用的弯曲解

若考虑圆柱壳中的弯曲内力和力矩，所能建立的平衡方程数目将少于未知内力数，为静不定问题，因此，需要联立平衡方程、几何方程和物理方程求解，经推导可得出轴对称加载的圆柱壳有力矩理论基本微分方程为

$$\frac{\mathrm{d}^4 w}{\mathrm{d}x^4} + 4\beta^4 w = \frac{p}{D'} + \frac{\mu}{RD'} N_x \tag{4-3}$$

式中　D'——壳体的抗弯刚度，$D' = \dfrac{Et^3}{12(1-\mu^2)}$；

　　　w——径向位移；

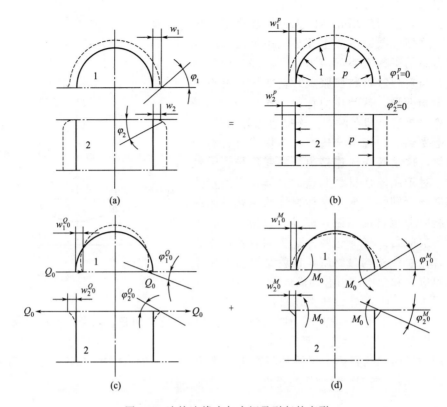

图 4-2 连接边缘力与力矩及引起的变形

N_x——单位圆周长度上的轴向薄膜内力，可直接由圆柱壳轴向力平衡关系求得；

x——所考虑点离圆柱壳边缘的距离；

β——量纲为 $[长度]^{-1}$ 的系数，$\beta = \sqrt[4]{\dfrac{3(1-\mu^2)}{R^2 t^2}}$。

若直接由式(4-3)求解圆柱壳的径向位移，进而求出壳体中各应力难度很大，但这里将圆柱壳中应力解分为压力产生的薄膜解和边缘力 Q_0 与边缘力矩 M_0 引起的弯曲解。在式(4-3)中，若圆柱壳无表面载荷 p 存在，且 $N_x = 0$，于是式(4-3)可写为

$$\frac{\mathrm{d}^4 w}{\mathrm{d}x^4} + 4\beta^4 w = 0 \tag{4-4}$$

此齐次方程通解为

$$w = \mathrm{e}^{\beta x}(C_1 \cos\beta x + C_2 \sin\beta x) + \mathrm{e}^{-\beta x}(C_3 \cos\beta x + C_4 \sin\beta x) \tag{4-5}$$

式中，C_1, C_2, C_3 和 C_4 为积分常数，由圆柱壳边界条件确定。

当圆柱壳足够长时，随着离边缘距离 x 的增加，由边缘力 Q_0 与边缘力矩 M_0 引起的弯曲变形逐渐衰减以至消失，因此式(4-5)中含有 $\mathrm{e}^{\beta x}$ 项必须为零，即要求 $C_1 = C_2 = 0$，于是式(4-5)可写成

$$w = \mathrm{e}^{-\beta x}(C_3 \cos\beta x + C_4 \sin\beta x) \tag{4-6}$$

圆柱壳的边界条件为

$$(M_x)_{x=0} = -D'\left(\frac{\mathrm{d}^2 w}{\mathrm{d}x^2}\right)_{x=0} = M_0$$

$$(Q_x)_{x=0} = -D'\left(\frac{\mathrm{d}^3 w}{\mathrm{d}x^3}\right)_{x=0} = Q_0$$

利用边界条件，可得 w 表达式为

$$w = \frac{\mathrm{e}^{-\beta x}}{2\beta^3 D'}\left[\beta M_0(\sin\beta x - \cos\beta x) - Q_0\cos\beta x\right] \qquad (4\text{-}7)$$

最大挠度和转角发生在 $x=0$ 的边缘上

$$\left.\begin{aligned}
(w)_{x=0} &= -\frac{1}{2\beta^2 D'}M_0 - \frac{1}{2\beta^3 D'}Q_0 \\
(\varphi)_{x=0} &= \left(\frac{\mathrm{d}w}{\mathrm{d}x}\right)_{x=0} = \frac{1}{\beta D'}M_0 + \frac{1}{2\beta^2 D'}Q_0
\end{aligned}\right\} \qquad (4\text{-}8)$$

式(4-8)中，w 和 φ 即为 M_0 和 Q_0 在连接处引起的平行圆径向位移和经线转角，并可改写为

$$w^{M_0} = -\frac{1}{2\beta^2 D'}M_0, w^{Q_0} = -\frac{1}{2\beta^3 D'}Q_0, \varphi^{M_0} = \frac{1}{\beta D'}M_0, \varphi^{Q_0} = \frac{1}{2\beta^2 D'}Q_0 \qquad (4\text{-}9)$$

由圆柱壳有力矩理论，解出 w 后可得由边缘载荷 M_0 和 Q_0 引起的弯曲内力为

$$\left.\begin{aligned}
N_\theta &= -Et\frac{w}{R} + \mu N_x \\
M_x &= -D'\frac{\mathrm{d}^2 w}{\mathrm{d}x^2} \\
M_\theta &= -\mu D'\frac{\mathrm{d}^2 w}{\mathrm{d}x^2} \\
Q_x &= \frac{\mathrm{d}M_x}{\mathrm{d}x} = -D'\frac{\mathrm{d}^3 w}{\mathrm{d}x^3}
\end{aligned}\right\} \qquad (4\text{-}10)$$

式中　N_θ——单位圆周长度上的周向薄膜内力；

　　　Q_x——单位圆周长度上横向剪力；

　　　M_x——单位圆周长度上的轴向弯矩；

　　　M_θ——单位长度上的周向弯矩。

将式(4-7)及其各阶导数代入式(4-10)，可得圆柱壳中各弯曲内力计算式

$$\left.\begin{aligned}
N_x &= 0 \\
N_\theta &= 2\beta R\mathrm{e}^{-\beta x}\left[\beta M_0(\cos\beta x - \sin\beta x) + Q_0\cos\beta x\right] \\
M_x &= \frac{\mathrm{e}^{-\beta x}}{\beta}\left[\beta M_0(\cos\beta x + \sin\beta x) + Q_0\sin\beta x\right] \\
M_\theta &= -\mu M_x \\
Q_x &= -\mathrm{e}^{-\beta x}\left[2\beta M_0\sin\beta x - Q_0(\cos\beta x - \sin\beta x)\right]
\end{aligned}\right\} \qquad (4\text{-}11)$$

上述各弯曲内力求解后，就可按材料力学方法计算各应力分量。

圆柱壳边缘附近由弯曲内力引起的应力沿厚度是不均匀的，可称为边缘弯曲应力，以区别于按无力矩理论求出的薄膜应力。不过，边缘弯曲应力又可分为两部分：一部分是薄膜内力引起的薄膜应力，它沿厚度均匀分布；另一部分是由弯矩和剪力引起的，包括沿厚度呈线性分布的正应力和抛物线分布的横向切应力，即

$$\left.\begin{array}{l} \sigma_x = \dfrac{N_x}{t} \pm \dfrac{12M_x}{t^3} z \\[2mm] \sigma_\theta = \dfrac{N_\theta}{t} \pm \dfrac{12M_\theta}{t^3} z \\[2mm] \sigma_z = 0 \\[2mm] \tau_x = \dfrac{6Q_x}{t^3} \left(\dfrac{t^2}{4} - z^2 \right) \end{array}\right\} \tag{4-12}$$

式中 z——离壳体中面的距离。

显然，正应力的最大值在壳体的表面上（$z = \mp \dfrac{t}{2}$），横向切应力的最大值发生在中面上（$z = 0$），即

$$\left.\begin{array}{l} (\sigma_x)_{\max} = \dfrac{N_x}{t} \mp \dfrac{6M_x}{t^2} \\[2mm] (\sigma_\theta)_{\max} = \dfrac{N_\theta}{t} \mp \dfrac{6M_\theta}{t^2} \\[2mm] (\tau_x)_{\max} = \dfrac{3Q_x}{2t} \end{array}\right\} \tag{4-13}$$

横向切应力与正应力相比数值较小，故一般不予计算。

应注意的是，如式(4-12)所示，边缘力 Q_0 与边缘力矩 M_0 在圆柱壳边缘附近引起的边缘弯曲应力并非是纯弯曲应力，还有沿厚度均匀分布的薄膜拉伸或压缩应力成分，但此薄膜应力和由无力矩理论得到的薄膜应力的分布范围不同，前者是局部的，仅在边缘附近存在，后者在壳体整体范围内存在。

4.1.3 不连续应力的特性

（1）局部性

不同结构组合壳，在连接边缘处，有不同的边缘应力，有的边缘效应显著，其应力可达到很大的数值，但它们都有一个共同特性，即影响范围很小，这些应力只存在于连接处附近的局部区域。例如，受边缘力和力矩作用的圆柱壳，由式(4-11)知，随着离边缘距离 x 的增加，各内力呈指数函数迅速衰减以至消失，这种性质称为不连续应力的局部性。当 $x = \dfrac{\pi}{\beta}$ 时，圆柱壳中产生的纵向弯矩的绝对值为

$$\left| (M_x)_{x=\frac{\pi}{\beta}} \right| = \mathrm{e}^{-\pi} M_0 = 0.043 M_0$$

可见，在离开边缘 $\dfrac{\pi}{\beta}$ 处，其纵向弯矩已衰减 95.7%；若离边缘的距离大于 $\dfrac{\pi}{\beta}$，则可忽略边缘力和边缘弯矩的作用。对于一般钢材 $\mu = 0.3$，则

$$x = \frac{\pi}{\beta} = \frac{\pi \sqrt{Rt}}{\sqrt[4]{3(1-\mu^2)}} = 2.5\sqrt{Rt}$$

在多数情况下，$2.5\sqrt{Rt}$ 与壳体半径 R 相比是一个很小的数字，这说明边缘应力具有很大的局部性。

（2）自限性

不连续应力的另一个特性是自限性。不连续应力是在连接处的薄膜变形不相等，两壳体

连接边缘的变形受到弹性约束所致，因此对于用塑性材料制造的壳体，当连接边缘的局部区产生塑性变形，这种弹性约束就开始缓解，变形不协调不会继续增大，不连续应力也自动限制，这种性质称不连续应力的自限性。

由于不连续应力具有局部性和自限性两种特性，对于受静载荷作用的塑性材料壳体，在设计中一般不做具体计算，仅采取结构上做局部处理的办法，以限制其应力水平。但对于脆性材料制造的壳体、经受疲劳载荷或低温的壳体等，因过高的不连续应力可能导致壳体的疲劳失效或脆性破坏，因而在设计中应按有关规定计算并限制不连续应力。

4.2 薄壁圆柱壳和椭圆形封头的连接

如图 4-3 所示，等厚度的薄壁圆柱壳和椭圆形封头组合结构，受内压 p 作用，求壳体中的应力分布。

按式(4-2)，求各壳体边缘处的变形并建立变形协调方程。

对圆柱壳，在内压 p 作用下，薄膜应力可按式(3-10)计算。根据广义胡克定律和应变与位移关系式，得内压引起的周向应变 ε_θ^p 为

$$\varepsilon_\theta^p = \frac{2\pi(R - w_2^p) - 2\pi R}{2\pi R} = \frac{1}{E}\left(\frac{pR}{t} - \mu\frac{pR}{2t}\right)$$

于是有

$$w_2^p = -\frac{pR^2}{2Et}(2 - \mu)$$

内压引起的转角为零，即 $\varphi_2^p = 0$。

在圆柱壳和椭圆形封头连接处，圆柱壳中由边缘载荷 Q_0 和 M_0 引起的变形可按式(4-9)计算。

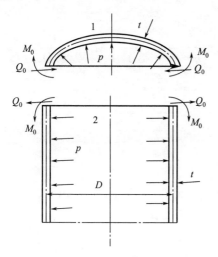

图 4-3 圆柱壳和椭圆形封头连接
结构力学分析模型

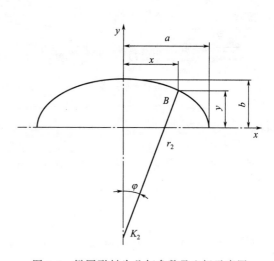

图 4-4 椭圆形封头几何参数及坐标示意图

对于椭圆形封头，按图 4-4 所示椭圆形封头几何参数及坐标系，有

$$R_1 = \frac{[a^4 - x^2(a^2 - b^2)]^{3/2}}{a^4 b}$$

$$R_2 = \frac{[a^4 - x^2(a^2 - b^2)]^{1/2}}{b}$$

$$k = \sqrt[4]{3(1-\mu^2)}\frac{R_1}{\sqrt{R_2 t}}$$

$$\sin\varphi = \frac{bx}{[a^4 - x^2(a^2 - b^2)]^{1/2}}$$

在内压 p 作用下，椭圆形封头中薄膜应力按式(3-12)计算。

椭圆形封头边缘处压力引起的周向应变为

$$\varepsilon_\theta^p = \frac{2\pi(a - w_1^p) - 2\pi a}{2\pi a} = \frac{1}{E}\left[\frac{pa}{t}\left(1 - \frac{a^2}{2b^2}\right) - \mu\,\frac{pa}{2t}\right]$$

由此得椭圆形封头边缘处压力引起的径向位移为

$$w_1^p = -\frac{pR^2}{2Et}\left(2 - \frac{a^2}{b^2} - \mu\right)$$

椭圆形封头边缘处压力引起的经线转角 $\varphi_1^p = 0$。

类似圆柱壳，应用有力矩理论可得椭圆形封头边缘载荷 Q_0 和 M_0 在边缘处引起的径向位移和经线转角

$$w_1^{M_0} = -\frac{1}{2\beta^2 D'}M_0$$

$$w_1^{Q_0} = \frac{1}{2\beta^3 D'}Q_0$$

$$\varphi_1^{M_0} = -\frac{1}{\beta D'}M_0$$

$$\varphi_1^{Q_0} = \frac{1}{2\beta^2 D'}Q_0$$

按式(4-2)建立变形协调方程

$$-\frac{pR^2}{2Et}(2-\mu) - \frac{1}{2\beta^2 D'}M_0 - \frac{1}{2\beta^3 D'}Q_0 = -\frac{pR^2}{2Et}\left(2 - \frac{a^2}{b^2} - \mu\right) - \frac{1}{2\beta^2 D'}M_0 + \frac{1}{2\beta^3 D'}Q_0$$

$$0 - \frac{1}{\beta D'}M_0 + \frac{1}{2\beta^2 D'}Q_0 = 0 - \frac{1}{\beta D'}M_0 + \frac{1}{2\beta^2 D'}Q_0$$

求得
$$M_0 = 0, \quad Q_0 = -\frac{p}{8\beta}\left(\frac{a}{b}\right)^2 \tag{4-14}$$

对于标准椭圆形封头：$a/b = 2$，$M_0 = 0$，$Q_0 = -\dfrac{p}{2\beta}$。

对于圆柱壳，按式(4-7)和式(4-11)可求出由 Q_0 引起的边缘附近变形和内力，进而求出边缘弯曲应力，与式(3-10)叠加，可得圆筒中总的边缘应力。

圆柱壳表面（$z = \dfrac{t}{2}$）由弯曲内力引起的边缘弯曲应力为

$$\sigma_x^{(Q_0, M_0)} = \frac{N_x}{t} \mp \frac{6M_x}{t^2} = \pm\frac{3p\,e^{-\beta x}}{\beta^2 t^2}\sin\beta x$$

$$\sigma_\theta^{(Q_0, M_0)} = \frac{N_\theta}{t} \mp \frac{6M_\theta}{t^2} = \frac{-pR\,e^{-\beta x}\cos\beta x}{t} \pm \frac{3\mu p\,e^{-\beta x}}{\beta^2 t^2}\sin\beta x$$

由无力矩理论，内压在圆柱壳中引起的薄膜应力为

$$\sigma_x^p = \frac{pR}{2t}, \qquad \sigma_\theta^p = \frac{pR}{t}$$

因此，圆柱壳边缘附近的总应力为

$$\sigma_x = \sigma_x^p + \sigma_x^{(Q_0,M_0)} = \frac{pR}{2t} \pm \frac{3p\,\mathrm{e}^{-\beta x}}{\beta^2 t^2}\sin\beta x \tag{4-15}$$

$$\sigma_\theta = \sigma_\theta^p + \sigma_\theta^{(Q_0,M_0)} = \frac{pR}{t} - \frac{pR\,\mathrm{e}^{-\beta x}\cos\beta x}{t} \pm \frac{3\mu p\,\mathrm{e}^{-\beta x}}{\beta^2 t^2}\sin\beta x \tag{4-16}$$

同样，根据有力矩理论求得椭圆形封头由 Q_0 引起的边缘变形和弯曲内力，以及弯曲内力引起的边缘弯曲应力，与式(3-12)叠加，可得椭圆形封头中总的边缘应力。

边缘力 $M_0 = 0$，$Q_0 = -\dfrac{p}{2\beta}$。

椭圆形封头在与圆柱壳的连接处，圆柱壳第二曲率半径 R_2 与封头半长轴 a 相等，即 $R_{20} = a$，且在此处，$\varphi = \varphi_0 = \dfrac{\pi}{2}$。

由边缘力计算椭圆形封头上弯曲内力

$$Q_\varphi = -Q_0\sin\varphi_0\left(\frac{R_{20}}{R_2}\right)\mathrm{e}^{-k\varphi}(\cos k\varphi - \sin k\varphi) = \frac{pa}{2\beta R_2}\mathrm{e}^{-k\left(\frac{\pi}{2}-\varphi\right)}(\sin k\varphi - \cos k\varphi)$$

$$N_\varphi = -Q_\varphi\cot\left[\varphi_0 - \left(\frac{\pi}{2}-\varphi\right)\right] = -Q_\varphi\cot\varphi = -\frac{pa}{2\beta R_2}\mathrm{e}^{-k\left(\frac{\pi}{2}-\varphi\right)}(\sin k\varphi - \cos k\varphi)\cot\varphi$$

$$N_\theta = Q_0\sin\varphi_0\left[2\sqrt[4]{3(1-\mu^2)}\frac{R_{20}}{\sqrt{R_2 t}}\right]\mathrm{e}^{-k\left(\frac{\pi}{2}-\varphi\right)}\sin k\varphi = -\frac{pak}{\beta R_1}\mathrm{e}^{-k\left(\frac{\pi}{2}-\varphi\right)}\sin k\varphi$$

$$M_\varphi = Q_0\sin\varphi_0\left[\frac{R_{20}}{\sqrt[4]{3(1-\mu^2)}}\sqrt{\frac{t}{R_2}}\right]\mathrm{e}^{-k\left(\frac{\pi}{2}-\varphi\right)}\cos k\varphi = -\frac{paR_1}{2\beta k R_2}\mathrm{e}^{-k\left(\frac{\pi}{2}-\varphi\right)}\cos k\varphi$$

$$M_\theta = \mu M_\varphi = -\frac{\mu paR_1}{2\beta k R_2}\mathrm{e}^{-k\left(\frac{\pi}{2}-\varphi\right)}\cos k\varphi$$

由此，椭圆形封头表面（$z = \dfrac{t}{2}$）的弯曲应力

$$\sigma_\varphi^{(Q_0,M_0)} = \frac{N_\varphi}{t} \mp \frac{6M_\varphi}{t^2} = -\frac{pa}{2\beta R_2 t}\mathrm{e}^{-k\left(\frac{\pi}{2}-\varphi\right)}(\sin k\varphi - \cos k\varphi)\cot\varphi \pm \frac{3paR_1}{\beta k R_2 t^2}\mathrm{e}^{-k\left(\frac{\pi}{2}-\varphi\right)}\cos k\varphi$$

$$\sigma_\theta^{(Q_0,M_0)} = \frac{N_\theta}{t} \mp \frac{6M_\theta}{t^2} = -\frac{pak}{\beta R_1 t}\mathrm{e}^{-k\left(\frac{\pi}{2}-\varphi\right)}\sin k\varphi \pm \frac{3\mu paR_1}{\beta k R_2 t^2}\mathrm{e}^{-k\left(\frac{\pi}{2}-\varphi\right)}\cos k\varphi$$

椭圆封头边缘附近的总应力由薄膜应力与弯曲应力叠加而成

$$\begin{aligned}\sigma_\varphi &= \sigma_\varphi^p + \sigma_\varphi^{(Q_0,M_0)}\\ &= \frac{pR_2}{2t} - \frac{pa}{2\beta R_2 t}\mathrm{e}^{-k\left(\frac{\pi}{2}-\varphi\right)}(\sin k\varphi - \cos k\varphi)\cot\varphi \pm \frac{3paR_1}{\beta k R_2 t^2}\mathrm{e}^{-k\left(\frac{\pi}{2}-\varphi\right)}\cos k\varphi\end{aligned} \tag{4-17}$$

$$\begin{aligned}\sigma_\theta &= \sigma_\theta^p + \sigma_\theta^{(Q_0,M_0)}\\ &= \frac{pR_2}{2t}\left[2 - \frac{a^4}{a^4 - x^2(a^2 - b^2)}\right] - \frac{pak}{\beta R_1 t}\mathrm{e}^{-k\left(\frac{\pi}{2}-\varphi\right)}\sin k\varphi \pm \frac{3\mu paR_1}{\beta k R_2 t^2}\mathrm{e}^{-k\left(\frac{\pi}{2}-\varphi\right)}\cos k\varphi\end{aligned}$$

$$\tag{4-18}$$

图 4-5 为圆筒与等厚度标准椭球在内压作用下的外表面周向应力与经向应力分布，可以看出在边缘附近圆筒和椭球壳中的应力都出现了较大变化。另外图 4-5 还画出了采用有限元法得到的数值模拟结果，两者是一致的。

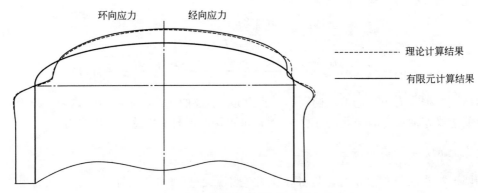

图 4-5　圆柱壳和椭圆形封头外表面应力分布

如果是内表面，由于弯曲应力和外表面弯曲应力反向，边缘应力分布会有所不同。

4.3　薄壁圆柱壳和平盖的连接

如图 4-6 所示，等厚度的薄壁圆柱壳和平盖组合结构，受内压 p 作用。沿连接边缘处切开，以 Q_0 和 M_0 表示圆柱壳和平盖间的相互作用，也就是连接处边缘载荷，图中所示为正方向。

为建立连接处变形协调方程，应求出边缘载荷所引起的边缘变形。

对于薄壁圆柱壳，按式(4-8)，并注意到图 4-2 和图 4-6 符号规则之异同，有

$$\Delta_s = \frac{1}{2k_1^2 D'}M_0 - \frac{1}{2k_1^3 D'}Q_0$$

$$\beta_s = \left(\frac{\mathrm{d}w}{\mathrm{d}x}\right)_{x=0} = -\frac{1}{k_1 D'}M_0 + \frac{1}{2k_1^2 D'}Q_0 \tag{4-19}$$

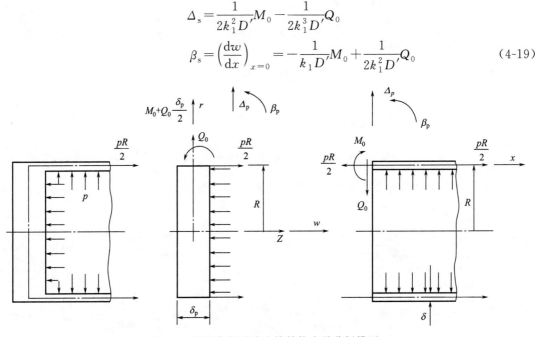

图 4-6　圆柱壳与平盖连接结构力学分析模型

式中，$k_1 = \sqrt[4]{\dfrac{3(1-\mu^2)}{R^2 t^2}}$，$D' = \dfrac{E_s \delta^3}{12(1-\mu_s^2)}$，下标 s 表示圆柱壳。

对于平盖
$$\Delta_p = \frac{(1-\mu_p)Q_R R}{E_p \delta_p}$$

$$\beta_p = -\frac{pR^3}{8(1+\mu_p)D_p} + \frac{M_R R}{(1+\mu_p)D_p} \tag{4-20}$$

式中，$Q_R = Q_0$，$M_R = M_0 + Q_0 \delta_p/2$，$D_p = \frac{E_p \delta_p^3}{12(1-\mu_p^2)}$，下标 p 表示平盖。

连接处圆柱壳和平盖应满足变形协调方程
$$\Delta_s = \Delta_p + \frac{\delta_p}{2}\beta_p$$

$$\beta_s = \beta_p \tag{4-21}$$

解此二元联立方程即可求得 Q_0 和 M_0。

在连接边缘周围壳体中的应力可由式(4-15) 和式(4-16) 求得，平盖中任意位置 r 处板表面的应力按以下公式求出
$$\sigma_r = \frac{Q_R}{\delta_p} \mp \frac{6M_R}{\delta_p^2} \pm \frac{3(3+\mu_p)}{8\delta_p^2}p(R^2 - r^2)$$

$$\sigma_\theta = \frac{Q_R}{\delta_p} \mp \frac{6M_R}{\delta_p^2} \pm \frac{3p}{8\delta_p^2}\left[(3+\mu_p)R^2 - (1+3\mu_p)r^2\right] \tag{4-22}$$

式中的上下符号，下符号为压力作用面，上符号为其背面。

在式(4-22) 右边三项中，前两项为边缘载荷 Q_0 和 M_0 引起，第三项为压力 p 引起的弯曲应力，由式(3-56) 计算。

4.4 薄壁壳体和接管的连接

开孔接管处产生局部应力的原因是结构的连续性被破坏。在开孔接管处，壳体和接管的变形不一致，为了使二者在连接处的变形协调一致，连接处便产生了附加的内力分量，由此在壳体与接管连接处附近的局部范围内产生了较高的不连续应力，即局部应力。对这类应力的求解相当复杂，除一些比较规则的结构能求出解析解外，工程上常采用应力集中系数法、数值解法、实验测试法等计算局部应力。

下面以受内压作用的球壳开孔接管为例，说明采用解析方法求解壳体与接管连接处局部应力的思路。

如图 4-7 所示，设球壳的平均半径为 R，承受内压后，变为 $R+\Delta R$。位于球壳中面上的 A 点承受内压后亦产生径向位移，由 A 点移至 B 点，其位移量为 ΔR，ΔR 为球壳承受内压后的半径增加量，其值为
$$\Delta R = R\varepsilon_\theta$$

式中
$$\varepsilon_\theta = \frac{\sigma_\theta}{E} - \frac{\mu\sigma_\varphi}{E}$$

σ_θ、σ_φ 分别为球壳的环向与径向薄壁应力，且二者相等，即
$$\sigma_\theta = \sigma_\varphi = \frac{pR}{2t}$$

由此得球壳在内压作用下，A 点的径向位移量
$$\Delta R = \frac{pR^2}{2Et}(1-\mu) \tag{4-23}$$

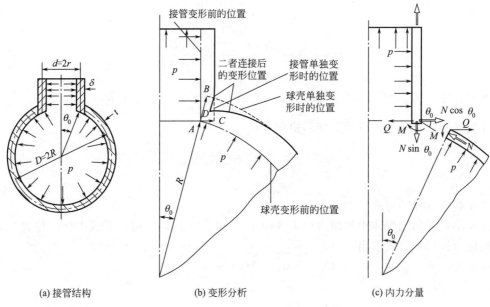

图 4-7　球壳与接管连接结构力学分析模型

对于处于接管上的 A 点，在内压作用下则产生沿接管半径方向的位移，由 A 点移至 C 点，其位移量为 Δr，Δr 为接管在承受内压后的半径增加量，它与环向应变存在以下关系

$$\Delta r = r\varepsilon_\theta$$

式中，r 为接管中面半径；ε_θ 为接管上一点的环向应变

$$\varepsilon_\theta = \frac{\sigma_\theta}{E} - \mu\frac{\sigma_z}{E}$$

式中，σ_θ，σ_z 为接管的薄膜应力，其值分别为

$$\sigma_\theta = \frac{pr}{\delta}$$

$$\sigma_z = \frac{pr}{2\delta}$$

利用上述各式，便可得到处于接管上的 A 点在承受内压后所产生的位移量

$$\Delta r = \frac{pr^2}{2E\delta}(2-\mu) \tag{4-24}$$

比较式(4-23)和式(4-24)，看出对于同处在球壳和接管上的 A 点（连接处），其位移的大小和方向都是不一致的，ΔR 沿着球壳的半径方向，既非垂直，又非水平，而 Δr 则为水平方向。

二者连接后，其变形应保证能协调，为此 A 点既不能移至 B 点，又不能移至 C 点，而必须是两点之间的某一点，例如 D 点。这就相当于将球壳上的 B 点和接管上的 C 点都拉到 D 点，从而使两者连接在一起。于是，在连接处，无论球壳还是接管都产生了弯曲变形。显然，这种弯曲变形是连接处球壳和接管相互作用的结果，也就是在连接处存在边缘内力，如图 4-7 所示，包括剪力 Q、弯矩 M、薄膜力 N（用空心箭头表示）。

薄膜力 N 可由接管轴向平衡方程求得，剪力 Q 和弯矩 M 可通过建立式(4-2)所示变形协调方程求得，由于过程复杂，这里不作介绍。

从图 4-7 所示的变形情况还可以看出，连接处的弯曲变形具有局部性质（只在连接处附近发生）。

4.5　管壳式换热器管板连接结构

管板是管壳式换热器的主要部件之一，特别是在高参数、大型化的场合下，管板的材料供应、加工工艺、生产周期往往成为整台设备生产的决定性因素。由于管板与换热管、壳体、管箱、法兰等连接在一起构成一个复杂的弹性体系，给精确的强度分析带来一定的困难。但是管板的合理设计，对提高换热器的安全性、节约材料、降低制造成本具有重要意义。世界各主要工业国家都十分重视寻求先进合理的管板设计方法。在许多国家的有关标准或规范中，如英国的 BS1500 标准、美国的 TEMA 标准、日本工业标准（JIS）、中国的 GB/T 151《热交换器》等中都列入了管板的计算公式。各国的管板设计公式尽管形式各异，但其大体上是分别在以下三种基本假设的前提下得出的。

① 将管板看成周边支承条件下承受均布载荷的圆平板，应用平板理论得出计算公式。考虑到管孔的削弱，再引入经验性的修正系数。

② 将管子当作管板的固定支撑而管板是受管子支撑着的平板。管板的厚度取决于管板上不布管区的范围。实践证明，这种公式适用于各种薄管板的计算。

③ 将管板视为在广义弹性基础上承受均布载荷的多孔圆平板，即把实际的管板简化为受到规则排列的管孔削弱、同时又被管子加强的等效弹性基础上的均质等效圆平板。这种简化假定既考虑到管子的加强作用，又考虑了管孔的削弱作用，分析比较全面，现今已为包括中国在内的大多数国家的管板规范所采用。

中国换热器规范中管板的力学模型是：把实际的管板简化为承受均布载荷、放置在弹性基础上且受管孔均匀削弱的当量圆平板。同时在此基础上还考虑了以下几方面对管板应力的影响因素。

① 管束对管板挠度的约束作用，但忽略管束对管板转角的约束作用。

② 管板周边不布管区对管板应力的影响。将管板划分为两个区，即靠近中央部分的布管区和靠近周边处较窄的不布管区。通常管板周边部分较窄的不布管区按其面积简化为圆环形实心板。由于不布管区的存在，管板边缘的应力下降。

③ 不同结构形式的换热器，管板边缘有不同形式的连接结构。根据具体情况，考虑壳体、管箱、法兰、封头、垫片等元件对管板边缘转角的约束作用。

④ 管板兼作法兰时，法兰力矩的作用对管板应力的影响。

按照上述基本考虑，将换热器分解成封头、壳体、法兰、管板、螺栓、垫片等元件组成的弹性系统，各元件之间的相互作用用内力表示，把管板简化为弹性基础上的等效均质圆平板，综合考虑壳程压力 p_s，管程压力 p_t，因管程和壳程的不同温度所引起的热膨胀差以及预紧条件下的法兰力矩等载荷的作用。对于固定管板式换热器，其力学模型及各元件之间相互作用的内力与位移见图 4-8。

内力共有 14 个，它们是作用在封头（管箱）与管箱法兰连接处的边缘弯矩 M_h，横剪力 H_h，轴向力 V_h；作用在壳体与壳体法兰连接处的边缘弯矩 M_s，横向剪力 H_s，轴向力 V_s；作用在环形的不布管区与壳体法兰之间即半径为 R 处的弯矩 M_R，径向力 H_R，轴向剪力 V_R；作用在管板布管区与边缘环板连接处即半径为 R_f 处的边缘弯矩 M_f，径向剪力 H_f，边缘剪力 V_f；作用在垫片上的轴向力 V_G 与作用在螺栓上的轴向力 V_b。

建立每个单独元件的位移或转角与作用在该元件上的内力的关系式，列出各元件间应满足的变形协调条件，得到以内力为基本未知量表达的变形协调方程组。求出内力后再计算危

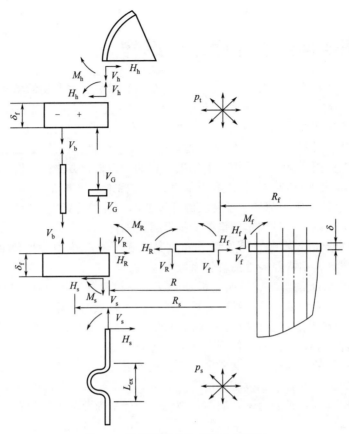

图 4-8　管板连接结构力学分析模型

险截面上的应力，并进行强度校核。

管壳式换热器承受管程压力、壳程压力作用，还可能承受热应力和法兰力矩作用，根据结构不同和可能的载荷组合，设计中要考虑多种危险载荷工况。就固定管板换热器，可有 8 种载荷工况。

在不同的危险工况组合下，计算出相应的管板布管区应力值、环形板的应力值、壳体法兰应力、换热管轴向应力、换热管与管板连接拉脱力，并相应进行危险工况下的应力校核。

压力引起的管板应力属于一次弯曲应力，可用 1.5 倍的许用应力限制。管束与壳体的热膨胀差所引起的管板应力属于二次应力，一次加二次应力范围不得超过 3 倍许用应力。法兰预紧力矩作用下的管板应力属于为满足安装要求的有自限性质的应力，应划为二次应力；法兰操作力矩作用下的管板应力属于为平衡压力引起的法兰力矩的应力，属于一次应力。但许多标准将法兰力矩引起的管板应力都划为一次应力。显然，这种处理方法是偏于安全的。

对于固定管板式换热器，若不满足强度要求，除考虑改变换热器结构外，可采用两种方法进行调整。

① 增加管板厚度。增加管板厚度可以大大提高管板的抗弯截面模量，有效地降低管板应力。因此在压力引起的管板应力超过许用应力时，通常采取增加管板厚度的方法。

② 降低壳体轴向刚度。由于管束和壳体是刚性连接，当管束与壳壁的温差较大时，在换热管和壳体上将产生很大的轴向热应力，从而使管板产生较大的变形量，出现挠曲现象，使管板应力增大。为有效地降低热应力，又避免采用较大的管板厚度，可采取降低壳体轴向

刚度的方法。

U 形管换热器、浮头式换热器和填函式换热器管板力学分析思路一样，不过力学几何模型、载荷工况和边界约束有些不同。这里应指出的是，对于浮头式换热器，力学分析中假设固定管板和浮动管板应满足厚度相同、材料相同，这和工程实际不相符。朱国栋提出了非对称计算模型并推导得到了理论解析解，提高了浮头式换热器的管板设计精度。

4.6　局部应力与应力集中系数

4.6.1　概述

因工程应用需要，在过程设备壳体上必然有开孔，开孔减少了壳体有效承载面积，产生了应力集中，因此开孔对壳体强度有削弱作用。当然，一般在开孔处有接管，接管对开孔处的壳体强度有一定补强作用，但在接管和壳体连接处，由于截面尺寸、几何形状甚至材料发生突变，在介质压力作用下在连接区域会产生不连续应力，也就是边缘应力。另外，接管连接处的壳体还承受通过接管传递来的外载荷，这种载荷通常仅在接管与壳体相连的局部区域产生影响，因此称为局部载荷，局部载荷也会产生附加应力。上述两种情况下产生的应力，均称为局部应力。

局部应力的危害性与材料的韧性、载荷形式及使用温度密切相关。对于韧性好的材料，当局部应力达到屈服点时，该处材料发生塑性变形，载荷继续增加，增加的力就由其他尚未屈服的材料来承担，这种应力重分配可使局部高应力缓解，或通过几次载荷循环使结构趋于安定，故在一定条件下局部高应力是允许的。但是，过大的局部应力会使结构处于不安定状态；在波动载荷（包括冲击载荷）作用下，局部应力处易形成裂纹，有可能导致疲劳失效。另外，在低温使用时，许多材料脆性增加，抗脆断能力下降，过大的局部应力使得裂纹产生进而导致设备发生脆断的可能性增加。

局部应力不仅与载荷大小有关，而且与载荷作用处的局部结构形状和尺寸密切相关，由于问题的非轴对称性，很难甚至无法对其进行精确理论分析。在大多数情况下，必须依靠有限元、边界元等数值计算方法和实验应力测试方法，以数值解或（和）实测值为基础，整理、归纳出经验公式和图表，供设计计算时使用。

本节首先对薄壁球壳和薄壁圆柱壳上开小孔进行弹性分析，计算弹性应力集中系数，然后以受内压壳体与接管连接处局部应力为例，介绍局部应力求解方法。

4.6.2　薄壁球壳和薄壁圆柱壳上开小孔

当球壳和圆柱壳的曲率半径远大于开孔半径时，在内压作用下，开孔周围的弹性应力场可应用前面第 1.4 节推导的大薄板中心开圆孔弹性应力解得到。

（1）薄壁球壳

如图 4-9 所示，令式(1-44)中 $\sigma_0=\sigma$ 所得应力场与 $\sigma_0=\sigma,\theta=\frac{\pi}{2}+\theta$ 所得应力场叠加，可得压力作用下薄壁球壳开小孔周围的应力场为

$$\left.\begin{array}{l}\sigma_r=\sigma\left(1-\dfrac{a^2}{r^2}\right)\\[3mm]\sigma_\theta=\sigma\left(1+\dfrac{a^2}{r^2}\right)\end{array}\right\}\tag{4-25}$$

在孔边处 $r=a$，$\sigma_{\max}=\sigma_\theta=2\sigma$，所以薄壁球壳开小孔的应力集中系数 $K_t=2$。

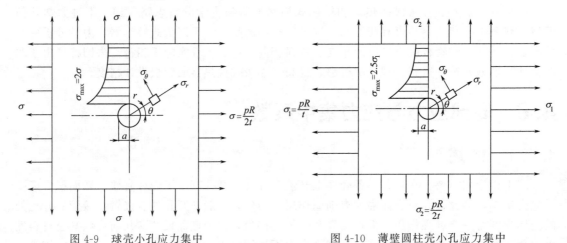

图 4-9　球壳小孔应力集中　　　　　　图 4-10　薄壁圆柱壳小孔应力集中

（2）薄壁圆柱壳

同样，如图 4-10 所示，令式(1-44) 中 $\sigma_0=\sigma_1$ 所得应力场与 $\sigma_0=\sigma_2=\dfrac{\sigma_1}{2}$，$\theta=\dfrac{\pi}{2}+\theta$ 所得应力场叠加，可得压力作用下薄壁圆柱壳开小孔周围的应力场为

$$
\left.
\begin{aligned}
\sigma_r &= \left(1-\frac{a^2}{r^2}\right)\frac{3\sigma_1}{4}+\left(1-\frac{4a^2}{r^2}+\frac{3a^4}{r^4}\right)\frac{\sigma_1}{4}\cos2\theta \\
\sigma_\theta &= \left(1+\frac{a^2}{r^2}\right)\frac{3\sigma_1}{4}-\left(1+\frac{3a^4}{r^4}\right)\frac{\sigma_1}{4}\cos2\theta \\
\tau_{r\theta} &= -\left(1+\frac{2a^2}{r^2}-\frac{3a^4}{r^4}\right)\frac{\sigma_1}{4}\sin2\theta
\end{aligned}
\right\}
\tag{4-26}
$$

在孔边处 $r=a$，有

$$
\left.
\begin{aligned}
\sigma_r &= 0 \\
\sigma_\theta &= \left(\frac{3}{2}-\cos2\theta\right)\sigma_1 \\
\tau_{r\theta} &= 0
\end{aligned}
\right\}
$$

在孔边 $\theta=\pm\dfrac{\pi}{2}$ 处 σ_θ 最大，即 $\sigma_{\max}=\sigma_\theta\big|_{\theta=\pm\frac{\pi}{2}}=2.5\sigma_1$。所以薄壁圆柱壳开小孔的应力集中系数 $K_t=2.5$。

4.6.3　确定局部应力的几种工程常见方法

4.6.3.1　应力集中系数曲线法

在计算壳体与接管连接处的最大应力时，常采用应力集中系数法。受内压壳体与接管连接处的最大弹性应力 $\sigma_{\max}$ 与该壳体不开孔时的环向薄膜应力 σ_θ 之比称为应力集中系数 K_t，即

$$
K_t=\frac{\sigma_{\max}}{\sigma_\theta}
\tag{4-27}
$$

如果采用有效方法求出应力集中系数 K_t，用 K_t 乘以壳体内的薄膜应力 σ_θ，就可计算出开

孔处的最大应力。

为了方便设计，通过理论计算，往往将不同直径、不同壁厚的壳体，带有不同直径与厚度的接管的应力集中系数综合成一系列曲线，即应力集中系数曲线。利用这种曲线可以方便地计算出最大应力。图 4-11～图 4-13 分别为在内压作用下，球壳带平齐式接管、球壳带内伸式接管和圆柱壳开孔接管的应力集中系数曲线图。

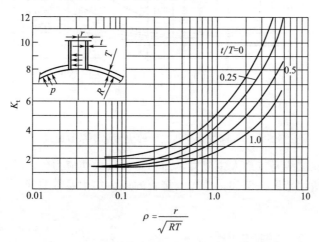

图 4-11　球壳带平齐式接管的应力集中系数曲线

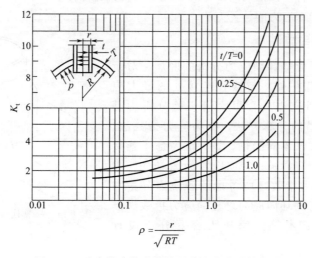

图 4-12　球壳带内伸式接管的应力集中系数曲线

这些图中，采用了两个与应力集中系数相关的无量纲几何参数，即开孔系数 ρ 和接管壁厚 t 与壳体壁厚 T 之比 t/T。开孔系数 ρ 与壳体平均半径 R、厚度 T 及接管平均半径 r 有关，其表达式为

$$\rho = \frac{r}{\sqrt{RT}} \qquad (4\text{-}28)$$

$\sqrt{RT}$ 为边缘效应的衰减长度，故开孔系数表示开孔大小和壳体局部应力衰减长度的比值。从图中可以看出，应力集中系数 K_t 随着开孔系数 ρ 的增大而增大，随壁厚比 t/T 的增大而减小。内伸式接管的应力集中系数较小。也就是说，增大接管和壳体的壁厚，减小接管半径，有利于降低应力集中系数。

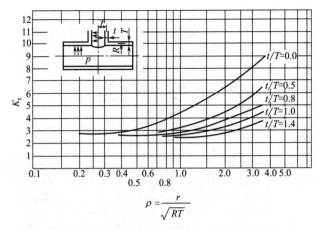

图 4-13　圆柱壳开孔接管的应力集中系数曲线

应该注意，这些曲线是按最大主应力，而不是按最大切应力作出的。另外，应力集中系数曲线都有一定的适用范围。例如，球壳带接管的应力集中系数曲线，对开孔大小和壳体壁厚的限制范围为

$$0.01 \leqslant \frac{r}{R} \leqslant 0.4, \quad 30 \leqslant \frac{R}{T} \leqslant 150$$

椭圆形封头上接管连接处的局部应力，只要将椭圆曲率半径折算成球的半径，就可采用球壳上接管连接处局部应力的计算方法。

4.6.3.2　应力指数法

为减少采用有限元等详细应力分析的麻烦，对于内压壳体（球壳和圆柱壳）与接管连接处的最大应力，美国压力容器研究委员会以大量实验分析为基础，提出了一种简易的计算方法，称为应力指数法。与应力集中系数曲线法不同的是，该方法考虑了连接处的三个应力：经向应力 σ_t、径向应力 σ_r 和法向应力 σ_n（见图 4-14）；应力指数是所考虑的各应力分量与壳体在无开孔接管时的环向应力之比。应力指数法已列入中国、美国、日本等国家压力容器分析设计标准。

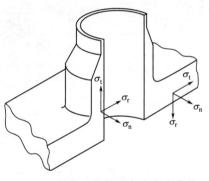

图 4-14　接管连接处的各向应力分量

4.6.3.3　数值计算

应力数值计算的方法比较多，如差分法、变分法、有限单元法和边界元法等。但目前使用最广泛的是有限单元法。有限单元法的基础知识已在第 2 章中作了介绍。

4.6.3.4　实验应力分析

理论计算或数值计算模型都经过一定的简化，用实验应力分析方法直接测量计算部位的应力，是验证计算结果可靠性的有效方法。实验应力分析的方法很多，常见的方法有以下几种。

（1）电测法

电测法是实验应力分析中应用最广和最有效的手段之一。很多金属电阻丝承受拉伸或压缩变形时，电阻也将发生改变。将电阻丝往复绕成特殊形状（如栅状），就可做成电阻应变

片。测量前，将电阻应变片用特殊的胶合剂粘贴在实际结构或模型容器上欲测应变的部位，当壳体受到载荷作用发生变形时，电阻应变片中的电阻丝随之一起变形，导致电阻丝长度及截面积改变，从而引起其电阻值的变化。可见，电阻的变化与应变有一定的对应关系。通过电阻应变仪，就可测得相应的应变。利用胡克定律或其他理论公式，就可求得应力值。

电测法具有应变片尺寸小、重量轻、安装方便、测量灵敏度和精度高、测量范围广等优点，缺点是一片电阻应变片只能测量栅长范围内某个方向的平均应变。

（2）脆性涂层法

脆性涂层法是应变测量的辅助方法，其基本原理是：将专门配制的涂料涂刷在被测构件表面，经充分干燥后，形成紧附在构件表面的脆性薄膜。当构件受力发生变形时，涂层薄膜也随之变形，当应变达到某一临界值时，涂层即出现裂变，最先出现裂纹的部位表示构件拉伸应力最大，而裂纹的方向与最大拉伸应力的方向垂直，在一定条件下，应变越大，裂纹越密。脆性涂层法通常用于确定物体或模型受力后的高应力区、主应力方向和一定精度的应力数值。它是一种全域性的测量方法，不受构件材料、形状、载荷分布形式和类型的限制，既可用于模型试验，也可用于实物测量，对应变分布给出整体结果，直观性强，所用设备工具简单、使用方便、迅速、经济。但脆性涂层法测量结果受温度、湿度影响较大，测量精度不够高，灵敏度也比较低。

（3）光弹性法

光弹性法是一种光学的应力测量方法。采用一种具有双折射性能的透明塑料，如环氧树脂塑料和聚碳酸酯塑料，制成与被测试结构几何形状相似的模型，模拟实际零件的受载情况，将受载后的塑料模型置于偏振光场中，即可获得干涉条纹图。根据光弹性原理，算出模型中各点的应力大小及其方向，而实际被测试结构上的应力可根据模型相似理论换算得到。

光弹性法的特点是直观性强，可直接看到应力集中的部位，从而能迅速求出应力集中系数。利用光弹性法，不仅能解决二维的问题，而且能有效地解决三维问题，不仅能得到边界上应力分布，而且能得到内部截面的应力分布。

（4）光弹性贴片法

光弹性贴片法是将具有高应变灵敏度的光弹性材料制成的薄片（简称贴片），用高强度胶合剂粘贴在具有良好反射性能的构件表面，加载后贴片随构件一起变形，产生反应构件表面应变的光学效应。在偏振光下产生干涉条纹，从而计算出构件表面的应变与应力。此方法不仅能像透射式光弹性法一样，得到整个应力场的分布情况和准确测量应力集中现象，还可以像电阻应变测量方法一样，在现场测量物体的表面应变。

5

应力分类法

20 世纪 50 年代以来，压力容器出现了大型化、轻量化、智能化、介质苛刻化以及服役温度极端化发展趋势。随着数值分析方法和计算机技术的发展，压力容器设计思想也由传统的防止容器发生弹性失效，发展为针对不同失效模式的多种设计准则，形成了分析设计体系。其中以线弹性分析为基础的应力分类法是常用的强度设计方法。本章着重介绍应力分类方法的基本思想、应力分类的方法和基于失效模式的应力评定。

5.1 概述

5.1.1 常规设计的局限性

常规设计经过了长期的实践考验，简便可靠，目前仍为各国压力容器设计规范所采用。然而，常规设计也有其局限性，主要表现在以下几方面：

① 常规设计将容器承受的最大载荷按一次施加的静载荷处理，不涉及容器的疲劳寿命问题，不考虑热应力。然而，压力容器在实际运行中所承受的载荷不仅有机械载荷，往往还有热载荷，同时，这些载荷还可能有较大的波动。提高设计系数或加大厚度的办法不能有效改善热载荷引起的热应力对容器失效的影响，有时厚度的增加会起相反的作用。例如，厚壁容器的热应力是随厚度的增加而增大；而交变载荷引起的交变应力对容器的破坏作用通常不能通过静载分析来进行合理评定和预防。

② 常规设计以材料力学和弹性力学中的简化模型为基础，确定容器中平均应力的大小，只要此值限制在以弹性失效设计准则所确定的许用应力范围之内，则认为容器是安全的。显然，这种做法的不足之处在于没有对容器重要区域的应力进行严格且详细的计算，无法对不同部位、由不同载荷引起、对容器失效有不同影响的应力加以不同的限制。同时，由于不能确定实际的应力、应变水平，也就难以进行疲劳分析。例如，在一些结构不连续的局部区域，由于影响的局部性，这里的应力即使超过材料的屈服点也不会造成容器整体强度失效，可以给予较高的许用应力限值。不过，由于应力集中，该区域往往又是容器疲劳失效的源区，因此，一旦承受循环载荷作用，则有可能需要进行疲劳失效校核。

③ 常规设计规范中规定了具体的容器结构形式，它无法应用于规范中未包含的其他容器结构和载荷形式，因此，不利于新型设备的开发和使用。

5.1.2 分析设计的基本思想

压力容器所承受的载荷有多种类型，如机械载荷（包括压力、重力、支座反力、风载荷及地震载荷等）、热载荷等。它们可能是施加在整个容器上（如压力），也可能是施加在容器的局部部位（如支座反力）。因此，载荷在容器中所产生的应力与分布以及对容器失效的影响也就各不相同。就分布范围来看，有些应力遍布于整个容器壳体，可能会造成容器整体范围内的弹性或塑性失效；而有些应力只存在于容器的局部部位，只会造成容器局部弹塑性失效或疲劳失效。从应力产生的原因来看，有些应力必须满足与外载荷的静力平衡关系，随着外载荷的增加而增加，可直接导致容器失效；而有些应力则是在载荷作用下由于变形不协调引起的，不会直接导致容器失效，因此具有自限性。

采用应力分类法进行压力容器分析设计时，必须先进行详细的应力分析，即通过解析法或数值方法，将各种外载荷或变形约束产生的应力分别计算出来，然后进行应力分类，再按不同的设计准则来限制，保证容器在使用期内不发生各种形式的失效，这就是以应力分类为基础的分析设计方法。分析设计可应用于承受各种载荷、任意结构形式的压力容器设计，弥补了常规设计的不足。

5.1.3 载荷和载荷组合

应力分析时应考虑表 5-1 所列出的所有载荷，当有多个载荷同时作用时，应按表 5-2 的规定考虑多个载荷的组合。

表 5-1　载荷说明

载荷参数			说明
设计条件	工作条件	耐压试验条件	
p	p_o		内压、外压或最大压差
p_s	p_{so}	p_{st}	由液体或内装物料(如催化剂)引起的静压头
		p_T	耐压试验压力
D	D_o	D_t	① 容器的自重(包括内件和填料等)，以及内装介质的重力载荷； ② 附属设备及隔热材料、衬里、管道、扶梯、平台等的重力载荷； ③ 运输或吊装时的动载荷经等效后的静载荷
L	L_o		① 附属设备的活载荷； ② 由稳态或瞬态的流体动量效应引起的载荷； ③ 由波浪作用引起的载荷
E	E		地震作用引起的载荷
W	W	W_{pt}	风载荷[耐压试验时的风载荷 W_{pt} 由容器设计条件(UDS)规定]
S_s	S_s		雪载荷
T	T_o		具有自限性的热和位移载荷❶

---

❶ 位移载荷：不会影响到塑性垮塌的载荷。反之，由弹性跟随引起的、只有通过过量塑性变形才能使应力重新分布的载荷属于机械载荷。

表 5-2　载荷组合工况和当量应力的许用极限

载荷组合		当量应力的许用极限
设计条件		
1	$p+p_s+D$	
2	$p+p_s+D+L$	
3	$p+p_s+D+L+T$	
4	$p+p_s+D+S_s$	使用设计载荷计算 S_{I}、S_{II}、S_{III}，许用极限见表 5-5
5	$p+p_s+D+(0.6W$ 或 $0.7E)$	
6	$p+p_s+D+0.75(L+T)+0.75S_s$	
7	$p+p_s+D+0.75WE+0.75L+0.75S_s$	
8	容器设计条件(UDS)中指定的其他设计载荷组合	
工作条件		
1	$p_o+p_{so}+D_o$	
2	$p_o+p_{so}+D_o+L_o$	
3	$p_o+p_{so}+D_o+L_o+T_o$	
4	$p_o+p_{so}+D_o+S_s$	使用工作载荷计算 S_{IV}、S_{alt}，许用极限见表 5-5
5	$p_o+p_{so}+D_o+(0.6W$ 或 $0.7E)$	
6	$p_o+p_{so}+D_o+0.75(L_o+T_o)+0.75S_s$	
7	$p_o+p_{so}+D_o+0.75WE+0.75L_o+0.75S_s$	
8	容器设计条件(UDS)中指定的其他工作载荷组合	
耐压试压条件		见表 5-6
1	$p_T+p_{st}+D_t+0.6W_{pt}$	

注：WE 为风载荷和地震载荷的组合，取 W 和 $(0.25W+E)$ 两者中可能产生最不利结果的值。

5.2　压力容器的应力分类

5.2.1　应力分类

压力容器应力分类的依据是应力对容器强度失效所起作用的大小。这种作用取决于下列两个因素：

① 应力产生的原因。应力是平衡机械载荷所必需的还是变形协调所必需的，不同原因产生的应力具有不同的性质，所具有的危险性也不同，失效模式也不同。

② 应力的作用区域与分布形式。应力的分布区域是总体范围还是局部范围，是总体范围就影响很大，是局部范围就影响相对较小。应力沿壁厚分布的情况是均匀的还是线性的、非线性的，不同的应力分布形式具有不同的应力重分布能力，并与承载能力有关。

目前，比较通用的应力分类法是将压力容器中的应力分为三大类：一次应力、二次应力和峰值应力。下面分别予以介绍。

（1）一次应力 P

一次应力是指平衡外加机械载荷所必需的应力。一次应力必须满足外载荷与内力及内力矩的静力平衡关系，它随外载荷的增加而增加，不会因达到材料的屈服点而自行停止，所以，一次应力的基本特征是非自限性。另外，当一次应力超过屈服点时将引起容器总体范围内的显著变形或破坏，对容器的失效影响最大。一次应力还可分为以下三种。

① 一次总体薄膜应力 P_m。在容器总体范围内存在的薄膜应力即为一次总体薄膜应力。这里的薄膜应力是指沿厚度方向均匀分布的应力，等于沿厚度方向的应力平均值。一次总体薄膜应力达到材料的屈服强度就意味着筒体或封头在整体范围内发生屈服，应力不重新分布，而是直接导致结构破坏。一次总体薄膜应力的实例有：薄壁圆筒或球壳中远离结构不连续部位由内压引起环向和轴向的薄膜应力；厚壁圆筒中由内压产生的轴向应力以及周向应力沿厚度的平均值。

② 一次弯曲应力 P_b。一次弯曲应力是指沿厚度线性分布的应力。它在内、外表面上大小相等、方向相反。由于沿厚度呈线性分布，随外部载荷的增大，首先是内、外表面进入屈服，但此时内部材料仍处于弹性状态。若载荷继续增大，应力沿厚度的分布将重新调整。因此这种应力对容器强度失效的危害性没有一次总体薄膜应力那么大。一次弯曲应力的典型实例是平封头中心部位在压力作用下产生的弯曲应力。

③ 一次局部薄膜应力 P_L。在结构不连续区由内压或其他机械载荷产生的薄膜应力和结构不连续效应产生的薄膜应力统称为一次局部薄膜应力。一次局部薄膜应力的作用范围是局部区域。由于包含了结构不连续效应产生的薄膜应力，它还具有一些自限性，表现出二次应力的一些特征，不过从保守角度考虑，仍将它划为一次应力。一次局部薄膜应力的实例有：壳体和封头连接处的薄膜应力；在容器的支座或接管处由外部的力或力矩引起的薄膜应力。

一次总体薄膜应力和一次局部薄膜应力是按薄膜应力沿经线方向的作用长度来划分的。若薄膜当量应力超过 $1.1S_m^t$ 的区域沿经线方向延伸的距离不大于 $1.0\sqrt{R\delta}$，则认为是局部的。此处 R 为该区域内壳体中面的第二曲率半径，δ 为该区域的最小厚度，S_m^t 为设计温度下的许用应力。一次局部薄膜当量应力超过 $1.1S_m^t$ 的两个相邻应力区之间应彼此隔开，它们之间沿经线方向的间距不得小于 $2.5\sqrt{R_m\delta_m}$，否则应划为一次总体薄膜应力，其中，$R_m = \frac{1}{2}(R_1+R_2)$，$\delta_m = \frac{1}{2}(\delta_1+\delta_2)$，而 R_1 与 R_2 分别为所考虑两个区域的壳体中面第二曲率半径；δ_1 与 δ_2 分别为所考虑区域的最小厚度。

（2）二次应力 Q

二次应力是指由相邻部件的约束或结构的自身约束所引起的正应力或剪应力。二次应力不是由外载荷直接产生的，其作用不是为平衡外载荷，而是使结构在受载时变形协调。例如，对于受内压作用的圆筒形壳体，在远离结构不连续处，沿壁厚的平均应力是满足与压力平衡所需要的，为一次总体薄膜应力，而沿着壁厚的应力梯度是满足不同直径处筒体的变形协调所需要的，为二次应力。二次应力的基本特征是具有自限性，也就是当局部范围内的材料发生屈服或少量的塑性流动时，相邻部分之间的变形约束得到缓解而不再继续发展，应力就自动地限制在一定范围内。

二次应力的实例有：

①总体结构不连续处的弯曲应力。总体结构不连续对结构总体应力分布和变形有显著的影响。如筒体与封头、筒体与法兰、筒体与接管以及不同厚度筒体连接处。

②总体热应力。它指的是解除约束后，会引起结构显著变形的热应力。例如圆筒壳中轴向温度梯度所引起的热应力；壳体与接管间的温差所引起的热应力；厚壁圆筒中径向温度梯度引起的当量线性热应力。

（3）峰值应力 F

峰值应力是由局部结构不连续和局部热应力的影响而叠加到一次加二次应力之上的应力

增量，介质温度急剧变化在器壁或管壁中引起的热应力也归入峰值应力。峰值应力最主要的特点是自限性和局部性。因为自限性，结构的变形不会无限增大，又因为局部性，峰值应力的影响区被周围的弹性材料包围，因此，峰值应力不引起任何明显的变形，比二次应力的危险性还低，其危害性仅是可能引起疲劳破坏或脆性断裂。

局部结构不连续是指几何形状或材料在很小区域内的不连续，只在很小范围内引起应力和应变增大，即应力集中，对结构总体应力分布和变形没有显著的影响。结构上的小半径过渡圆角、未熔透、咬边、裂纹等都会引起应力集中，在这些部位存在峰值应力。

局部热应力指的是解除约束后，不会引起结构显著变形的热应力。例如结构上的小热点处（如加热蛇管与容器壳壁连接处）的热应力；碳素钢容器内壁奥氏体堆焊层或衬里中的热应力；复合钢板中因覆层与基层金属线膨胀系数不同而在覆层中引起的热应力；厚壁圆筒中径向温度梯度引起的热应力中的非线性分量。

应当指出的是，只有材料具有较高的韧性，允许出现局部塑性变形，上述应力分类才有意义。若是脆性材料，一次应力和二次应力的影响没有明显不同，对应力进行分类也就没有意义了。压缩应力主要与容器的稳定性有关，也不需要加以分类。

（4）容器典型部位的应力分类

为便于对压力容器进行应力分类，分析设计标准中压力容器典型结构的应力分类见表 5-3。

表 5-3 典型结构的应力分类实例

容器部件	位置	应力的起因	应力类型	应力分类
任意壳体（圆筒、锥壳、球壳和成形封头等）	远离不连续处的壳体	内压	总体薄膜应力 沿壁厚的应力梯度	P_m Q
		轴向温度梯度	薄膜应力 弯曲应力	Q Q
	接管或其他开孔附近	内压,作用在接管截面上的轴向力、弯矩	局部薄膜应力 弯曲应力 峰值应力（填角或直角）	P_L Q[①] F
	任意位置	壳体和封头间的温差	薄膜应力 弯曲应力	Q Q
	壳体形状偏差,如不圆度和凹陷等	内压	薄膜应力 弯曲应力	P_m Q
圆筒或锥壳	整个容器中的任意横截面	内压,作用在壳体截面上的轴向力、弯矩	远离结构不连续处的、沿壁厚平均分布的薄膜应力（垂直于壳体截面的应力分量）	P_m
			沿壁厚分布的弯曲应力（垂直于壳体截面的应力分量）	P_b
	与封头或法兰连接处	内压	薄膜应力 弯曲应力	P_L Q[①]
凸形封头或锥形封头	球冠	内压	薄膜应力 弯曲应力	P_m P_b
	过渡区或与简体连接处	内压	薄膜应力 弯曲应力	P_L[②] Q

容器部件	位置	应力的起因	应力类型	应力分类
平盖	中心区	内压	薄膜应力 弯曲应力	P_m P_b
	和筒体连接处	内压	薄膜应力 弯曲应力	P_L $Q^③$
多孔的封头 或壳体	均匀布置的典型 管孔带	压力	薄膜应力(沿管孔带宽度平均, 沿壁厚均匀分布)	P_m
			弯曲应力(沿管孔带宽度平均, 沿壁厚线性分布)	P_b
			峰值应力	F
	分离的或非典型的 管孔带	压力	薄膜应力(沿管孔带宽度平均)	P_m
			弯曲应力(沿管孔带宽度平均)	P_b
			薄膜应力(最大值)	Q
			弯曲应力(最大值),峰值应力	F
接管(见 GB/T 4732.4 中 7.1 节)	补强范围内⑥	压力、外部载荷⑦(包括因 相连的管道自由端位移 受限引起的)	总体薄膜应力 整体弯曲应力⑧沿接管厚度的平 均应力(不包括总体结构不连续)	P_m
			弯曲应力	P_b
	补强范围外⑥	压力、外部载荷⑦ (不包括因相连的 管道自由端位移 受限引起的)	总体薄膜应力 整体弯曲应力沿接管厚度的平均 应力(不包括总体结构不连续)	P_m
			局部薄膜应力	P_L
			弯曲应力	P_b
		压力、外部载荷(包括 因相连的管道自由端 位移受限引起的)	薄膜应力 弯曲应力 峰值应力	P_L P_b+Q F
	接管壁	总体结构不连续处	薄膜应力 弯曲应力 峰值应力	P_L Q F
		膨胀差	薄膜应力 弯曲应力 峰值应力	Q Q F
覆层	任意	膨胀差	薄膜应力 弯曲应力	F F
任意	任意	径向温度分布④	当量线性应力⑤	Q
			应力分布的非线性部分	F
任意	任意	任意	应力集中(缺口效应)	F

① 此处的弯曲应力是自限的。

② 当直径与厚度的比值较大时,应考虑此处发生屈曲或过度变形的可能性。

③ 若周边弯矩是使平盖中心处弯曲应力保持在允许限度内所必需的,则在连接处的弯曲应力应划为 P_b 类,否则为 Q 类。

④ 应计入热应力棘轮。

⑤ 当量线性应力定义为与实际应力分布具有相同净弯矩作用的线性分布应力。

⑥ 补强范围见 GB/T 4732.3 的开孔补强。

⑦ 外部载荷包括轴向力、剪切力、弯矩和扭矩。

⑧ 整体弯曲应力是指沿接管整体截面(而非厚度)线性部分的正应力。

5.2.2 应力线性化处理

（1）应力线性化原理

为了进行应力分类，需沿壳体厚度方向对应力进行线性化处理，分离出薄膜应力、弯曲应力和峰值应力。这里介绍基于应力积分的方法来进行线性化处理的原理。如图 5-1 所示，对于沿壁厚不均匀分布的应力分量 σ_{ij}，按式（5-1）和式（5-2）积分计算可以分别得到沿壁厚平均应力分量（亦即薄膜应力分量）σ_{ij}^{m} 和位于内、外表面的最大弯曲应力分量 σ_{ij}^{b}，按式(5-3) 和式(5-4) 计算就可以分别得到位于内、外表面的峰值应力分量 σ_{ij}^{F}。按各强度理论计算得到的等效应力可以采用同样的方法进行应力线性化处理。

$$\sigma_{ij}^{\mathrm{m}} = \frac{1}{t} \int_0^t \sigma_{ij} \, \mathrm{d}x \tag{5-1}$$

$$\sigma_{ij}^{\mathrm{b}} = \frac{6}{t^2} \int_0^t \sigma_{ij} \left(\frac{t}{2} - x \right) \mathrm{d}x \tag{5-2}$$

$$\sigma_{ij}^{\mathrm{F}} \big|_{x=0} = \sigma_{ij} \big|_{x=0} - (\sigma_{ij}^{\mathrm{m}} + \sigma_{ij}^{\mathrm{b}}) \tag{5-3}$$

$$\sigma_{ij}^{\mathrm{F}} \big|_{x=t} = \sigma_{ij} \big|_{x=t} - (\sigma_{ij}^{\mathrm{m}} - \sigma_{ij}^{\mathrm{b}}) \tag{5-4}$$

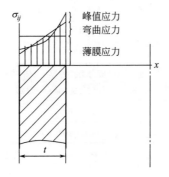

图 5-1 应力线性化处理

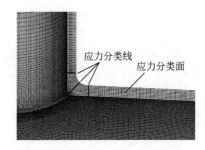

图 5-2 应力分类面和应力分类线示例

（2）有限元分析应力应力分类线要求

若采用壳单元进行有限元分析，则可直接得到薄膜应力和弯曲应力，不需要进行应力的线性化处理，但采用壳单元无法得到峰值应力。若用轴对称单元或三维实体单元进行有限元分析，则需要对应力分析结果进行线性化处理。

应力的线性化处理是在部件厚度截面内进行，该截面称为应力分类面。在应力分类面内沿部件厚度方向划分的直线称为应力分类线（SCL）。对于轴对称部件，应力分类线代表的是绕回转轴一周的面。应力分类面和应力分类线的示例见图 5-2。在压力容器的几何形状、材料的不连续区域或载荷发生突变的部位存在着高应力。在评判塑性垮塌、安定和棘轮失效模式时，通常在总体结构不连续区设置应力分类线。在评判局部失效和疲劳失效模式时，通常将应力分类线设置在局部结构不连续区。在材料不连续区（如基层和覆层），应力分类线应包含所有的材料和相关的载荷。在进行塑性垮塌评判时，若可以忽略覆层的影响，则仅需在基层上设置应力分类线。

为确保线性化处理得到的薄膜应力和弯曲应力的准确性，应力分类线的设置应遵循以下准则。如不满足以下任何一条准则，将导致结果的不确定性，此时，建议采用弹塑性分析法进行评定。

① 如图 5-3(a) 所示，应力分类线应沿着应力等值线上最大应力分量处的法线方向设

置。若无法实施，也可将应力分类线设置在壳体中面的法线方向。

② 如图 5-3(b) 所示，除应力集中区或峰值热应力区外，应力分类线上的周向和经向应力分量应是单调增加或减少的。

③ 如图 5-3(c) 所示，应力分类线上的贯穿壁厚的法向正应力分量应单调增加或减少。当应力分类线垂直于壳体表面时，在压力作用下，沿应力分类线的法向正应力分量在载荷所作用的表面上应等于该压力的值，在另一表面处则应近似为零。

④ 如图 5-3(d) 所示，当应力分类线垂直于相互平行的内、外表面，切应力分量沿壁厚应呈抛物线分布。若切应力分量小于周向和经向的应力分量时，也可忽略此限制条件。若没有表面剪力的作用，在应力分类线所通过的表面处，切应力分量应近似为零。另外，沿应力分类线呈线性分布的切应力很可能对评定结果产生重要影响。

⑤ 周向和经向应力分量的最高值一般出现在应力分类线上的承压边界处，是当量应力中的主要成分。大多数情况下由压力引起的周向和经向应力沿应力分类线呈线性分布。若应力分类线与容器的内表面、外表面或中面是斜交的，则周向和经向应力不再呈现出单调增加或减少的分布规律。

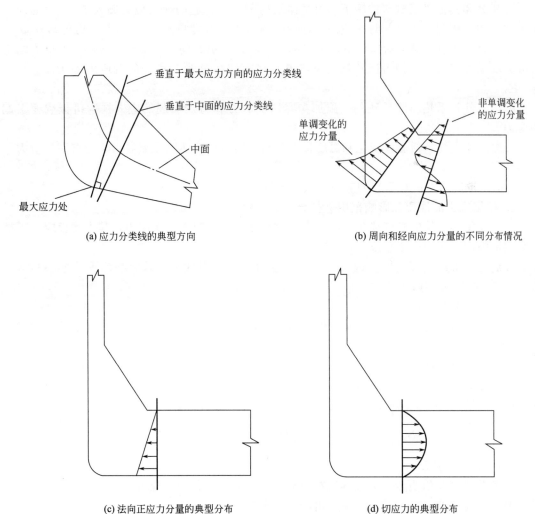

(a) 应力分类线的典型方向

(b) 周向和经向应力分量的不同分布情况

(c) 法向正应力分量的典型分布

(d) 切应力的典型分布

图 5-3　典型应力分类线取向

5.2.3 当量应力计算

详细的弹性应力分析是应力分类法的基础。应力分类中使用的弹性名义应力是假定材料始终为线弹性时计算所得的应力。

在分析设计中，应考虑各种载荷及载荷组合，可按以下步骤对当量应力进行计算。

（1）应力分量计算

对所有适用的载荷，计算各载荷下的应力张量（含 6 个应力分量），并根据 5.2.1 中的定义将这些应力分量进行分类并归入 5 个类别：一次总体薄膜应力 P_m、一次局部薄膜应力 P_L、一次弯曲应力 P_b、二次应力 Q、峰值应力 F。

对于各种载荷组合，分别计算不同载荷下的应力，可按以下两种思路对应力进行分类。

① 根据载荷的性质和约束条件进行分类。

a. 由压力和其他机械载荷引起的总体薄膜和弯曲应力（不包括二次应力和峰值应力）归入一次应力，即 P_m 和 P_b。如内压圆筒壳体中，远离封头连接处的薄膜应力归入 P_m，平盖中心的弯曲应力归入 P_b。

b. 压力和其他机械载荷作用下，由总体结构不连续引起的薄膜应力归入 P_L，弯曲应力归入 Q。如内压圆筒壳体与封头或法兰连接处的薄膜应力可归入 P_L，弯曲应力可归入 Q。

c. 压力和其他机械载荷作用下，由局部结构不连续引起的、附加在一次和二次应力之上的应力增量可归入 F。如内压圆筒壳体与开孔接管连接过渡圆角处的总应力为 P_L+P_b+Q+F。

d. 由外部管系热膨胀导致的、施加在容器上的力和力矩引起的应力视为机械载荷引起的应力。

e. 由热效应（包括温度变化和温度梯度）和不同材料间热膨胀差异引起的自平衡应力归入 Q 或 F。

f. 由给定的非零位移引起的应力归入 Q 或 F。

② 根据应力的性质和影响范围进行分类。

a. 平衡压力和其他机械载荷所需的应力没有自限性，归入一次应力，其中薄膜应力可按其影响范围的大小归入 P_m 或 P_L，弯曲应力归入 P_b。

b. 满足外部或内部变形协调条件所需的应力具有自限性，按其影响范围的大小归入二次应力 Q 或峰值应力 F。

（2）应力分量叠加

将各类应力的应力分量按组别叠加，即可得到所考虑载荷组合工况下的 P_m 组、P_L 组、P_L+P_b 组、P_L+P_b+Q 组和 P_L+P_b+Q+F 组共 5 组应力分量。

（3）当量应力计算

由各类应力叠加后的 5 组应力分量分别计算各自的主应力 σ_1、σ_2、σ_3，然后采用第四强度理论（最大畸变能屈服准则）按式(5-5)计算各组的 Mises 当量应力 S_e

$$S_e=\frac{1}{\sqrt{2}}\left[(\sigma_1-\sigma_2)^2+(\sigma_2-\sigma_3)^2+(\sigma_3-\sigma_1)^2\right]^{0.5} \tag{5-5}$$

（4）当量应力分组

计算得到的 5 组当量应力按其所在组分别归入以下 5 种当量应力：

① 一次总体薄膜当量应力 S_{I}（由 P_m 组算得）；

② 一次局部薄膜当量应力 S_{II}（由 P_L 组算得）；

③ 一次薄膜（总体或局部）加一次弯曲当量应力 S_{III}（由 P_L+P_b 组算得）；

④ 一次加二次应力范围的当量应力 S_{IV}（由 P_L+P_b+Q 组算得）；

⑤ 总应力（一次加二次加峰值）范围的当量应力 S_V（由 P_L+P_b+Q+F 组算得）。

以上包含弯曲应力的 S_{III} 组和 S_{IV} 组应同时计算内、外表面的当量应力并取其中较大者。

在载荷循环中，S_{IV} 是单个循环中一次加二次应力范围的当量应力，对于所有循环，一次加二次应力范围的当量应力 S_{IV} 标记为 $\Delta S_{n,k}$；与之类似，对于所有循环，第 k 种等幅循环的总应力范围当量应力标记为 $\Delta S_{e,k}$。疲劳分析时，还需由 $\Delta S_{e,k}$ 计算第 k 种等幅循环总应力交变当量应力幅 $\Delta S_{alt,k}$。

【例 5-1】某一钢制容器，内径 $D_i=800\mathrm{mm}$，厚度 $t=36\mathrm{mm}$，工作压力 $p_w=10\mathrm{MPa}$，设计压力 $p=11\mathrm{MPa}$。圆筒体与一平封头连接，根据设计压力计算得到圆筒体与平封头连接处的边缘力 Q_0 和边缘弯矩 M_0 分别为 $Q_0=-1.102\times10^6\mathrm{N/m}$、$M_0=5.725\times10^4\mathrm{N\cdot m/m}$，如图 5-4 所示。设容器材料的弹性模量 $E=2\times10^5\mathrm{MPa}$、泊松比 $\mu=0.3$。若不考虑角焊缝引起的应力集中，试计算圆筒体边缘处的应力并进行分类和求取 Mises 当量应力。

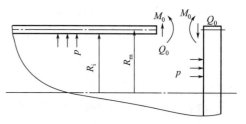

图 5-4 圆筒体与平封头连接

解 筒体内半径 $R_i=400\mathrm{mm}$，厚度 $t=36\mathrm{mm}$，则外半径 $R_o=436\mathrm{mm}$，径比 $K=\dfrac{R_o}{R_i}=\dfrac{436}{400}=1.09$。现以筒体环向应力 σ_θ 为例说明在筒体边缘处环向薄膜应力的计算及分类过程。

不计边缘效应时，设计压力在圆筒体中产生的应力，可按式（3-24）计算，因此，环向应力分量沿筒体厚度的平均值也就是环向薄膜应力 $\sigma_{\theta,1}^p$ 为

$$\sigma_{\theta,1}^p=\frac{1}{R_o-R_i}\int_{R_i}^{R_o}\sigma_\theta\,\mathrm{d}r=\frac{1}{R_o-R_i}\int_{R_i}^{R_o}\left[\frac{pR_i^2}{R_o^2-R_i^2}+\frac{pR_o^2R_i^2}{(R_o^2-R_i^2)r^2}\right]\mathrm{d}r$$

$$=\frac{p}{K-1}=\frac{11}{1.09-1}=122.22\,(\mathrm{MPa})$$

沿厚度方向，环向应力呈非线性分布，内壁面最大，外壁面最小。内壁面处的环向应力 σ_θ^p 为

$$\sigma_\theta^p=\frac{p(K^2+1)}{K^2-1}=\frac{11\times(1.09^2+1)}{1.09^2-1}=127.96\,(\mathrm{MPa})$$

因此，环向应力 σ_θ^p 与其沿厚度平均值 $\sigma_{\theta,1}^p$ 的差在筒体内壁面的数值为

$$\sigma_{\theta,2}^p=\sigma_\theta^p-\sigma_{\theta,1}^p=127.96-122.22=5.74\,(\mathrm{MPa})$$

由于环向应力和压力成正比，所以，若是按工作压力计算，$\sigma_{\theta,1}^p$ 和 $\sigma_{\theta,2}^p$ 为

$$\sigma_{\theta,1}^p=122.22\times\frac{10}{11}=111.11\,(\mathrm{MPa})$$

$$\sigma_{\theta,2}^p=5.74\times\frac{10}{11}=5.22\,(\mathrm{MPa})$$

令 $x=0$，由式（4-11）得，在筒体与平封头连接处，边缘载荷 Q_0 和 M_0 引起的轴向薄膜内力 N_x、环向薄膜内力 N_θ、轴向弯曲内力 M_x 和环向弯曲内力 M_θ 分别为 $N_x=0$，$N_\theta=2\beta R(Q_0+\beta M_0)$，$M_x=M_0$，$M_\theta=\mu M_0$

式中 $\beta=\sqrt[4]{3(1-\mu^2)}/\sqrt{Rt}=\sqrt[4]{3\times(1-0.3^2)}/\sqrt{418\times10^{-3}\times36\times10^{-3}}=10.4785\,(1/\mathrm{m})$

上述边缘内力在圆筒体内壁面中产生的环向薄膜应力 $\sigma_{\theta,1}^{e}$ 和环向弯曲应力 $\sigma_{\theta,2}^{e}$ 分别为

$$\sigma_{\theta,1}^{e}=\frac{N_{\theta}}{t}=\frac{2\beta R}{t}(Q_0+\beta M_0)$$

$$=\frac{2\times10.4785\times418\times10^{-3}}{36\times10^{-3}}\times(-1.102\times10^6+10.4785\times5.725\times10^4)=-122.15(\text{MPa})$$

$$\sigma_{\theta,2}^{e}=\frac{6M_{\theta}}{t^2}=\frac{6\mu M_0}{t^2}=\frac{6\times0.3\times5.725\times10^4}{(36\times10^{-3})^2}=79.51(\text{MPa})$$

同理，若按工作压力计算，$\sigma_{\theta,1}^{e}$ 和 $\sigma_{\theta,2}^{e}$ 为

$$\sigma_{\theta,1}^{e}=-122.15\times\frac{10}{11}=-111.05(\text{MPa})$$

$$\sigma_{\theta,2}^{e}=79.51\times\frac{10}{11}=72.28(\text{MPa})$$

由表 5-3，由内压产生的沿筒体厚度的应力平均值 $\sigma_{\theta,1}^{p}$ 在边缘处属于一次局部薄膜应力 P_{L}，沿筒体厚度的应力梯度 $\sigma_{\theta,2}^{p}$ 属于二次应力 Q；由边缘载荷产生的薄膜应力 $\sigma_{\theta,1}^{e}$ 属于一次局部薄膜应力 P_{L}，弯曲应力 $\sigma_{\theta,2}^{e}$ 属于二次应力 Q。于是在边缘处筒体内壁面有

$$P_{L}=122.22-122.15=0.07(\text{MPa})$$

$$P_{L}+Q=(111.11-111.05)+(5.22+72.28)=77.56(\text{MPa})$$

类似地，可以计算边缘处筒体中的经向应力 σ_x 和径向应力 σ_z 并对内壁面应力进行分类，得到应力分量 P_{L} 和 $P_{L}+P_{b}$。

由分类并叠加后的内壁面各向（环向、径向、经向）应力分量计算主应力 σ_1、σ_2、σ_3，然后按式(5-5)计算当量应力 S_e，并按 P_{L} 和 $P_{L}+P_{b}$ 不同分别归入 S_{II} 和 S_{IV}。在本例中，$\tau_{x\theta}=\tau_{z\theta}=0$，$\tau_{xz}$ 与 σ_x、σ_θ 相比是一个小量，已被略去，所以，σ_x、σ_θ、σ_z 即为三个主应力。

对于外壁面，计算过程类似。所有计算结果按 Mises 当量应力的计算步骤列于表 5-4。表中括号内的数据是按工作压力计算得到。

表 5-4　圆筒体中边缘处应力计算、分类及当量应力计算结果　　　　MPa

内容	应力类别		内　壁		外　壁	
			P_{L}	Q	P_{L}	Q
求应力并进行分类	内压	σ_θ	122.22(111.11)	(5.22)	122.22(111.11)	(−4.78)
		σ_x	58.48(53.16)	0	58.48(53.16)	0
		σ_z	−5.26(−4.78)	(−5.22)	−5.26(−4.78)	(4.78)
	边缘载荷	σ_θ	−122.15(−111.05)	(72.28)	−122.15(−111.05)	(−72.28)
		σ_x	0	(240.94)	0	(−240.94)
		σ_z	0	0	0	0
同组应力叠加	应力分组		P_{L}	$P_{L}+Q$	P_{L}	$P_{L}+Q$
	σ_θ		0.07	77.56	0.07	−77
	σ_x		58.48	294.1	58.48	−187.78
	σ_z		−5.26	−10	−5.26	0
求各主应力	主应力		σ_1	σ_2	σ_3	σ_1	σ_2	σ_3
	P_{L}		58.48	0.07	−5.26	58.48	0.07	−5.26
	$P_{L}+Q$		294.1	77.56	−10	0	−77	−187.78

内容	应力类别	内　壁		外　壁	
		P_L	Q	P_L	Q
求 Mises 当量应力	当量应力	$S_e=\dfrac{1}{\sqrt{2}}\big[(\sigma_1-\sigma_2)^2+(\sigma_2-\sigma_3)^2+$ $(\sigma_3-\sigma_1)^2\big]^{0.5}$		$S_e=\dfrac{1}{\sqrt{2}}\big[(\sigma_1-\sigma_2)^2+(\sigma_2-\sigma_3)^2+$ $(\sigma_3-\sigma_1)^2\big]^{0.5}$	
	P_L	61.26		61.26	
	P_L+Q	271.18		163.52	
应力分类结果	S_{II}	61.26		61.26	
	S_{IV}	271.18		163.52	

5.3　应力评定依据

5.3.1　许用应力

许用应力是按材料的短时拉伸性能除以相应的设计系数而得，为 $\dfrac{R_m}{n_b}$、$\dfrac{R_{eL}}{n_s}$、$\dfrac{R_{eL}^t}{n_s}$、$\dfrac{R_D^t}{n_d}$ 和 $\dfrac{R_n^t}{n_n}$ 中的最小值，以符号 S_m^t 表示。R_m 是室温下材料的抗拉强度；R_{eL} 是室温下材料的屈服强度；R_{eL}^t 是设计温度下材料的屈服强度；R_D^t 是设计温度下材料的持久强度极限平均值；R_n^t 是设计温度下材料的蠕变极限平均值；n_b、n_s、n_d、n_n 为相应的设计系数。

由于分析设计中对容器重要区域的应力进行了严格而详细的计算，且在选材、制造和检验等方面也有更严格的要求，因而采取了比常规设计低的设计系数。TSG 21—2016《固定式压力容器安全技术监察规程》规定的设计系数为 $n_b \geqslant 2.4$、$n_s \geqslant 1.5$、$n_d \geqslant 1.5$、$n_n \geqslant 1.0$。

对于屈强比较大的材料，分析设计中的许用应力大于常规设计中的许用应力，这意味着采用分析设计可以适当减薄厚度、减轻重量。

5.3.2　极限分析

极限分析假定结构所用材料为理想弹塑性材料。在某一载荷作用下结构进入整体或局部区域的全域屈服后，变形将无限制增大，结构达到了它的极限承载能力，这种状态即为塑性失效的极限状态，这一载荷即为塑性失效时的极限载荷。下面以纯弯曲梁为例（图5-5）进行说明。

设有一矩形截面梁，宽度为 b，高为 h，受弯矩 M 作用，如图5-5所示。由材料力学可知，矩形截面梁在弹性情况下，截面应力呈线性分布，即上、下表面处应力最大，一边受

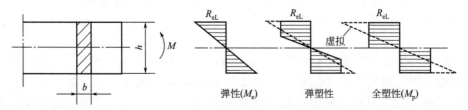

图 5-5　纯弯曲矩形截面梁的极限分析

拉，一边受压。最大应力为 $\sigma_{max}=\dfrac{6M}{bh^2}$。当 $\sigma_{max}=R_{eL}$，上、下表面屈服时梁达到了弹性失

效状态，对应的载荷为弹性失效载荷，即 $M_e=R_{eL}\dfrac{bh^2}{6}$。但从塑性失效观点看，此梁除上、

下表面材料屈服外，其余材料仍处于弹性状态，还可继续承载。随着载荷增大，梁内弹性区

减少，塑性区扩大，当达到全塑性状态时，由平衡关系可得极限载荷为 $M_p=R_{eL}\dfrac{bh^2}{4}$。显

然 $M_p=1.5M_e$，即塑性失效时的极限载荷为弹性失效时的载荷的 1.5 倍。若按弹性应力分

布，则极限载荷下的虚拟应力（图 5-5 中虚线）为

$$\sigma'_{max}=\frac{6M_p}{bh^2}=1.5R_{eL} \tag{5-6}$$

当截面达到塑性极限状态时，中性轴上、下各点应力全都达到受压和受拉的屈服极限，
截面两侧可以互相转动，从变形上看，如同出现一个铰，称为塑性铰。塑性铰与普通铰不
同，主要表现在以下几方面：

① 塑性铰是单向铰，只能向一个方向发生有限的转动；

② 塑性铰承受并传递极限弯矩 M_p；

③ 塑性铰不是一个铰点，而是具有一定的长度。

上面求的极限弯矩 M_p 是梁截面能承受的最大弯矩，由此确定梁能承受的极限载荷。

对于结构极限载荷，理论上按上限定理和下限定理来确定，而工程上通常采用非线性有
限元的方法进行分析，依据载荷-位移曲线确定极限载荷，文献中提出的方法较多，常见的
有 3 种，分别为两倍斜率法、双切线相交法、零曲率法。关于求解结构极限载荷过程，这里
不再细述。

5.3.3 安定性分析

如果一个结构经几次反复加载后，其变形趋于稳定，或者说不再出现渐增的塑性变形，
则认为此结构是安定的。丧失安定后的结构会在反复加载卸载中引起新的塑性变形，并可能
因塑性疲劳或大变形而发生破坏。

定义名义应力为不考虑材料屈服时应变所对应的弹性应力，以此表征所施加的载荷大
小。若名义应力超过材料屈服点，局部高应力区由塑性区和弹性区两部分组成。塑性区被弹
性区包围，弹性区力图使塑性区恢复原状，从而在塑性区中出现残余压缩应力。残余压缩应
力的大小与名义应力有关。设结构采用理想弹塑性材料制造，现根据虚拟应力 σ_1 的大小简
单分析结构处于安定状态的条件。

① $R_{eL}<\sigma_1<2R_{eL}$。当结构第一次加载时，塑性区中应力-应变关系按 OAB 线变化，名
义应力-应变线为 OAB'。卸载时，在周围弹性区的作用下，塑性区中的应力沿 BC 线下降，
且平行于 OA，如图 5-6(a) 所示。塑性区便存在了残余压缩应力 $E(\varepsilon_1-\varepsilon_s)$，即纵坐标上
的 OC 值。若载荷大小不变，则以后的加载、卸载循环中，应力将分别沿 CB、BC 线变化，
不会出现新的塑性变形，在新的状态下保持弹性行为，这时结构是安定的。

② $\sigma_1>2R_{eL}$。第一次加载时，塑性区中的应力-应变关系按 OAB 线变化，卸载时沿
BC 线下降，在 C 点发生反向压缩屈服而到达 D 点，如图 5-6(b) 所示。于是在以后的加
载、卸载循环中，应力将沿 $DEBCD$ 回线变化。如此多次循环，即反复出现拉伸屈服和
压缩屈服，将引起结构塑性疲劳或塑性变形逐次递增，从而导致破坏，这时结构是不安
定的。

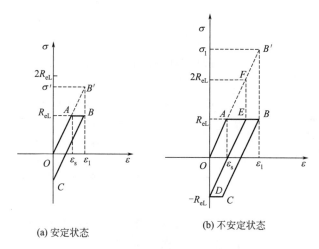

(a) 安定状态　　　　　　　(b) 不安定状态

图 5-6　安定性分析图

可见，保证结构安定的条件是 $\sigma_1 \leqslant 2R_{eL}$。

处于安定状态是保证压力容器安全运行所必需的，在压力容器建造和使用中也可以加以利用。例如，对于单层厚壁容器，工程上提高其承载能力的常见方法之一是自增强处理。自增强处理的原理是：将厚壁圆筒在使用之前进行加压处理，使其内压力超过初始屈服压力，筒壁内层材料发生塑性变形，而外层材料仍处于弹性状态，当压力卸除后，由于筒壁外层材料的弹性收缩，塑性区中形成残余压缩应力，弹性区中形成残余拉伸应力。自增强处理应保证经自增强处理后的厚壁容器在使用中处于安定状态，即不发生反向屈服，由此可以确定自增强压力。计算发现，使容器筒体在使用中处于安定状态的自增强压力刚好为初始屈服压力（弹性极限载荷）的两倍。

5.3.4　热应力棘轮边界

在容器的运行过程中，若在承受内压的同时还有温度的反复升降，则可能出现热应力反复变化，造成不断递增的塑性变形，这种现象通常称为热应力棘轮作用。在 GB/T 4732 及 ASME 的分析设计标准中所提出的热应力棘轮作用是根据 Bree 的热应力分析图获得的。1967 年 J. Bree 分析了一承受内压同时在壁厚上存在由于温度的反复变化作用而出现热应力的圆筒。当温度沿壁厚线性分布时，热应力也沿壁厚线性变化。内加热时，内壁受压，外壁受拉。这两种应力同时存在而热应力又反复周期改变，根据其应力大小，可能存在几种情况，如图 5-7 所示。图中横坐标为 α，纵坐标为 β，分别为

$$\alpha = \frac{\sigma_p}{R_{eL}}, \beta = \frac{\sigma_t}{R_{eL}} \tag{5-7}$$

式中，σ_p 为内压产生的拉应力，可由中径公式计算，即

$$\sigma_p = \frac{PD}{2\delta} \tag{5-8}$$

σ_t 为由温度差在壁内产生的最大热应力，可由下式计算

$$\sigma_t = \frac{E\alpha\Delta T}{2(1-\mu)} \tag{5-9}$$

式中，E 为材料的弹性模量；α 为材料的线膨胀系数；μ 为材料的泊松比；ΔT 为温度差。

在图 5-7 的 E 区域，圆筒完全处于弹性状态；在 S_1 区域内，圆筒的一侧弹性安定；在

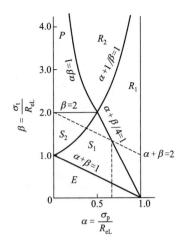

图 5-7 棘轮边界的确定

S_2 区域内，圆筒的两侧弹性安定；在 P 区域内，发生交替塑性变形，即塑性安定；在 R_1 区域内，壁厚的一侧发生渐增周期性塑性变形，即出现了热应力棘轮作用；在 R_2 区域内，使壁厚的两侧均发生渐增周期性塑性变形，即两侧均存在热应力棘轮作用。

所以在 R_1、R_2 两个区域中工作的圆筒都必须考虑热应力棘轮作用，从设计计算来说是不能允许在 R_1、R_2 两个区域内工作。考虑到分析设计原则，一次应力是控制在 $\frac{2}{3}\sigma_s$ 以内，而一次加二次应力的极限是控制在 $2\sigma_s$ 以内，如图 5-7 中虚线所示。

若考虑到沿圆筒壁厚的温度分布是二次曲线，则考虑热应力棘轮作用的范围为

$$0.615 < \alpha < 1.0, \beta = 5.2(1-\alpha) \tag{5-10}$$

对于 $\alpha \leqslant 0.615$ 时，其近似值为

α	0.3	0.4	0.5
β	4.65	3.55	2.70

Bree 图在推导过程中考虑的是一次薄膜应力和纯热弯曲应力相互作用。大多数国际规范都以 Bree 图为理论基础，但 Bree 推导的前提是仅考虑纯热弯曲应力，在使用规范方法去校核有热薄膜应力作用的工况出现了不保守的情况，因此，基于 Wolf Reinhardt（2008）的研究工作，ASME Ⅷ-2 在 2013 版的修订中已增加了对热薄膜应力的考虑和限制。

一些情况下，如只有压力载荷而无热载荷的情况下或只有内压和径向温度梯度的情况下，2013 版的方法会得出和之前版本完全一致的结果。

为研究热薄膜应力对热应力棘轮的影响，Wolf Reinhardt 采用非循环方法，该方法把元件的承载能力分解为一次应力和循环的二次应力两个部分。承载能力受限于循环屈服应力，那么增加循环二次应力就会相应减小元件对一次应力的承受能力，反之亦然。不出现棘轮的最大承载应该出现于沿壁厚的一次应力加循环的二次应力幅总计达到循环屈服应力。该方法的理念与弹性核的概念一致，他根据梁模型同时受到热薄膜和热弯曲应力作用时的五种分布情况，推导出了棘轮边界的表达式

$$x = \begin{cases} 1 - \dfrac{z}{2} & y+z \leqslant 2 \text{ 且 } z > y \\[2mm] 1 - \dfrac{y}{4} - \dfrac{z^2}{4y} & y+z \leqslant 2 \text{ 且 } z \leqslant y \\[2mm] \dfrac{\left[1 - \dfrac{1}{2}(y-z)\right]^2}{2y} & y+z \geqslant 2, |z-y| \leqslant 2 \text{ 且 } z \geqslant y \\[2mm] \dfrac{\left[1 - \dfrac{1}{2}(y-z)\right]^2}{2y} - \dfrac{(z-y)^2}{4y} & y+z \geqslant 2, |z-y| \leqslant 2 \text{ 且 } z \leqslant y \\[2mm] \dfrac{1}{y} & y+z \geqslant 2, |y-z| \geqslant 2 \text{ 且 } z \leqslant y \end{cases} \tag{5-11}$$

其中，$x = \dfrac{\sigma_{pm}}{R_{eL}}$，因一次薄膜应力 σ_{pm} 不能超过循环屈服强度，x 的范围为 $0 \sim 1$；

$y = \dfrac{\Delta\sigma_{sb}}{R_{eL}}$，因热弯曲应力范围 $\Delta\sigma_{sb}$ 不能超过 4 倍循环屈服强度，y 的范围为 $0 \sim 4$；

$z = \dfrac{\Delta\sigma_{sm}}{R_{eL}}$，因热薄膜应力范围 $\Delta\sigma_{sm}$ 不能超过 2 倍循环屈服强度，y 的范围为 $0 \sim 2$。

根据按式(5-11)中五个分段函数绘制三维曲面图，如图 5-8 所示。此曲面为一次薄膜应力、热薄膜应力和热弯曲应力共同作用下的热应力棘轮的边界。

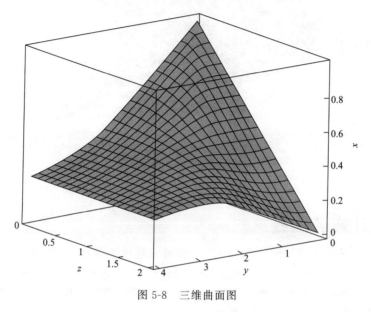

图 5-8 三维曲面图

图 5-8 为 Wolf Reinhardt 推导的同时承受一次薄膜应力和循环的热薄膜和弯曲应力时的棘轮边界三维曲面图，$z = 0$（热薄膜应力为零）的切面即为 Bree 图中的棘轮边界。显然，Bree 图是热薄膜应力为零时的一个特例。当热薄膜应力不为零时，如果仍然用 Bree 法来校核，相当于把 Bree 棘轮边界（线）沿 z 轴延伸成面，如图 5-9 中黑色网格线所示。显然，随着 z 的增大，即随着热薄膜应力的增大，Bree 法出现了越来越大的不保守性，偏离真实棘轮边界差距越来越大。对热薄膜应力的限制可以由 $y = 0$（热弯曲应力为零）切面内的棘轮边界（线）沿 y 轴延伸而生成，如图 5-9 中淡灰色网格线所示。可以看出，仅仅靠此平面来限制棘轮也是不可能的，因为随着 y 增大（热弯曲应力增大），该平面出现了不保守的情况，并逐渐远离真实棘轮边界。

真实的棘轮边界由五个函数控制，对于工程应用过于复杂，需要进行合理的近似和简化。因此，通过同时满足"Bree 棘轮边界线延伸面"和"热弯曲应力为零时的棘轮边界线的延伸面"，即可保守地满足真实棘轮边界，如图 5-9 所示。

图 5-9 中两个近似的保守边界面用公式表示即为

$$x \leqslant \min\left\{ \begin{cases} 1 - \dfrac{y}{4}, y \leqslant 2 \\[2mm] \dfrac{1}{y}, y > 2 \end{cases} ; 1 - \dfrac{z}{2} \right\} \tag{5-12}$$

此即为 ASME Ⅷ-2（2013 版及以后版本）及新版分析设计标准中热应力棘轮评定的理论基础。

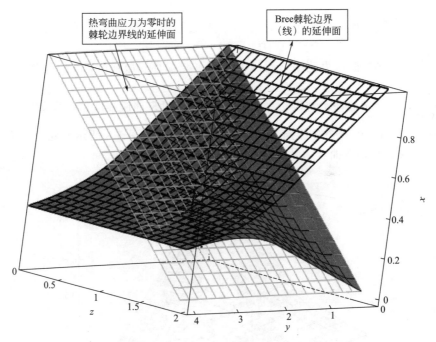

图 5-9　通过两个简单的边界面来保守地保证真实棘轮边界

5.3.5　设计疲劳曲线

　　在石油化工和其他工业领域，许多压力容器要承受交变载荷，例如频繁地开、停车以及压力波动、温度变化等，使得容器中应力随时间呈周期性变化（即交变应力）。生产规模的大型化和高参数（高压、高温、低温）也使得高强度材料广泛应用于压力容器。这些因素的组合造成了压力容器发生疲劳失效的事故增加。

　　容器发生疲劳失效时一般没有明显的塑性变形，它总是起源于局部高应力区。当局部高应力区中的应力超过材料的屈服点时，在载荷反复作用下，微裂纹于滑移带或晶界处形成，这种微裂纹不断扩展，形成宏观疲劳裂纹并贯穿容器厚度，导致容器发生疲劳失效。疲劳分析设计目的就是要保证这些容器在有效的使用期内不发生疲劳失效。

　　对于图 5-10 所示的交变应力，可以用最大应力 σ_{max}、最小应力 σ_{min}、平均应力 σ_m、交变应力幅 σ_a 及应力比 R 等特征参量表示，它们之间的相互关系为 $\sigma_m = \frac{1}{2}(\sigma_{max} + \sigma_{min})$、$\sigma_a = \frac{1}{2}(\sigma_{max} - \sigma_{min})$、$\sigma_{max} = \sigma_m + \sigma_a$、$R = \sigma_{min}/\sigma_{max}$。当 $R = -1$，即 $\sigma_m = 0$ 时为对称循环；当 $R = 0$，即 $\sigma_{min} = 0$ 时为脉动循环；而 $R = +1$，即 $\sigma_{min} = \sigma_{max}$ 时是静载。

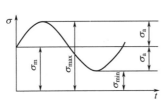

图 5-10　应力循环曲线

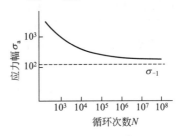

图 5-11　疲劳应力循环次数曲线

疲劳可分为高周疲劳和低周疲劳两类。一般在使用期内，应力循环次数超过 10^5 的称为高周疲劳，循环次数在 $10^2 \sim 10^5$ 范围内的称为低周疲劳。对于一般压力容器，应力循环次数很少有超过 10^5 的，多属于低周疲劳的范围。

（1）疲劳计算曲线

描述疲劳破坏前交变应力循环次数 N 与交变应力幅 σ_a 大小关系的曲线称为材料的疲劳曲线。对于高周疲劳，材料的疲劳曲线是采用标准光滑圆截面试样在对称循环下试验测得的，如图 5-11 所示。由图可见，当 σ_a 低到一定的数值时曲线趋向于一水平渐近线，表示在该应力幅下材料经无限次循环也不发生疲劳破坏。通常，将与此渐近线对应的应力幅称为材料的疲劳极限 σ_{-1}。σ_{-1} 是金属力学性能之一，常用于构件的高周疲劳设计，其值一般为抗拉强度 R_m 的一半左右。

在疲劳试验中，当应力超过材料的屈服点时，如果仍采用应力作为控制变量，发现试验所得数据非常分散，这是由于材料屈服后呈现的塑性不稳定状态导致的。若改用应变作为控制变量，所得的数据有明显的规律性，而且可靠。因此，在低周疲劳试验中是以应变作为控制变量，但为了和高周疲劳曲线中纵坐标表示的应力幅一致，在整理数据时，将应变按弹性规律转化为应力幅，由此提出了虚拟应力幅 S 的概念。虚拟应力幅 S 等于材料弹性模量 E 与真实总应变幅 $\varepsilon_t/2$ 的乘积，即

$$S = \frac{1}{2}E\varepsilon_t \tag{5-13}$$

由于疲劳试验费时耗资，低周疲劳试验数据相对较少。不过其疲劳曲线可根据材料的持久极限及其他力学性能进行计算。Coffin 指出，当温度低于蠕变温度时，许多材料在低循环区域中的塑性应变 ε_p 与循环次数 N 之间的关系为

$$\sqrt{N}\varepsilon_p = C \tag{5-14}$$

式中，常数 C 为材料拉伸试验中断裂时的真实应变的一半，即 $C = \frac{1}{2}\varepsilon_f$。利用塑性变形时体积不变的规律，可以推导出 ε_f 与断裂时的断面收缩率 ψ 的关系为

$$\varepsilon_f = \ln\frac{100}{100-\psi}$$

于是

$$C = \frac{1}{2}\ln\frac{100}{100-\psi} \tag{5-15}$$

另外，疲劳试验中的总应变 ε_t 应为塑性应变 ε_p 与弹性应变 ε_e 之和

$$\varepsilon_t = \varepsilon_p + \varepsilon_e$$

将总应变 ε_t 代入式（5-13）得

$$S = \frac{1}{2}E\varepsilon_t = \frac{1}{2}E\varepsilon_p + \frac{1}{2}E\varepsilon_e$$

对应于弹性应变 ε_e 的交变应力幅为

$$\sigma_a = \frac{1}{2}E\varepsilon_e$$

所以

$$S = \frac{1}{2}E\varepsilon_p + \sigma_a \tag{5-16}$$

由式（5-14）知 $\varepsilon_p = \dfrac{C}{\sqrt{N}}$，并与式（5-15）一起代入式（5-16）得

$$S = \frac{E}{4\sqrt{N}}\ln\frac{100}{100-\psi} + \sigma_a$$

上式表达了疲劳中虚拟应力幅 S 与疲劳寿命 N 之间的关系。当 $N \to \infty$ 时为高周疲劳问题，此时 $S = \sigma_{-1}$。于是上式变为

$$S = \frac{E}{4\sqrt{N}} \ln \frac{100}{100-\psi} + \sigma_{-1} \tag{5-17}$$

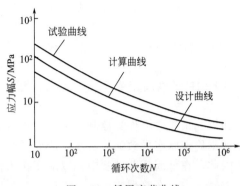

图 5-12　低周疲劳曲线

按此方程所绘制的 S-N 曲线即为低周疲劳的计算曲线，如图 5-12 所示，它与试验曲线很接近。应注意的是，如式(5-13) 所示，虚拟应力幅 S 是虚拟疲劳应力变化范围的一半，即交变应力幅。

（2）平均应力对疲劳寿命的影响

疲劳试验曲线或计算曲线是在平均应力为零的对称应力循环下绘制的，但压力容器往往是在非对称应力循环下工作的。例如，内压容器的开、停工操作实际上是 $\sigma_{\min} = 0$、$\sigma_m = \dfrac{\sigma_{\max}}{2}$

的脉动循环，因此，要将疲劳试验曲线或计算曲线转化为可用于工程应用的设计疲劳曲线，除了要取一定的设计系数外，还必须考虑平均应力的影响。

试验表明，平均应力增加时，在同一循环次数下结构发生破坏的交变应力幅下降，也就是说，在非对称循环的交变应力作用下，平均应力增加将会使疲劳寿命下降。关于同一疲劳寿命下平均应力与交变应力幅之间关系的描述有多种形式，最简单的是 Goodman 提出的方程

$$\frac{\sigma_a}{\sigma_{-1}} + \frac{\sigma_m}{R_m} = 1 \tag{5-18}$$

上式在横坐标为 σ_m、纵坐标为 σ_a 的坐标系中为一直线，如图 5-13 中 AB 所示。当平均应力 $\sigma_m = 0$ 或交变应力幅 σ_a 等于持久极限 σ_{-1} 时，为对称的高循环疲劳失效；当平均应力 σ_m 等于抗拉强度 R_m 或交变应力幅 $\sigma_a = 0$ 时，为静载失效。而 Goodman 线代表了不同平均应力时的失效情况，显然，σ_m 越大，σ_a 越小。当（σ_m，σ_a）点落到直线以上时发生疲劳破坏，而在直线以下则不发生疲劳破坏。为了比较，图中还画了 CD 线，它的两端均为屈服强度 R_{eL}，当最大应力等于屈服强度（即 $\sigma_{\max} = \sigma_m + \sigma_a = R_{eL}$）时就位于 CD 线上，所以它是材料不发生屈服的上限线。可以看到，在 $\triangle BED$ 内，交变应力幅较小，此时，虽然最大应力超过屈服强度，也不发生疲劳破坏；而在 $\triangle AEC$ 内，交变应力幅较大，此时即使最大应力低于屈服强度，也会发生疲劳破坏。

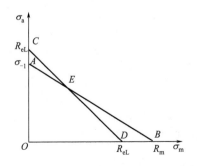

图 5-13　平均应力的影响——Goodman 直线

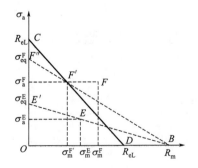

图 5-14　平均应力的调整

（3）平均应力调整以及当量交变应力幅的求法

在低周疲劳中，最大应力（$\sigma_{max}=\sigma_m+\sigma_a$）往往大于材料的屈服点，此时平均应力在循环过程中可能会发生调整。另外，为了计及平均应力对疲劳寿命的影响，需要将相应的交变应力幅根据等寿命原则按式(5-18)折算成相当于平均应力为零的一个当量交变应力幅。下面根据最大应力的大小分三种情况进行分析。

① $\sigma_a+\sigma_m \leqslant R_{eL}$。在图 5-14 中 CD 线以下的任一点均符合此情况，此时不论平均应力多大，在应力循环中，σ_a、σ_m 等各种参量不发生任何变化。现以图 5-14 中 E （σ_m^E, σ_a^E）点为例，对交变应力幅 σ_a^E 进行修正，即求 $\sigma_m=0$ 时的当量交变应力幅 σ_{eq}^E。从横坐标上的 B 点引一直线通过 E 点并与纵坐标相交，交点的纵坐标即为所求的当量交变应力幅 σ_{eq}^E。按几何关系有 $\dfrac{\sigma_{eq}^E}{\sigma_a^E}=\dfrac{R_m}{R_m-\sigma_m^E}$，所以

$$\sigma_{eq}^E=\frac{\sigma_a^E}{1-\sigma_m^E/R_m} \tag{5-19}$$

② $R_{eL}<\sigma_a+\sigma_m<2R_{eL}$。假设材料为理想弹塑性，初次加载时，应力、应变沿图 5-15 中 OAB 变化，卸载时沿 BC 变化。在随后的载荷循环中，应力-应变的变化关系就保持在 BC 线所示的弹性状态。此时 $\sigma'_{min}=-(\sigma_{max}-R_{eL})$，$\sigma'_{max}=R_{eL}$。于是，交变应力幅 $\sigma'_a=\dfrac{\sigma'_{max}-\sigma'_{min}}{2}=\dfrac{\sigma_{max}}{2}$，平均应力 $\sigma'_m=\dfrac{\sigma'_{max}+\sigma'_{min}}{2}=R_{eL}-\sigma_a$。可见，交变应力幅未改变，但平均应力降低了。因此，当 $R_{eL}<\sigma_a+\sigma_m<2R_{eL}$ 时，平均应力对疲劳寿命的影响将会减小。现以图 5-14 中 $F(\sigma_m^F$, $\sigma_a^F)$ 点为例，求当量交变应力幅 σ_{eq}^F。由于 $\sigma_{max}^F=\sigma_m^F+\sigma_a^F>R_{eL}$，所以 F 点在 CD 线之外。F' 为纵坐标与 F 点相同但落在 CD 线上的点，其横坐标为 $\sigma_m^{F'}=R_{eL}-\sigma_a^F$，所以 F' 就是 F 点在平均应力调整后的位置。从横坐标上的 B 点，引一直线通过 F' 点并与纵坐标相交，交点的纵坐标即为对交变应力幅 σ_a^F 进行修正后的当量交变应力幅 σ_{eq}^F，按几何关系可得

$$\sigma_{eq}^F=\frac{\sigma_a^F}{1-(R_{eL}-\sigma_a^F)/R_m} \tag{5-20}$$

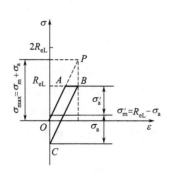

图 5-15 应力-应变关系的调整（一）

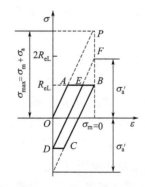

图 5-16 应力-应变关系的调整（二）

③ $\sigma_a+\sigma_m \geqslant 2R_{eL}$。此时的应力-应变关系如图 5-16 所示，第一个循环沿 OAB 加载，其

卸载以及随后的循环沿平行四边形 $BCDE$ 变化，即在每次循环中均不断发生拉伸与压缩屈服。因此，调整后的平均应力为 $\sigma_m = \dfrac{R_{eL} - R_{eL}}{2} = 0$，这表示当 $\sigma_a + \sigma_m \geqslant 2R_{eL}$ 时，平均应力自行调整为零，因此，无需对交变应力幅进行修正。

（4）低周疲劳曲线的修正

由前面的分析可以看出，由于平均应力影响疲劳寿命，对于给定的循环次数，平均应力为零的许用交变应力幅应大于或等于有拉伸平均应力的许用交变应力幅。因此，在有平均应力的情况下，若仍利用平均应力为零的 S-N 疲劳曲线来进行工程设计，就应该根据平均应力大小对该疲劳曲线进行修正。然而，由式(5-20)可知，对应于任何一个当量交变应力幅都可以有无数个平均应力和交变应力幅的组合，要找出每一个组合中的交变应力幅是不现实的。工程上既方便又安全的做法是找出最大平均应力所对应的交变应力幅，或者说找出一个最小的交变应力幅 S，并以此对平均应力为零的 S-N 疲劳曲线进行修正。由于这个过程实际上是上述求当量交变应力幅的逆过程，因此仍可用图 5-14 进行分析。根据前面的分析，有相同当量交变应力幅 σ_{eq}^{F} 的点均落在线段 $F''F'$ 和线段 $F'F$ 及 $F'F$ 向右的延长线上，显然，最小的交变应力幅是 σ_a^{F}，它是落在 CD 线上 F' 点的纵坐标，由前面的分析可知，横坐标 $\sigma_m^{F'}$ 为对应于当量交变应力幅 σ_{eq}^{F} 的最大平均应力。由几何关系可得

$$\sigma_a^{F} = \sigma_{eq}^{F} \left(\frac{R_m - R_{eL}}{R_m - \sigma_{eq}^{F}} \right) \tag{5-21}$$

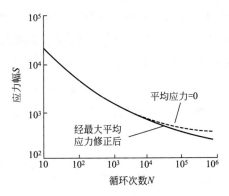

图 5-17　经平均应力修正后的疲劳曲线

将 σ_{eq}^{F} 换为 S-N 疲劳曲线中的交变应力幅 S，σ_a^{F} 即为经平均应力修正后的疲劳曲线中的交变应力幅（标准称为许用应力幅 S_a）。图 5-17 给出了经平均应力修正后的疲劳曲线。在曲线左半部分，因为 $\sigma_{max} \geqslant 2R_{eL}$，所以无须修正。

（5）设计疲劳曲线

经平均应力修正后的疲劳曲线即为设计疲劳曲线。我国分析设计标准提供了使用温度不超过 371℃、循环次数在 $10 \sim 10^7$ 之间、抗拉强度在 540MPa 以下及 793~892MPa 之间的两类碳素钢、低合金钢的设计疲劳曲线（如图 5-18 和图 5-19 所示），还提供了温度不超过 427℃、循环次数在 $10\sim10^{11}$ 之间的奥氏体不锈钢的设计疲劳曲线（如图 5-20 所示）。这些设计疲劳曲线均根据以应变为控制变量的低循环疲劳试验曲线而得，既考虑了最大平均应力的影响，又考虑了一定的设计系数。由于疲劳数据的分散性大，因此取较大的设计系数。在 ASME 及我国的标准中，应力幅的设计系数为 2，疲劳寿命的设计系数为 20，其中疲劳寿命的设计系数为三项分系数的乘积：数据分散度 2×尺寸因素 2.5×表面粗糙度及环境因素 4。

设计疲劳曲线已经考虑了最大平均应力的影响，因此采用此曲线进行结构疲劳强度校核时可不考虑静载荷的作用。

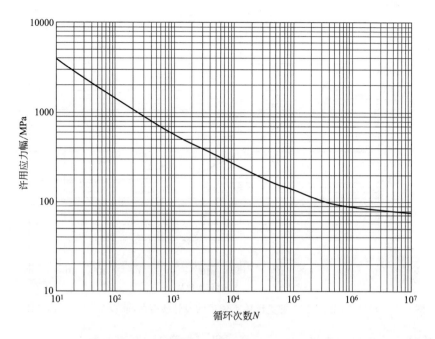

图 5-18 $R_m \leqslant 540MPa$，温度不超过 371℃ 的碳钢、
低合金钢的设计疲劳曲线（$E_c = 210 \times 10^3 MPa$）

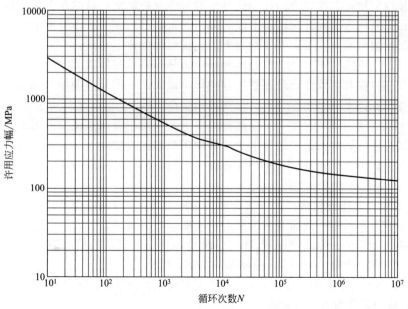

图 5-19 793MPa$\leqslant R_m \leqslant$892MPa，温度不超过 371℃ 的碳钢、
低合金钢的设计疲劳曲线（$E_c = 210 \times 10^3 MPa$）

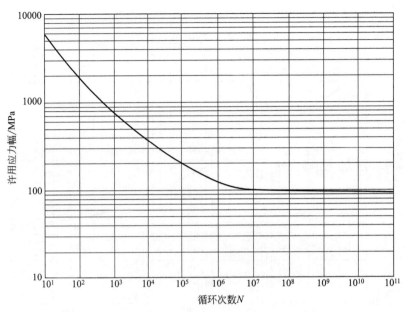

图 5-20　温度不超过 427℃ 的奥氏体不锈钢的设计疲劳曲线（$E_c = 195 \times 10^3$ MPa）

5.4　应力评定原则

因各类应力对容器危害程度不同，所以对它们的限制条件也各不相同，不采用统一的许用极限。在分析设计中，一次应力的许用值是由极限分析确定，主要目的是防止过度弹性、塑性变形或弹性失稳；二次应力的许用值是由安定性分析确定，目的在于防止塑性疲劳或过度塑性变形；而峰值应力的许用值是由疲劳分析确定，目的在于防止由大小和（或）方向改变的载荷引起的疲劳破坏。下面具体给出五类当量应力的评定原则。

① 一次总体薄膜当量应力 S_{I}。总体薄膜应力是容器承受外载荷的应力成分，在容器的整体范围内存在，没有自限性，对容器失效的影响最大。一次总体薄膜当量应力 S_{I} 的许用值是以极限分析原理来确定的。一次总体薄膜当量应力 S_{I} 的限制条件为 $S_{\mathrm{I}} \leqslant S_{\mathrm{m}}^{\mathrm{t}}$。

② 一次局部薄膜当量应力 S_{II}。局部薄膜应力是相对于总体薄膜应力而言，它的影响仅限于结构局部区域，同时，由于包含了边缘效应所引起的薄膜应力，它还具有二次应力的性质。因此，在设计中允许它有比一次总体薄膜应力高、但比二次应力低的许用值。一次局部薄膜当量应力 S_{II} 的限制条件为 $S_{\mathrm{II}} \leqslant S_{\mathrm{PL}}$。

③ 一次薄膜（总体或局部）加一次弯曲当量应力 S_{III}。弯曲应力沿厚度呈线性变化，其危害性比薄膜应力小。矩形截面梁的极限分析表明，在极限状态时，拉弯组合应力的上限是材料屈服强度的 1.5 倍。因此，在 S_{I} 和 S_{II} 满足各自强度条件的前提下，一次薄膜（总体或局部）加一次弯曲当量应力 S_{III} 的限制条件为 $S_{\mathrm{III}} \leqslant S_{\mathrm{PL}}$。

④ 一次加二次应力范围的当量应力 S_{IV}。根据安定性分析确定一次加二次应力范围的当量应力 S_{IV} 的限制条件为 $S_{\mathrm{IV}} \leqslant S_{\mathrm{PS}}$。

需要注意，结构安定性的限制条件源于加、卸载循环的应力范围，许用应力 $S_{\mathrm{m}}^{\mathrm{t}}$ 应取操作循环中最高与最低温度下材料 $S_{\mathrm{m}}^{\mathrm{t}}$ 的平均值。计算一次加二次当量应力的变化范围时，应该考虑不同范围的操作循环的重叠，因为叠加以后的 $\Delta S_{\mathrm{n},k}$ 可能超过任一单独循环的范围。

⑤ 总应力（一次加二次加峰值）范围的当量应力 S_V。由于峰值应力同时具有自限性与局部性，它不会引起明显的变形，其危害性在于可能导致疲劳失效或脆性断裂。按疲劳失效设计准则，总应力幅的当量应力应根据疲劳设计曲线得到的应力幅 S_a 进行评定，即 $S_{alt} \leqslant S_a$。

表 5-5 总结了各当量应力的限制条件。

表 5-5　应力分类及 S_{I}、S_{II}、S_{III}、S_{IV}、S_V 的许用极限

应力种类	一次应力			二次应力	峰值应力
	总体薄膜	局部薄膜	弯曲		
典型结构的应力分类实例见表 4-3	沿实心截面的平均一次应力。不包括不连续和应力集中。仅由机械载荷引起	沿任意实心截面的平均应力。包括不连续但不包括应力集中。仅由机械载荷引起	和离实心截面形心的距离成正比的一次应力分量,不包括不连续和应力集中,仅由机械载荷引起	满足结构连续所需要的自平衡应力。发生在结构的不连续处,可由机械载荷或热膨胀差引起。不包括局部应力集中	① 因应力集中(缺口)而加到一次或二次应力上的增量。② 能引起疲劳但不引起容器形状变化的某些热应力
符号	P_m	P_L	P_b	Q	F
许用极限					

在应力分类及应力分量的计算中，对于二次应力，无须区分薄膜成分及弯曲成分，因为二者许用值相同。如果设计载荷与工作载荷不相同，计算 S_{IV} 和 S_V 时应采用工作载荷。当然，若采用设计载荷计算 S_{IV} 和 S_V，可降低计算工作量，结果也是偏于保守的，但可能会提高容器重量。

对于采用应力分类法设计的容器，试验时容器任何点上的压力（包括静压头）超过规定的试验压力的 6% 时，应按表 5-6 校核各承压元件在试验条件下的当量应力 S_{I} 和 S_{III}。

表 5-6　耐压试验下的应力校核

项目	S_{I}	S_{III}	
		当 $S_{I} \leqslant \frac{2}{3}R$ 时	当 $S_{I} > \frac{2}{3}R$ 时
液压试验	$\leqslant 0.9R$	$\leqslant 1.35R$	$\leqslant 2.35R - 1.5S_{I}$
气压、气液组合压力试验	$\leqslant 0.8R$	$\leqslant 1.2R$	$\leqslant 2.2R - 1.5S_{I}$

注：表中 R 代表 $R_{eL}(R_{p0.2})$。

5.5 基于失效模式的应力评定

5.5.1 塑性垮塌评定

为防止塑性垮塌失效，根据设计载荷组合分别计算各类当量应力，当 S_{I}、S_{II} 和 S_{III} 同时满足下列许用极限时，评定合格。

① 一次总体薄膜当量应力 S_{I} 的许用极限为设计温度下材料的许用应力 S_{m}^{t}；

② 一次局部薄膜当量应力 S_{II} 的许用极限为 S_{PL}；

③ 一次薄膜（总体或局部）加一次弯曲当量应力 S_{III} 的许用极限为 S_{PL}。

S_{II} 和 S_{III} 的许用极限 S_{PL} 取以下计算值：

① 当设计温度下材料的屈服强度 R_{eL}^{t} 与标准抗拉强度下限 R_{m} 的比值 >0.7，或奥氏体高合金钢提高了许用应力，或材料的许用应力 S_{m}^{t} 与时间相关时，取设计温度下材料许用应力 S_{m}^{t} 的 1.5 倍；

② 其他情况下取设计温度下材料的屈服强度 R_{eL}^{t}。

当难以区分一次应力和二次应力时，可保守地将二次应力归入一次应力处理，更好的处理方法是采用较为精确的弹塑性分析法。

5.5.2 局部过度应变评定

对于结构的局部不连续地区，有可能引起同号的三向应力，而按第四强度理论的当量应力计算式，在三向拉伸应力相等时，当量应力为零，表示结构不可能失效，这显然不符合实际情况。为此，除防止塑性垮塌外，为防止局部过度应变失效，对元件中可能发生局部失效的点，一次应力的三个主应力的代数和应不超过设计温度下材料许用应力的 4 倍，即

$$(\sigma_1 + \sigma_2 + \sigma_3) \leqslant 4S_{\text{m}}^{\text{t}} \tag{5-22}$$

不过，如受压元件的载荷条件和结构细节等均符合分析设计标准公式法的要求，则无须进行局部过度应变评定。

5.5.3 棘轮评定

为防止棘轮失效，应对所有操作载荷循环进行棘轮评定。如满足 5.5.3.1 或 5.5.3.2 的要求，则棘轮评定合格。

5.5.3.1 弹性分析

对于各种不同循环，由工作载荷和热载荷引起的包括总体结构不连续、但不包括局部结构不连续的应力分量 $P_{\text{L}} + P_{\text{b}} + Q$，按以下两个公式计算其一次加二次应力范围的当量应力 S_{IV}。

$$S_{\text{IV}} = \frac{1}{\sqrt{2}} \left[(\Delta\sigma_{11} - \Delta\sigma_{22})^2 + (\Delta\sigma_{22} - \Delta\sigma_{33})^2 + (\Delta\sigma_{33} - \Delta\sigma_{11})^2 \right]^{0.5} \tag{5-23}$$

$$\Delta\sigma_{ij} = {}^{\text{m}}\sigma_{ij} - {}^{\text{n}}\sigma_{ij} \tag{5-24}$$

式中 ${}^{\text{m}}\sigma_{ij}$——循环起始时 6 个应力分量，i、$j = 1, 2, 3$，MPa；

${}^{\text{n}}\sigma_{ij}$——循环终止时 6 个应力分量，i、$j = 1, 2, 3$，MPa。

为防止交替塑性变形失效，限制一次加二次应力范围的当量应力 S_{IV} 不得超过其许用极限 S_{PS}，即

$$S_{\text{IV}} \leqslant S_{\text{PS}} \tag{5-25}$$

① $S_Ⅳ$ 是由规定的操作压力、其他规定的机械载荷及总体热效应所引起的一次总体或局部薄膜应力加一次弯曲应力加二次应力范围（P_L+P_b+Q）组合得到的当量应力，是沿横截面厚度应力最大值，应包括总体结构不连续效应，但不包括局部结构不连续（应力集中）效应。

② 在确定 $S_Ⅳ$ 的许用极限 S_{PS} 时，应考虑循环重叠作用时的应力范围可能大于任一单独循环时的应力范围。在这种情况下，由于每个循环的温度极值可能不同，许用极限 S_{PS} 的值也可能不同，因此，应根据循环组合的具体情况确定适用的 S_{PS} 值。

③ 许用极限 S_{PS} 取以下计算值：

a. 当材料的屈服强度 R_{eL}^t 与标准抗拉强度下限值 R_m 的比值＞0.7，或奥氏体高合金钢提高了许用应力，或材料的许用应力 S_m^t 与时间相关时，取循环中最高和最低操作温度下材料许用应力 S_m^t 平均值的 3 倍；

b. 其他情况下取循环中最高和最低温度下材料屈服强度 R_{eL}^t 平均值的 2 倍。

5.5.3.2 简化的弹塑性分析

若满足以下全部要求，一次加二次应力范围的当量应力 $S_Ⅳ$ 允许超出其许用极限 S_{PS}：

① 不计入热应力的一次加二次应力范围的当量应力 $S_Ⅳ$ 小于 S_{PS}；

② 材料的屈服强度 R_{eL} 与标准抗拉强度下限 R_m 的比值应小于等于 0.8；

③ 正常操作期间的最高温度下材料的许用应力应与时间无关；

④ 疲劳分析不能免除，疲劳分析中需考虑的疲劳损失系数 $K_{e,k}$ 按式(5-39)确定；

⑤ 应满足热应力棘轮评定的要求，即不出现热应力棘轮。

5.5.3.3 热应力棘轮的评定

当循环的二次热应力与内压和其他机械载荷引起的一次总体或局部薄膜应力共同作用时，应进行热应力棘轮评定。为防止棘轮发生，二次当量热应力范围的许用极限按以下方法确定。以下步骤只适用于二次应力（如热应力）范围呈线性或抛物线分布的情况。

① 确定在循环的平均温度下一次薄膜当量应力和材料屈服强度的比值 X

$$X=S_Ⅰ(\text{或} S_Ⅱ)/R_{eL}^t \tag{5-26}$$

② 采用弹性分析方法，计算二次薄膜当量热应力范围 ΔQ_m；

③ 采用弹性分析方法，计算二次薄膜加弯曲当量热应力范围 ΔQ_{mb}；

④ 确定二次薄膜加弯曲当量热应力范围的许用极限 $S_{Q_{mb}}$；

a. 当二次当量热应力范围沿壁厚是线性变化时

$$\begin{cases} S_{Q_{mb}}=R_{eL}^t(1/X) & 0<X<0.5 \\ S_{Q_{mb}}=4.0R_{eL}^t(1-X) & 0.5\leqslant X\leqslant1.0 \end{cases} \tag{5-27}$$

b. 当二次当量热应力范围沿壁厚按抛物线单调增加或减小时

$$\begin{cases} S_{Q_{mb}}=R_{eL}^t[1/(0.1224+0.9944X^2)] & 0<X<0.615 \\ S_{Q_{mb}}=5.2R_{eL}^t(1-X) & 0.615\leqslant X\leqslant1.0 \end{cases} \tag{5-28}$$

⑤ 确定二次薄膜当量热应力范围的许用极限 S_{Q_m}

$$S_{Q_m}=2.0R_{eL}^t(1-X) \qquad 0<X<1.0 \tag{5-29}$$

⑥ 为防止棘轮现象，应满足以下两个要求

$$\Delta Q_m\leqslant S_{Q_m} \tag{5-30}$$

$$\Delta Q_{mb}\leqslant S_{Q_{mb}} \tag{5-31}$$

5.5.4 疲劳评定

疲劳评定针对的是一次应力加二次应力加峰值应力组成的总应力范围的当量应力，其目的是防止结构在循环载荷和循环次数作用下出现疲劳失效。当加载历史中包含多个循环或循环不规则时，应制定载荷直方图。当容器的使用条件不满足疲劳分析免除准则时，应进行疲劳失效模式的分析和评定。

5.5.4.1 疲劳分析免除准则

压力容器的疲劳分析在设计过程中颇为费时费力，且不是所有承受疲劳载荷作用的容器都要进行疲劳分析，标准规定当满足一定的疲劳分析豁免条件时，可不做疲劳分析。

疲劳分析免除准则是基于以下考虑：当载荷循环的次数不多，或者受压元件在交变载荷作用下的应力水平不高时，若满足一定的条件，就能满足疲劳强度的限制条件，也就不必再进行疲劳分析。

判断容器是否需做疲劳分析，有三种疲劳分析免除准则：一是基于使用经验的疲劳分析免除准则，如果所设计的容器与已有成功使用经验的容器具有可类比的形状与载荷条件，可根据其运行经验免除疲劳分析。二是依据疲劳分析免除准则一，该免除准则针对 $N \leqslant 10^5$、$10^5 < N \leqslant 10^6$、$10^6 < N \leqslant 10^7$ 三种情况分别设置了不同的压力波动范围百分比，是以各种载荷变化的总有效循环次数 N 为判据。三是依据疲劳分析免除准则二，该免除准则是以各种载荷的应力波动范围是否超过疲劳设计曲线的许用范围作为判据。疲劳分析免除准则一和疲劳分析免除准则二是以光滑试件试验得出的疲劳曲线作为基础的，又分别按整体结构和非整体结构给出成形封头过渡区的连接件和接管、其他部件的免除准则。

免除准则一和准则二的确定步骤见分析设计标准。为适用高周疲劳的应用，对某些步骤修改后疲劳分析免除准则中的循环次数可扩展到 10^7。

随着材料设计系数的降低以及设计疲劳曲线的更新，许用循环次数和材料的最小拉伸强度 R_m 是相互关联的，必要时，可以降低其中的一个或两个，以保证结果的安全性和可靠性。接下来介绍疲劳分析免除准则的原理。

（1）疲劳分析免除准则的假设

疲劳分析免除准则成立是有前提条件的，在制定免除条款时，有如下基本假设：

① 结构满足安定性条件，即 $P_m(P_L) + P_b + Q \leqslant 3S$；

② 几何结构所引起的最大应力集中系数为 2.0；

③ 在 $P_m(P_L) + P_b + Q = 3S$ 的点处，应力集中系数可以达到 2.0；

④ 将所有交变应力当量幅超过材料持久极限的循环均视为有效循环，计入免除所考虑的循环；

⑤ 由显著的压力循环与温度循环所产生的最大应力不会同时发生；

⑥ 由两点间的温度 ΔT 而产生的温差应力不超过 $2E\alpha\Delta T$。

为了保证容器的安全，上述假设条件在执行疲劳免除时必须满足。

需要说明的是，设计疲劳曲线是以包含峰值应力在内的总交变当量应力幅为基础的，当循环次数较少时，可不考虑峰值应力，而只用 $P_m(P_L) + P_b + Q \leqslant 3S$ 来保证结构的抗疲劳性能，故一般将 $S_N = 3S$ 对应的许用循环次数作为判断是否考虑峰值应力进行疲劳分析的临界循环次数。由于各国标准规范采用的设计系数不同，根据上述假设条件得出的临界循环次数也不同。

最大应力集中系数取 2.0 是为了保证容器的几何不连续所产生的峰值应力不致过大，同时确保容器设计满足分析设计规范对结构和制造的一系列要求。

另外，疲劳分析免除准则条款的成立是以所使用的材料皆为韧性良好的钢材为前提。设计疲劳曲线在制定时采用最大平均应力做修正，采用较大的设计系数，且曲线为下包络线，这使得设计疲劳曲线偏于保守。

（2）疲劳分析免除准则的计算过程

以 $R_\mathrm{m} \leqslant 540\mathrm{MPa}$，温度不超过 371℃ 的碳钢、低合金钢的设计疲劳曲线（$E_\mathrm{t} = 210 \times 10^3\mathrm{MPa}$）为例来说明疲劳分析免除准则条款的确定过程。

针对不同的循环次数 $N = 10^5$、10^6、10^7，在设计疲劳曲线上对应的应力幅值如图 5-21 所示。

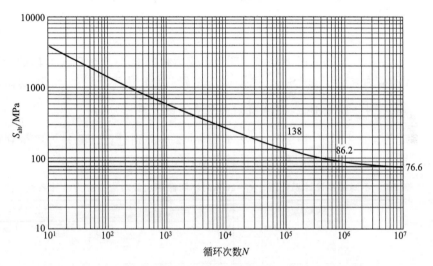

图 5-21　设计疲劳曲线中特定循环次数对应的应力幅值

取材料的抗拉强度：540MPa。

抗拉强度设计系数为 n。

安定极限 $3S$，$S = \dfrac{540}{n}$，单位 MPa。

安定极限状态下的最大应力幅为 S_alt，单位 MPa；取应力集中系数为 2.0。注意：与 3S 对应的是一次加二次应力范围，仅含薄膜加弯曲部分，不含应力集中

$$S_\mathrm{alt} = \frac{1}{2} \times 2 \times 3S = 3S = \frac{540 \times 3}{n} \tag{5-32}$$

疲劳曲线查得的许用应力幅为 S_as。

疲劳免除允许的波动百分比 x 可表示为

$$x = \frac{S_\mathrm{as}}{S_\mathrm{alt}} = \frac{nS_\mathrm{as}}{540 \times 3} = \frac{nS_\mathrm{as}}{1620} \tag{5-33}$$

反过来，若先确定设计系数 n 和允许压力波动百分比 x，则对应的应力幅值为

$$S_\mathrm{n,x} = \frac{1620x}{n} \tag{5-34}$$

① 在免除指定循环次数 N_N（如取 10^6 或 10^7）下，疲劳曲线查得的许用应力幅为 $S_\mathrm{as,N}$，则应力设计系数为

$$sf_\mathrm{n,x,N} = 2\frac{S_\mathrm{as,N}}{S_\mathrm{n,x}} = \frac{nS_\mathrm{as,N}}{810x} \tag{5-35}$$

允许压力波动百分比 x 可改写为：

$$x = \frac{nS_{as,N}}{810 sf_{n,x,N}} \tag{5-36}$$

② 用 $S_{n,x}$ 查疲劳曲线，得到对应的允许循环次数 $N_{n,x}$，则循环次数设计系数为

$$nf_{n,x,N} = 20\frac{N_{n,x}}{N_N} \tag{5-37}$$

（3）不同波动百分比对应的应力设计系数

当抗拉强度的设计系数 $n=4$ 时，安定极限 $3S = \frac{3 \times 540}{4} = 405(\text{MPa})$，交变当量应力幅 $S_{alt} = \frac{1}{2} \times 2 \times 3S = 405\text{MPa}$。当循环次数 $N = 1 \times 10^6$ 时，由图 5-21 可知，交变当量应力幅的许用值为 $S_{as,N} = 86.2\text{MPa}$，以下均取交变当量应力幅的 20% 为循环应力幅的计数临界值（即若一个循环的应力幅小于 $0.2S_{alt}$，则该循环在疲劳判定中不予计数），得到循环计数的临界值为 $S_{n,x} = 0.2S_{alt} = 81\text{MPa}$，那么其对应的应力设计系数为 $sf_{n,x,N} = \frac{86.2 \times 2}{81} = 2.128$。

取抗拉强度的设计系数 $n=3.0$、$n=2.7$ 和 $n=2.4$ 分别进行计算，可以得到在不同的抗拉强度设计系数下，$x=20\%$ 时的应力设计系数，结果见表 5-7。

表 5-7 不同材料设计系数下，$x=20\%$ 时不同循环次数对应的应力设计系数

抗拉强度设计系数 n	$N \leqslant 10^5$		$10^5 < N \leqslant 10^6$		$10^6 < N \leqslant 10^7$	
	S_{as}/MPa	$sf_{n,x,N}$	S_{as}/MPa	$sf_{n,x,N}$	S_{as}/MPa	$sf_{n,x,N}$
4.0		3.407		2.128		1.891
3.0	138	2.556	86.2	1.596	76.6	1.419
2.7		2.300		1.437		1.277
2.4		2.044		1.277		1.135

同理，如果取疲劳曲线应力设计系数 $sf_{n,x,N} = 2.0$，则在不同的抗拉强度设计系数 n 和循环次数 N 下，疲劳免除允许波动的百分比 x 可见表 5-8。

表 5-8 不同材料设计系数下，疲劳曲线的应力设计系数为 2.0 时不同循环次数对应的 x 值

抗拉强度设计系数 n	$N \leqslant 10^5$		$10^5 < N \leqslant 10^6$		$10^6 < N \leqslant 10^7$	
	S_{as}/MPa	$x/\%$	S_{as}/MPa	$x/\%$	S_{as}/MPa	$x/\%$
4.0		34.07		21.28		18.91
3.0	138	25.56	86.2	15.96	76.6	14.19
2.7		23.00		14.37		12.77
2.4		20.44		12.77		11.35

（4）不同波动百分比对应的循环次数设计系数

根据表 5-7，当循环次数不超过 10^5、材料抗拉强度设计系数 n 取 2.4 时，若按 $x = 20\%$ 作为循环应力幅的计数临界值，这时得到的疲劳免除方法的应力设计系数为 2.0。此

时，许用的应力幅 $S_{as}=138\text{MPa}$，查设计疲劳曲线对应的许用次数为 10^5。

如果按图 5-21 中曲线进行设计时，循环次数（即寿命）的设计系数为 20，此时，若仍按 10^5 作为循环次数的许用值进行设计，则对应的设计系数为按式(5-37)计算，许用循环次数按应力设计系数为 2.0 时，与 x 对应的许用应力幅查图 5-21 得到，可得到循环次数的许用值为 20。

同理，通过同样的方法和步骤，可按 $x=12.77\%$ 计算循环次数大于 10^5 且不超过 10^6 的循环次数设计系数、按 $x=11.35\%$ 计算循环次数大于 10^6 且不超过 10^7 的循环次数设计系数，可以保证循环次数的设计系数为 20。

5.5.4.2 疲劳失效——弹性应力分析

压力容器的疲劳设计基础是应力分析，首先应满足一次应力和二次应力的限制条件，其过程包括确定交变应力幅、根据交变应力幅由设计疲劳曲线确定允许循环次数、疲劳强度校核等。

（1）变幅载荷与疲劳累积损伤

疲劳损伤就是在交变载荷作用下材料损坏的程度，而累积损伤就是指每一个加载循环下损伤增量的累积情况。压力容器在实际运行中所受的交变载荷有时是随时间变化的，其大小载荷幅的作用顺序甚至是随机的，若总按其中的最大幅值来计算交变应力幅就太保守。对于变幅疲劳或随机疲劳问题，工程上普遍采用线性疲劳累积损伤准则来解决。

假设压力容器所受的各种交变当量应力幅为 S_{a1}、S_{a2}、S_{a3}……，它们单独作用时的疲劳寿命分别为 N_1、N_2、N_3……。若 S_{a1}、S_{a2}、S_{a3}……作用次数分别为 n_1、n_2、n_3……，则各交变应力幅对结构造成的损伤程度分别为 n_1/N_1、n_2/N_2、n_3/N_3……。线性疲劳累积损伤准则认为各交变应力幅造成的损伤程度累计叠加不应超过 1，即

$$\sum \frac{n_i}{N_i}=\frac{n_1}{N_1}+\frac{n_2}{N_2}+\frac{n_3}{N_3}+\cdots \leqslant 1 \tag{5-38}$$

显然，线性疲劳累积损伤准则认为累积损伤的结果与不同交变应力幅作用顺序无关，而实际上作用顺序是有影响的，例如高应力幅作用在前，造成应力集中区屈服，卸载后便会产生一定的残余压缩应力，这将使以后的低应力幅造成的损伤程度下降，因此在这种情况下，累积损伤可以超过 1。不过压力容器在设计时很难预测在使用中不同交变载荷的作用顺序，鉴于线性累积损伤准则计算方便，工程上仍大量使用。如果考虑作用顺序及其他因素的影响，问题则复杂得多，目前尚无成熟的理论和方法。

（2）疲劳强度减弱系数

疲劳分析中使用的是由弹性应力分析得到的包含峰值应力的总应力，应采用包含应力集中效应的分析模型，也可采用应力指数法代替详细的应力分析，否则应考虑疲劳强度减弱系数。

第 5.3.5 节中给出的设计疲劳曲线是基于光滑试件测定的，为了考虑真实构件的不光滑程度对疲劳寿命的影响，在疲劳评定中采用了疲劳强度减弱系数 K_f。K_f 按以下规定确定：

① 若应力分析时已经充分考虑了局部缺陷或焊接的影响，则 $K_f=1.0$；
② 若应力分析时没有考虑焊接的影响，则可按照表 5-9 的规定选取 K_f；
③ 当采用规定的实验方法确定了疲劳强度减弱系数时，可使用该系数代替上面的规定；
④ 螺柱的疲劳强度减弱系数见相关规定。

表 5-9　焊缝表面的疲劳强度减弱系数 K_f 推荐值

接头形式	表面条件	焊缝检验条件		
		表面 MT/PT 检验＋全部的体积性检验	表面 MT/PT 检验＋部分的体积性检验	表面 MT/PT 检验
对接接头（全截面焊透）	机加工	1.0	1.5	1.5
	表面修磨	1.1	1.5	1.5
斜角接头（全截面焊透）	机加工	1.0	1.5	1.5
	表面修磨	1.1	1.5	1.5
角接接头（全焊透）	焊趾表面修磨	—	—	1.5

注：1. 焊缝表面的形状、尺寸、外观和修磨应满足分析设计标准相关要求；

2. 对某些特殊焊缝，例如受结构和制造限制只能进行单面焊和表面检测的焊缝，焊缝无检测表面的疲劳强度减弱系数需根据实际情况确定，但取值不得小于能与之类比的可进行检测的同类焊缝。

（3）疲劳损失系数

通常情况下，疲劳评定采用弹性分析即可进行评定。当一次加二次应力范围小于 $3S$ 时，假设结构处于安定状态，这时使用应力集中系数或疲劳强度减弱系数就足以完成低周疲劳的评定。但压力容器很多时候也会经历热瞬态，这个过程中产生的较大热应力也会导致疲劳裂纹，此时，很可能已经不满足 $3S$ 准则了，即不处于弹性安定状态，在应力集中区域呈现循环的交替塑性。而低周疲劳裂纹的萌生是由局部塑性应变控制，所以这时必须进行低周疲劳的评定。为了继续采用弹性分析的结果，那就需要采用一个修正系数，对局部应变重分布进行修正。当进行疲劳评定时应按式(5-39)确定疲劳损失系数 $K_{e,k}$

$$K_{e,k} = \begin{cases} 1.0 & S_{IV} \leqslant S_{PS} \\ 1.0 + \dfrac{1-n}{n(m-1)}\left(\dfrac{S_{IV}}{S_{PS}} - 1\right) & S_{PS} < S_{IV} < mS_{PS} \\ \dfrac{1}{n} & S_{IV} \geqslant mS_{PS} \end{cases} \tag{5-39}$$

式中，m、n 为与材料相关的参数，见表 5-10。

表 5-10　与材料有关的参数 m、n

钢类	m	n	最高温度/℃
碳钢	3.0	0.2	371
低合金钢	2.0	0.2	371
奥氏体不锈钢	1.7	0.3	427

（4）疲劳分析步骤

① 根据容器设计条件（UDS）给出的加载历史和按循环计数法制定载荷直方图。载荷直方图中应包括所有显著的操作载荷和作用在元件上的重要事件。如果无法确定准确的加载顺序，应选用能产生最短疲劳寿命的最苛刻的加载顺序。

② 按循环计数法确定疲劳寿命校核点处的应力循环。将直方图中应力循环的总次数记为 M。

③ 按以下步骤确定第 k 次循环中的总当量应力幅 $S_{alt,k}$。

a. 计算疲劳寿命校核点在第 k 次应力循环的起始时刻 $^m t$ 和终止时刻 $^n t$ 的 6 个应力分量，

分别记为$^{\mathrm{m}}\sigma_{ij,k}$和$^{\mathrm{n}}\sigma_{ij,k}$（$i$，$j=1$，2，$\cdots$，6）。开孔接管周围的应力分量可以按分析设计标准的应力指数法确定，以替代详细的应力分析。

b. 按下式计算各应力分量的波动范围

$$\Delta\sigma_{ij,k} = {}^{\mathrm{m}}\sigma_{ij,k} - {}^{\mathrm{n}}\sigma_{ij,k} \tag{5-40}$$

c. 按下式计算峰值当量应力的范围

$$\Delta S_{e,k} = \frac{1}{\sqrt{2}}\big[(\Delta\sigma_{11,k} - \Delta\sigma_{22,k})^2 + (\Delta\sigma_{22,k} - \Delta\sigma_{33,k})^2 + (\Delta\sigma_{33,k} - \Delta\sigma_{11,k})^2 +$$

$$6(\Delta\sigma_{12,k}^2 + \Delta\sigma_{22,k}^2 + \Delta\sigma_{31,k}^2)\big]^{0.5} \tag{5-41}$$

d. 按下式计算总当量应力幅

$$S_{\mathrm{alt},k} = 0.5 K_{\mathrm{f}} K_{e,k}\left(\frac{E_{\mathrm{c}}}{E_{\mathrm{T}}}\right)\Delta S_{e,k} \tag{5-42}$$

式中　E_{c}——设计疲劳曲线中给定材料的弹性模量，MPa；

　　　　E_{T}——材料在循环平均温度 T 时的弹性模量，MPa。

④ 在所用设计疲劳曲线图上的纵坐标上取 $S_{\mathrm{alt},k}$ 值，过此点作水平线与所用设计疲劳曲线相交，交点的横坐标值即为所对应载荷循环的允许循环次数 N_k。

⑤ 允许循环次数 N_k 应不小于由容器设计条件（UDS）和按循环计数法所给出的预计操作载荷循环次数 n_k，否则须采用降低峰值应力、改变操作条件等措施，重新计算，直到满足本条要求为止。记本次循环的使用系数为

$$U_k = \frac{n_k}{N_k} \tag{5-43}$$

⑥ 对所有 M 个应力循环，重复步骤③~步骤⑤。

⑦ 按下式计算累积使用系数

$$U = \sum_{k=1}^{M} U_k \tag{5-44}$$

若 U 小于等于 1.0，则该校核点不会发生疲劳失效，否则应采用降低峰值应力、改变操作条件等措施，从步骤①开始重新计算，直到满足本条要求为止。

⑧ 对所有的疲劳寿命校核点，重复步骤①~步骤⑦。

5.5.4.3　循环计数法

循环是由规定的载荷在容器或元件的某位置处所建立的确定的应力和应变之间的关系。在一个事件中或在两个事件的过渡处，一个位置可以产生不止一个应力-应变循环，这些应力-应变循环的疲劳累积损伤确定了所规定的操作在该位置处是否适用。判断是否适用应根据稳定的应力-应变循环确定。如果容器设计条件（UDS）给出的加载历史中任一载荷随时间而变，则应制定载荷直方图以便进行循环载荷下的应力分析和评定。载荷直方图应包括所有与压力、温度、附加载荷或其他重要事件相关的载荷循环。

当无法根据预期操作顺序的实际加载历史制定精确的载荷直方图时，可采用能够涵盖实际操作载荷边界的载荷直方图，否则，循环次数应计及所有可能的载荷组合；对随机变化的不规则加载历史可简化为由若干规则等幅载荷循环组成的载荷直方图，或采用其他经用户同意的循环次数统计方法。

在等幅载荷期间，当所施加的应力值随时间变化时，应力莫尔圆的大小也随时间而变。在某些情况下，虽然循环期间莫尔圆的大小也在变化，但主应力轴的方向保持固定，则这种加载称为比例加载。比例加载可采用雨流法进行计数。如果主应力轴的方向并不固定，而是在循环

载荷期间改变，则这种加载称为非比例加载。非比例加载可采用最大-最小循环计数法。

（1）最大-最小循环计数法

最大-最小循环计数法是对载荷谱的极大（封顶）或极小（谷底）值的次数进行计数，再将这些计数结果组合成载荷幅，首先组合出最大载荷幅，并消去此载荷谱所用到的峰谷值，然后又由剩下的计数极值组合出第二大载荷幅，以此类推，直至用完全部计数。该方法用于非比例加载。

以下为最大-最小循环计数法的举例：

若编号为 1 的应力循环，产生单向应力由 0～413MPa 之间变化的循环 1000 次；编号为 2 的单向应力循环产生应力由 0～−345MPa 之间变化的循环 10000 次。采用最大-最小循环计数法进行计数：

最大应力是编号为 1 循环的 413MPa，最小应力是编号为 2 循环的 −345MPa，分别取为第 1 种应力循环的峰值和谷值，循环次数为 1000 次。剩余 9000 次应力在 0～−345MPa 之间变化的循环选作第 2 种应力循环。

第 1 种应力循环：$n_1 = 1000$，$^{\mathrm{m}}\sigma_{11} = 413\mathrm{MPa}$，$^{\mathrm{n}}\sigma_{11} = -345\mathrm{MPa}$。

代入式(5-34)，得：$^{\mathrm{mn}}\Delta\sigma_{11} = 413 + 345 = 758$ （MPa）；

代入式(5-35)，得：$\Delta S_{\mathrm{range},1} = 758\mathrm{MPa}$。

第 2 种应力循环 $n_2 = 9000$，$^{\mathrm{m}}\sigma_{11} = 0$，$^{\mathrm{n}}\sigma_{11} = -345\mathrm{MPa}$。

代入式(5-34)，得：$^{\mathrm{mn}}\Delta\sigma_{11} = 345\mathrm{MPa}$；

代入式(5-35)，得：$\Delta S_{\mathrm{range},2} = 345\mathrm{MPa}$。

最大-最小循环计数法可通过软件实现。

（2）雨流计数法

雨流计数法简称雨流法，也称为宝塔屋顶法，其原理是把载荷-时间历程的时间轴向下画，想象有一系列宝塔形屋顶，雨流从内侧开始，顺着屋面往下流，根据雨流轨迹来确定载荷循环。该方法用于比例加载，雨流计数简图如图 5-22 所示，计数规则如下：

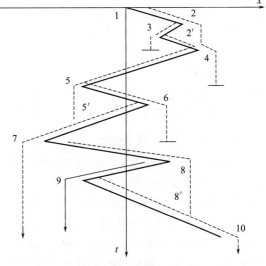

① 雨流从起点和每一个峰（谷）值的内侧开始，即从 1、2、3 等尖点开始。

② 雨流在流到峰（谷）值处（即屋檐）竖直下滴，一直流到对面有一个比开始时更大的峰值（或更小的谷值）为止。

③ 当雨流遇到来自上面屋顶流下的雨时，就停止流动，并构成一个环。

图 5-22　雨流计数简图

④ 根据雨滴流动的起点和终点，画出各个循环，将所有循环逐一取出来，并记录其峰（谷）值。

⑤ 每一雨流的水平长度可以作为该循环的幅值。

雨流法的执行基于材料的应力-应变行为，它认为塑性的存在是疲劳损伤产生的必要条件，并且塑性特征表现为应力-应变迟滞回线。在一般情况下，虽然名义应力处于弹性范围内，但从局部的微观角度来看，塑性变形依然存在。雨流法就是建立在对封闭的应力-应变迟滞回线进行逐个计数的基础上，因此，可以认为这种方法能够较好地反映随机载荷的全过程。用于工程实用的雨流法定义来自 ASTM Standard No. E1409《疲劳分析中周期标准算法》。

下面给出示例做更详细的说明。载荷历史见图 5-23(a)。确定载荷加载历史的峰、谷顺序，取 X 表示所考虑的范围，Y 表示与 X 相邻的前一个范围。

① $S=A$，$Y=|A-B|$，$X=|B-C|$，$X>Y$。Y 包含 S，即点 A。计 $|A-B|$ 为半个循环并抛弃点 A；$S=B$。见图 5-23(b)。

② $Y=|B-C|$，$X=|C-D|$，$X>Y$。Y 包含 S，即点 B。计 $|B-C|$ 为半个循环并抛弃点 B；$S=C$。见图 5-23(c)。

③ $Y=|C-D|$，$X=|D-E|$，$X<Y$。

④ $Y=|D-E|$，$X=|E-F|$，$X<Y$。

⑤ $Y=|E-F|$，$X=|F-G|$，$X>Y$，且 Y 不含 S。计 $|E-F|$ 为一个循环并抛弃点 E 和 F，见图 5-23(d)。这个循环由范围 $E-F$ 和范围 $F-G$ 的一部分配对而成。

⑥ $Y=|C-D|$，$X=|D-G|$，$X>Y$。Y 包含 S，即点 C。计 $|C-D|$ 为半个循环并抛弃点 C；$S=D$。见图 5-23(e)。

⑦ $Y=|D-G|$，$X=|G-H|$，$X<Y$。

⑧ $Y=|G-H|$，$X=|H-I|$，$X<Y$。数据结束。

⑨ 计 $|D-G|$，$|G-H|$ 和 $|H-I|$ 各为半个循环。见图 5-23(f)。

⑩ 结束计数。本例中统计的循环汇总在图 5-23(g)中。

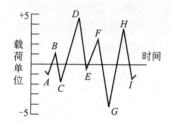

(a)

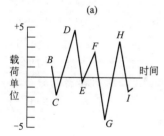

(c)

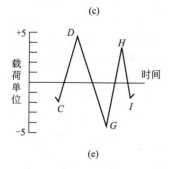

(e)

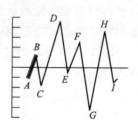

(b)

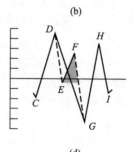

(d)

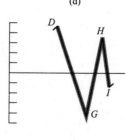

(f)

范围(单位)	循环计数	事件
10	0	
9	0.5	D-G
8	1.0	C-D,G-H
7	0	
6	0.5	H-I
5	0	
4	1.5	B-C,E-F
3	0.5	A-B
2	0	
1	0	

(g)

图 5-23　雨流法示例图

6

弹塑性分析法

分析设计方法的核心思想是允许在压力容器及其部件中出现少量的、且不影响结构完整性的局部塑性变形，但不允许出现过量的整体塑性流动或循环塑性变形。弹塑性分析能更精确地反映结构在载荷作用下的塑性变形行为和实际承载能力。弹塑性分析不需要将应力进行分类，可以有效地避免应力分类过程中遇到的一些困难，同时也可以充分发挥材料性能的潜力。本章首先以失效模式为主线，介绍压力容器的塑性垮塌、局部过度应变、屈曲、棘轮、疲劳等失效模式的弹塑性分析法，另外，还简单介绍了直接法。

6.1 概述

20 世纪 50 年代末期，限于当时的计算水平，设计人员只能采用算法简单、计算量小的弹性应力分析方法。长期以来的应用经验表明，弹性应力分析方法与应力分类法配合使用，其分析结果是偏保守、安全的。随着科学技术的发展，可以应用非线性分析来考虑结构的大位移、大应变和塑性变形，从而有效解决材料的破坏与失效等工程问题。压力容器的分析设计也正经历着由求解线性问题发展到求解非线性问题的重大转变。同时，计算机技术的日趋成熟，为进行复杂的非线性计算、准确地模拟出材料屈服以后的力学行为提供了良好的软硬件基础。使用弹塑性分析法可以对压力容器进行更精细的设计，各国规范都相继提出了新颖的设计理论和设计方法，如 2002 年版的欧盟压力容器标准 EN13445 给出了压力容器分析设计的直接法，2007 年修订的美国 ASME Ⅷ-2《压力容器另一建造规则》全面引入弹塑性分析和数值计算技术。我国的分析设计标准也于 2015 年开始修订，对于塑性垮塌、局部过度应变、屈曲、疲劳和棘轮等失效模式，也引入了基于弹塑性分析的方法。这些规范都给出了压力容器弹塑性分析的评定方法和合格准则，非线性有限元方法在压力容器分析设计中的应用也越来越普遍。

6.2 塑性垮塌

随着计算机软硬件和数值技术的飞速发展，弹塑性分析法也逐步发展起来。在一次载荷作用下，当结构中的应力超过屈服强度时，或者在一次加二次载荷作用下，当结构中的应力超过两倍屈服强度时，结构会发生塑性变形，而塑性变形是指材料发生的不可恢复的变形。

目前，有两种防止塑性垮塌的弹塑性分析方法：极限分析和弹塑性分析。极限分析是塑性分析的一种特殊情况，这种方法假设材料为理想弹塑性而没有应变硬化。在极限分析中采用极限状态下的平衡与流动特性计算极限载荷，而弹塑性分析是在考虑材料应变硬化行为和应力重分布状态下，计算指定载荷作用时结构状态的变化。

极限分析和弹塑性分析均包括载荷系数法和垮塌载荷法。载荷系数法一般用于强度校核；垮塌载荷法既能用于强度校核，又能给出结构的承载裕度。

基于弹塑性分析的塑性垮塌评定流程如图 6-1 所示，现对载荷组合工况、合格准则、极限分析、弹塑性分析应用的注意事项和步骤分别进行介绍。

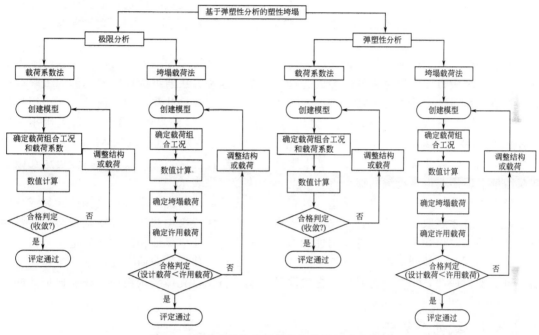

图 6-1　基于弹塑性分析的塑性垮塌评定流程图

6.2.1　载荷组合工况

弹塑性分析法应考虑的载荷组合工况见表 6-1，同时应考虑其中一个或多个载荷不起作用时可能引起的更危险的组合工况。

表 6-1　载荷组合工况

条件和组合序号		载荷组合工况
设计工况	1	$\alpha(p+p_s+D)$
	2	$\alpha[0.88(p+p_s+D+T)+1.13L+0.36S_s]$
	3	$\alpha[0.88(p+p_s+D)+1.13S_s+(0.71L\ \text{或}\ 0.36W)]$
	4	$\alpha[0.88(p+p_s+D)+0.71W+0.71L+0.36S_s]$
	5	$\alpha[0.88(p+p_s+D)+0.71E+0.71L+0.14S_s]$
耐压工况	液压试验 6	$\alpha[0.71(p_T+P_s+D+0.3W_{pt})]$
	气压试验 7	$\alpha[0.84(p_T+p_s+D+0.3W_{pt})]$

6.2.2　合格准则

防止容器或元件塑性垮塌应符合第 6.2.3 或 6.2.4 的评定要求。除此之外，设计人员还应考虑变形量对使用性能的影响，例如法兰变形过大引起的泄漏、塔器挠度过大引起的操作性能降低。当过度的变形影响了容器的使用性能，应降低设计载荷或修改结构。如需要变形限制，相应变形量要求应在容器设计条件（UDS）中提供。

6.2.3　极限分析

极限分析是塑性分析中基本的强度设计方法。它假定材料是理想弹塑性，其应力-应变关系无硬化阶段。在结构整体屈服或局部区域屈服形成塑性铰以后，变形将是随意的，从而发生塑性流动，以致结构丧失承载能力，这种状态称为塑性失效的极限状态。达到这种极限状态所施加的外载荷（力或力矩）称为极限载荷。根据极限载荷，可以确定结构塑性垮塌载荷。

极限分析是基于极限分析理论评定元件是否发生塑性垮塌的一种方法，为工程技术人员对结构的一次应力评定提供另外一种可选择的方法。这种方法通过确定容器元件的极限载荷的下限值来判断结构是否发生塑性垮塌，适用于单一或多种静载荷作用的情况。当采用数值计算进行极限分析时，材料应力-应变关系是理想弹塑性，屈服强度取 $1.5S_m^t$，采用小变形的应变-位移线性关系，以变形前几何形状下的力平衡关系为基础，满足 Mises 屈服条件和关联流动准则，以此确定的极限载荷的下限即为总体塑性垮塌载荷。极限载荷值可用在微小载荷增量下不能获得平衡解的那个点（即此解无收敛）来表示。

极限载荷分析的元件合格，是指元件在指定的设计载荷情况下不得产生韧性断裂或总体塑性变形。对于所取的载荷组合工况，可根据载荷系数法或垮塌载荷法确定是否会发生塑性垮塌。另外，对于变形量对元件使用性能有影响的场合，还应保证相应的变形量不超过用户提出的准则。对于随变形而出现刚度下降的元件，如果所作用的载荷在元件中产生压缩应力场，可能发生屈曲，则在分析时应考虑缺陷的影响，特别是壳体结构更应考虑屈曲失效的可能。屈曲分析相关内容见 6.4 节。

6.2.3.1　载荷系数法

采用数值分析技术（如有限元方法）进行极限分析的实施步骤如下：

第 1 步：创建数值模型，其中包括所有相关几何特性。用于分析的模型应能精确地表征元件的几何特性、边界条件和所作用的载荷。对小的结构细节，例如小孔、转角、转角半径以及其他应力增高源，模型中不需要精确建模。

第 2 步：确定载荷工况和载荷调整系数。载荷组合工况应包括但不限于表 6-1 的规定，取载荷调整系数 $\alpha=1.5$。对规定的每一种载荷工况都应评定，对表 6-1 中未包括的特殊条件下的附加载荷，如有需要也应当考虑。

第 3 步：数值计算时通常采用比例加载，如有需要也可以按用户指定的顺序进行加载。

第 4 步：合格评定。数值计算能够得到收敛解，则元件在此载荷工况所包含的载荷作用下处于稳定，评定通过，若计算不收敛，则应对模型进行调整，如调整元件的结构（如厚度或形状）或降低所作用的载荷，并重新进行分析。

6.2.3.2　垮塌载荷法

第 1 步：创建模型。创建的模型应能表征容器或元件的几何特性、边界条件。

第 2 步：确定载荷工况。载荷组合工况应包括但不限于表 6-1 的规定。载荷调整系数 α

值由零开始逐步增加。

第3步：计算时通常采用比例载荷，也可以按指定的顺序进行加载。载荷调整系数 α 应为结构发生失稳（即无法得到收敛解）前的最大值。

第4步：若 $\alpha \geqslant 1.5$，则评定通过，否则应对模型进行调整并重新评定。

6.2.3.3 极限分析小结

极限分析的优点是相对直观，设计者只要对所作用的一次载荷进行有限元分析就能确定极限载荷下限值，分析时不计及热载荷和给定的非零位移。在建模时要考虑具有明显形状的总体结构，但不要求包括局部不连续的细节，如小孔、焊缝填角等。极限分析对弹性模量和泊松比不敏感，在很多情况下甚至与这些参数无关。当温度从环境温度变化到设计温度时，这些材料参数可设置为始终保持不变，通常采用材料标准中给定的最小值。

6.2.4 弹塑性分析

采用弹塑性应力-应变关系进行弹塑性分析，确定元件垮塌载荷。分析时采用的应力-应变关系应具有与温度有关的硬化或软化行为，同时考虑结构非线性的影响，即采用大变形的应变-位移非线性关系。以变形前几何形状下的力平衡关系为基础，满足 Mises 屈服条件和关联流动准则，以此确定元件的塑性垮塌载荷。弹塑性分析和上述极限分析法相比，由于采用的应力-应变曲线与实际结构变形行为比较接近，更能精确地评定元件塑性垮塌载荷。而且弹塑性分析中，可直接考虑由于元件非弹性变形（塑性）和变形特性结果而产生的应力重分布。有关弹塑性分析的载荷组合及其载荷调整系数见表 6-1。

6.2.4.1 载荷系数法

采用载荷系数法的评定步骤如下：

第1步：创建数值分析模型。用于分析的模型应能精确地表征元件的几何特性、边界条件和所作用的载荷。

第2步：确定载荷工况和载荷调整系数。载荷组合工况应包括但不限于表 6-1 的规定，取载荷调整系数 $\alpha = 2.4$。对规定的每一种载荷工况都应评定，对表 6-1 中未包括的特殊条件下的附加载荷，如有需要也应当考虑。

第3步：进行数值计算通常采用比例加载，如有需要也可以按用户指定的顺序进行加载。

第4步：合格评定。若数值计算能够得到收敛解，则元件在此载荷工况所作用的载荷下处于稳定，评定通过；若计算不收敛，则应对模型进行调整，如调整模型的结构（如厚度或形状）或降低所作用的载荷，并重新进行分析。

6.2.4.2 垮塌载荷法

第1步：创建模型。创建的模型应能表征容器或元件的几何特性、边界条件和所受载荷。

第2步：确定载荷工况和载荷调整系数。载荷组合工况应包括但不限于表 6-1 的规定。载荷系数 α 值由零开始逐步增加。

第3步：计算时通常采用比例加载，如果需要也可以按指定的顺序进行加载。确定载荷调整系数 α 为结构失稳（即无法得到收敛解）前的最大值。

第4步：若结构失稳前 $\alpha \geqslant 2.4$，则评定通过；否则应对模型进行调整并重新评定。

6.2.4.3 弹塑性分析小结

弹塑性分析法采用弹塑性应力-应变曲线，可以精确地计算元件的垮塌载荷，是一种先进的数值计算方法。随着现代计算机软硬件水平及设计水平的提高，弹塑性分析方法在压力容器分析设计中的应用会越来越普遍。

6.3 局部过度应变

元件除了满足 6.2 节塑性垮塌的评定要求外，还应满足局部过度应变准则。评定时应对每种载荷工况组合均进行弹塑性数值计算。在计算中应采用材料弹塑性应力-应变关系、Mises 屈服条件和相关联的流动法则，同时应考虑几何非线性。如果元件的细节结构是按照分析设计标准公式法设计的，则可不进行局部过度应变的评定。

6.3.1 评定步骤

对于用局部过度应变评定的载荷工况为 $1.7(p+p_s+D)$。对于局部过度应变评定的弹塑性分析法，其核心步骤主要有如下两步：

(1) 确定应变极限

对元件中可能出现局部过度应变的每一个点的三轴应变极限 ε_L 按式(6-1) 计算

$$\varepsilon_L = \varepsilon_{Lu} \exp\left[-\left(\frac{\alpha_{sl}}{1+m_2}\right)\left(\frac{\sigma_1+\sigma_2+\sigma_3}{3\sigma_e}-\frac{1}{3}\right)\right] \tag{6-1}$$

其中，当量应力 σ_e 按式(6-2) 计算，其他参数取值见表 6-2。

$$\sigma_e = \frac{1}{\sqrt{2}}\left[(\sigma_1-\sigma_2)^2+(\sigma_2-\sigma_3)^2+(\sigma_3-\sigma_1)^2\right]^{\frac{1}{2}} \tag{6-2}$$

表 6-2 用于在多轴向应变极限中的单轴向应变极限

材料	最高温度/℃	ε_{Lu} 单轴应变极限			α_{sl}
		m_2	断后伸长率	断面收缩率	
非合金钢和低合金钢	480	$0.60(1.00-R)$	$2\ln\left(1+\dfrac{A}{100}\right)$	$\ln\left(\dfrac{100}{100-Z}\right)$	2.2
不锈钢	480	$0.75(1.00-R)$	$3\ln\left(1+\dfrac{A}{100}\right)$	$\ln\left(\dfrac{100}{100-Z}\right)$	0.6
双相钢	480	$0.70(0.95-R)$	$2\ln\left(1+\dfrac{A}{100}\right)$	$\ln\left(\dfrac{100}{100-Z}\right)$	2.2

注：1. 如未规定延伸率和断面收缩率，则取 $\varepsilon_{Lu}=m_2$。如规定了延伸率和断面收缩率，则 ε_{Lu} 取三个计算结果的最大值。

2. R 是屈强比，其值为设计温度下的屈服强度和设计温度下的抗拉强度的比值，$R=R_{eL}^t/R_m^t$。

3. A 是以%表示的断后伸长率，Z 是以%表示的断面收缩率。

(2) 合格判定

若容器任意部位均满足式(6-3)，则评定通过。

$$\varepsilon_{peq}+\varepsilon_{ef}\leqslant\varepsilon_L \tag{6-3}$$

式中 ε_{peq}——当量塑性应变，$\varepsilon_{peq}=\dfrac{\sqrt{2}}{3}\left[(\varepsilon_{11}-\varepsilon_{22})^2+(\varepsilon_{22}-\varepsilon_{33})^2+(\varepsilon_{33}-\varepsilon_{11})^2+6(\varepsilon_{12}^2+\varepsilon_{23}^2+\varepsilon_{31}^2)\right]^{0.5}$；

ε_{ef}——成形应变，由材料和分析设计标准中的制造方法确定，如果结构按分析设计标准要求进行热处理，则可以假设成形应变为零。

局部失效评定的流程图如图 6-2 所示。

6.3.2　累积损伤法

如果容器设计条件给出了加载顺序，则可用 6.3.2 代替 6.3.1 进行累计损伤评定，评定流程图见图 6-3，计算步骤如下：

第 1 步：创建模型。数值分析模型须反映出容器的几何特性、边界条件和作用载荷。

第 2 步：确定载荷工况。按表 6-1 确定在分析中应用到的载荷工况组合，将加载过程划分为 n 个载荷增量，即设为第 1 步，第 2 步，……，第 n 步加载。

第 3 步：弹塑性数值计算。第 k 步加载后，进行弹塑性数值计算。计算中应采用材料弹塑性应力-应变关系、Mises 屈服条件和相关联的流动法则，同时考虑几何非线性。

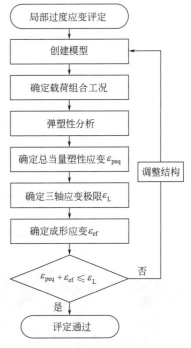

图 6-2　局部失效评定流程图

第 4 步：确定应变极限，计算完成后，容器中任意部位，第 k 个载荷增量的应变极限 $\varepsilon_{L,k}$ 按式（6-4）计算

$$\varepsilon_{L,k}=\varepsilon_{Lu}\exp\left[-\left(\frac{\alpha_{sl}}{1+m_2}\right)\left(\frac{\sigma_{1,k}+\sigma_{2,k}+\sigma_{3,k}}{3\sigma_{e,k}}-\frac{1}{3}\right)\right] \tag{6-4}$$

式中，当量应力 $\sigma_{e,k}$ 按式（6-5）计算，其他相关参数取值见 GB/T 4732.6。

$$\sigma_{e,k}=\frac{1}{\sqrt{2}}\left[(\sigma_{1,k}-\sigma_{2,k})^2+(\sigma_{2,k}-\sigma_{3,k})^2+(\sigma_{3,k}-\sigma_{1,k})^2\right]^{\frac{1}{2}} \tag{6-5}$$

第 5 步：确定应变损伤系数。第 k 步加载的应变损伤系数按式（6-6）计算。

$$D_{\varepsilon,k}=\frac{\Delta\varepsilon_{peq,k}}{\varepsilon_{L,k}} \tag{6-6}$$

式中，$\Delta\varepsilon_{peq,k}$ 是在第 k 步加载下产生的塑性应变增量；$\varepsilon_{L,k}$ 是对应的三轴应变极限。

第 6 步：确定成形引起的应变损伤系数 $D_{\varepsilon form}$，按式（6-7）计算。如果结构按分析设计标准要求进行热处理，则可以假设成形应变为零。

$$D_{\varepsilon form}=\frac{\varepsilon_{ef}}{\varepsilon_{Lu}\exp\left[-\frac{1}{3}\left(\frac{\alpha_{sl}}{1+m_2}\right)\right]} \tag{6-7}$$

GB/T 4732.6 还提供了部分成形部件的成形应变的规定，详细可参阅其中 8.2 节。

第 7 步，合格判定。根据加载顺序，依次按上述步骤计算，得到每步加载对应的应变损伤系数 $D_{\varepsilon,k}$，最终按式（6-8）计算累积的应变损伤系数 D_ε，若容器任意部位的 D_ε 均小于等于 1，则对于规定的载荷序列，元件的该位置评定通过。

$$D_\varepsilon=D_{\varepsilon form}+\sum_{k=1}^{n}D_{\varepsilon,k}\leqslant 1.0 \tag{6-8}$$

局部失效累积损伤评定流程图如图 6-3 所示。

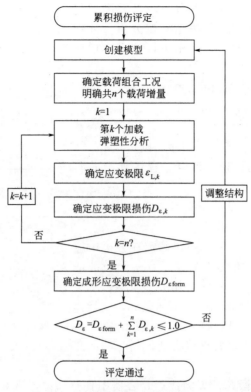

图 6-3　局部失效累积损伤评定流程图

6.4　屈曲

　　结构在一定载荷作用下处于稳定的平衡状态，当载荷达到某一值时，若增加一微小增量，则平衡结构的位移发生很大变化，结构由原来稳定的平衡状态经过不稳定的平衡状态而达到一个新的稳定的平衡状态，这一过程就是屈曲，发生屈曲时的载荷称为屈曲载荷或临界载荷。

　　结构的屈曲一般可分为两种形式，即分叉点屈曲和极值点屈曲。对于无缺陷结构，可能发生分叉点屈曲或极值点屈曲，有缺陷结构只能发生极值点屈曲。

6.4.1　屈曲失效评定方法和设计系数

　　对于屈曲失效，可采用三种方法来评定存在压缩应力区结构的稳定性。结构稳定性评定中所采用的方法是基于屈曲分析类型而定的。当屈曲载荷采用数值解（如分叉屈曲分析或弹塑性垮塌分析）得出时，必须采用大于等于规范规定的设计系数以获得许用载荷。不同的分析方法采用不同的设计系数。

　　① 方法 1：当采用分叉屈曲分析方法，容器或元件中的预应力计算基于弹性应力分析且不考虑几何非线性效应时，设计系数 φ_B 最小应取 $2/\beta_{cr}$。容器或元件内的预应力应根据表 5-2 的载荷组合工况计算。

　　② 方法 2：当采用分叉屈曲分析方法，容器或元件中的预应力计算基于弹塑性应力分析且考虑几何非线性效应时，设计系数 φ_B 最小应取 $1.667/\beta_{cr}$。容器或元件内的预应力应根据表 5-2 的载荷组合工况计算。

③ 方法 3：按照第 6.2 节的弹塑性分析的载荷系数法，对结构完成塑性垮塌分析，且在几何模型分析中明确考虑形状缺陷，则设计系数已经包含在表 6-1 中各载荷工况的载荷系数中。

图 6-4 展示了壳体元件在外载下的行为。方法 1 基于线性预应力解，采用弹性材料属性和小变形理论。方法 1 非保守地高估了结构的垮塌行为，所以使用设计系数 $\varphi_B = 2/\beta_{cr}$ 来调整数值分析获得的屈曲载荷以得到设计载荷。其中，β_{cr} 为承载能力减弱系数，其主要用来考虑壳体的缺陷。

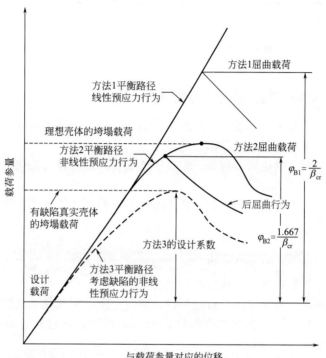

图 6-4 壳体元件的屈曲行为

在方法 2 中，预应力解考虑了几何非线性和材料非线性效应，所以数值模拟的结果更加接近壳体的真实行为。但是方法 2 中得到的分叉屈曲载荷相比真实的垮塌行为仍然是高估的，所以使用设计裕度 $\varphi_B = 1.667/\beta_{cr}$ 来调整数值分析获得的屈曲载荷以得到设计载荷。值得注意的是，方法 2 中的设计裕度比方法 1 中小是因为方法 2 比方法 1 更加接近实际情况，见图 6-4。

在方法 3 中，考虑了材料非线性、几何非线性和壳体缺陷。壳体缺陷对壳体元件的垮塌有着重要的影响，所以数值模型必须包含壳体缺陷，这样才能对壳体的实际承载能力做出精确预测。

图 6-4 所示的屈曲行为是理想化的，对每个分析方法计算得出的屈曲载荷应用不同的设计系数后得出了相同的设计载荷。在实践中，这几乎不会出现。但是总的来说，方法 1 最不精确，对屈曲载荷过高估计的程度最高，所以使用最大的设计系数。方法 2 对屈曲载荷的过高估计程度次之，所以使用较小的设计系数。方法 3 对屈曲载荷给出了最佳的评估，其设计系数与弹塑性分析的要求一致。值得注意的是，在方法 3 中没有使用承载能力减弱系数，原因是壳体的缺陷效应已在数值分析中考虑。

对于承载能力减弱系数，分析设计标准给出了承受压缩应力或外压作用下的典型壳体形式的取值方法，可见表 6-3。

表 6-3 承载能力减弱系数 β_{cr} 的取值

形式		承载能力减弱系数 β_{cr}
承受轴向压缩载荷的无加强圈或采用环向加强圈的圆筒和锥壳	$D_o/\delta_e \geqslant 1247$	0.207
	$D_o/\delta_e < 1247$	$338/(389+D_o/\delta_e)$
承受外压的无加强圈或采用环向加强圈的圆筒和锥壳		0.80
承受外压的球壳和半球形、碟形、椭圆形封头		0.124

屈曲分析与强度分析最大的不同点是：结果的不唯一性。不同的影响因素或其不同的组合会导致不同的屈曲模态，正因为对这些影响因素尚未全面认识，现阶段只能采用较保守的设计系数。

6.4.2 屈曲失效评定步骤与流程

采用数值分析方法确定容器或元件的最小屈曲载荷时，应考虑所有可能的屈曲模态。在模型简化时，应不丢失屈曲模态。具体评定步骤如下：

第 1 步：创建模型。创建的数值分析模型须给出容器或元件的几何特性、边界条件和所受载荷。

第 2 步：确定载荷工况。方法 1 和方法 2 的载荷组合工况按表 5-2 确定；方法 3 的载荷组合工况按表 6-1 确定。

第 3 步：确定许用载荷或垮塌载荷。采用方法 1 和方法 2 分叉屈曲分析时，数值计算得到最小临界载荷，用最小临界载荷除以设计系数后确定许用载荷；采用方法 3 弹塑性屈曲分析时，通过弹塑性分析数值计算，确定垮塌载荷。

第 4 步：合格评定。分叉屈曲分析时，设计载荷小于许用载荷，则评定通过。采用垮塌载荷法进行弹塑性分析时，若载荷调整系数 $\alpha \geqslant 2.4$，则评定通过；若结果不收敛，则应对模型进行调整，重新评定。

6.4.3 屈曲的有限元计算

实际工程结构中往往存在各类几何或材料初始缺陷，或者制造偏差等外部扰动，利用有限元进行屈曲分析时，通常引入初始缺陷。由于实际工程结构存在的缺陷往往不能很精确定位和测量，通常的方法是采用弹性屈曲模态的线性组合作为假想的初始缺陷。在数值模拟中，引入初始缺陷的意义在于在模型中引入初始扰动，使得屈曲点处的不连续响应变成连续响应。对于这类在对称的载荷作用下的对称结构，若没有引入初始缺陷，模型便会缺乏足够的扰动，导致计算机在分叉屈曲点处无法对两条或者几条平衡路径做出取舍和判断，结果表现为计算不能收敛。例如：对于轴对称的薄壳结构，若采用对称的网格剖分方式，虽然精度较高，但是由于缺乏扰动，计算时会出现收敛困难的情况。

首先，对所研究结构的屈曲模态有预先的了解，才能正确有效地引入初始缺陷。其次，选择何种幅值的初始缺陷才能既能够诱发屈曲，又能最大限度保证计算结果的准确性，这需要大量的数值试验和计算经验。最后，在结构中引入初始缺陷很可能使潜在的分叉屈曲点转化为极值点。当分叉屈曲点转化为极值点时，实际上已经改变了屈曲问题本身的特点，使之成为另外一个问题。所以，采用引入缺陷的做法本质上改变了研究对象，由此途径研究壳体分叉屈曲及后屈曲行为的机理和规律是不合适的。

对于具有相同的结构和载荷的模型，采用非对称网格剖分同样会起到类似扰动的效果，其实质是在网格剖分时，在数值模型中内置了微小的不对称，这种微小的不对称使得非线性算法在计算过程中可以捕捉到非对称解，从而诱发实际结构的对称性破缺，诱导出实际结构的分叉屈曲行为。相对于在实际结构中引入初始缺陷，这种数值扰动更具有客观性，且不破坏实际结构的完整性。实际上，引入初始缺陷是在实际结构中内置了不对称，而非对称网格剖分是在数值模型中内置了不对称。

引入初始缺陷主观性地打破了结构对称性的特点，然而非对称网格剖分并没有破坏工程结构的完美对称性，且在客观上最大限度地保持了压力容器的原貌特点。所以基于数值扰动的方法与引入缺陷的传统方法相比，前者对于原始结构破坏更小，所得结论也更加符合客观事实，在进行屈曲分析时，也更为简单、直接、方便。

6.5　疲劳

6.5.1　概述

弹性疲劳分析方法是基于弹性应力分析理论，因其简单易实施，可操作性强，在工程设计中广泛采用。由于历史的原因，设计疲劳曲线描述的是循环次数和应力幅之间的函数关系，而实际上导致疲劳的本质原因是应变。本节主要介绍弹塑性分析的疲劳评定方法。弹塑性疲劳分析方法通过计算有效应变范围来评定疲劳强度。有效应变范围由两部分组成，一部分是弹性应变范围，即用线弹性分析得到的当量总应力范围除以弹性模量；另一部分是当量塑性应变范围。将有效应变范围与弹性模量的乘积除以 2 即得有效交变当量应力幅，按该应力幅即可从光滑试件的疲劳曲线查得许用疲劳次数。相比弹性疲劳分析方法，因弹塑性疲劳分析方法已经在有限元分析中考虑了材料的塑性，故不再对结果进行塑性相关的修正。

6.5.2　循环应力-应变曲线

运用弹塑性分析法对某点处的循环应力范围和应变范围进行计算时，应采用稳定循环应力-应变曲线。为方便计算机编程，我国分析设计标准以公式的形式给出了材料循环曲线，详见式(6-9) 和式(6-10)。式(6-9) 表示循环应力-应变曲线，该曲线上各点表示在不同应变范围下滞后回线转折点处的应力幅和应变幅，逐一循环分析法的材料模型采用该曲线。对循环应力-应变曲线式(6-9) 采用比例系数 2，可推导出由式(6-10) 表示的滞后回线应力-应变曲线，二倍屈服法的材料模型采用该循环曲线。

$$\varepsilon_{ta} = \frac{\sigma_a}{E^t} + \left(\frac{\sigma_a}{K_{css}}\right)^{\frac{1}{n_{css}}} \tag{6-9}$$

$$\varepsilon_{tr} = \frac{\sigma_r}{E^t} + 2\left(\frac{\sigma_a}{2K_{css}}\right)^{\frac{1}{n_{css}}} \tag{6-10}$$

材料循环曲线提供了有限元分析时材料模型所必需的信息。典型的材料循环曲线拟合公式包含 E^t、K_{css} 和 n_{css} 三个参数。E^t 为相应温度下的弹性模量值，所以材料循环曲线与温度相关。K_{css} 和 n_{css} 为材料参数，可由分析设计标准中相关图表查得。

循环曲线由材料试验所得，我国分析设计标准中循环应力-应变曲线采用线性函数与指数函数的组合对实验数据进行拟合而得，并非"十分精确"，所以规范规定可以采用更为精确的拟合曲线或比所规定材料的循环行为更为保守的曲线。

在采用弹塑性分析法进行疲劳评定时不能用单调应力-应变曲线代替循环应力-应变曲线，这可能会导致不保守的结果。

6.5.3 逐个循环分析法

逐个循环分析法（cycle by cycle analysis method）是基于随动强化模型并对给定的载荷循环逐个进行弹塑性分析直至循环返转点处的应力和应变达到稳定的一种分析方法，其采用的是用应力幅-应变幅表示的循环应力-应变曲线。

对于逐个循环分析法，需采用弹塑性有限元分析，并经过足够多次数的循环，直到应力-应变曲线在转折点处趋于稳定。材料模型应采用循环应力幅-应变幅曲线（参见第 6.5.2 节）。对于载荷，可取循环中两个转折点处的值，或者取正负载荷幅值。对于前一种情况，无须考虑平均应力的影响，因为光杆试件疲劳曲线已经考虑了平均应力对疲劳的最大影响。

材料经过塑性变形后，屈服应力提高，表现为应变强化。有限元软件，如 ANSYS，提供了多个强化模型，如等向强化模型、随动强化模型。等向强化模型认为，材料在一个方向得到强化，则在各个方向都有同等的强化；随动强化模型认为，材料若在一个方向强化了，则在另一个方向将同等弱化。随动强化又分线性随动强化与非线性随动强化。弹塑性疲劳分析方法应采用线性随动强化模型。ANSYS 提供的线性随动强化模型 KINH，可以对输入的材料数据进行一个多线性的曲线拟合。

逐个循环分析法的主要缺点是要求有限元软件具备循环塑性分析功能。由于要经过足够多次数的循环塑性分析，其花费的时间远超过二倍屈服法。此外，采用逐个循环分析法，需要在有限元分析结果中搜索转折点处的有效应变，并相减得到其范围，这一点比二倍屈服法烦琐。

6.5.4 二倍屈服法

二倍屈服法（twice yield method）是以零为起点载荷、载荷范围为终点载荷并在单调加载条件下进行弹塑性分析的一种方法，其采用的是应力范围-应变范围表示的循环应力-应变曲线。

二倍屈服法主要利用了滞后回线两条分支的相似性，如图 6-5 所示。如滞后回线上下两条分支在几何上相似，就没有必要采用逐个循环分析法进行分析，只要对回线的一个分支（半个循环）从转折点 A 到转折点 C 进行有限元分析，即可得出所要求的应变范围，这是二倍屈服法的基本出发点。现从另一个角度对二倍屈服法的原理进行介绍：A 点对应反向屈服极限 $-S_y$，C 点对应正向屈服极限 S_y，可以假定 A 点处应力为零，那么 C 点处对应的屈服极限变为原来的两倍，即 $S_y - (-S_y) = 2S_y$，有限元分析时 A 点处施加的载荷为零，C 点处施加的载荷为原 C 点处载荷与 A 点处载荷之差，即载荷范围，可以发现，经过这样的变换，A 点和 C 点之间的应力范围和应变范围并没有变化，有限元分析的应变输出量是所需的应变范围，这就是二倍屈服法的由来。

二倍屈服法的优点是：针对 A-B-C 半个循环，采用一个载荷步完成加载、卸载过程的单调分析即可求出所需的应变范围，不要求有限元软件具备循环塑性功能，只要具备对静载荷进行增量塑性分析的功能即可。因为只进行半个循环的分析，耗费的时间远小于逐个循环分析法。在后处理方面，有限元软件可直接输出所需的应力、

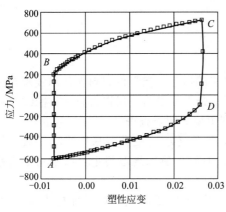

图 6-5 稳定的滞后回线

应变范围，而不像逐个循环分析法还要在分析结果中搜索并计算转折点处的应力范围和应变范围值。采用二倍屈服法获得有效应变范围后，通过手工计算即可获得有效交变当量应力。由此可见，二倍屈服法比逐个循环分析法简便得多。

6.5.5　弹塑性疲劳分析步骤与流程

弹塑性疲劳分析方法应按如下步骤进行评定，评定流程图见图 6-6。

第 1 步：根据容器设计条件确定循环载荷工况。容器运行期间的循环载荷工况主要包括间歇操作（如开车、停车等）、压力波动、温度变化、振动等。

第 2 步：由循环载荷工况，按 GB/T 4732.4 中附录 A 确定循环种数 M 及每种循环的预计循环数 n_k。

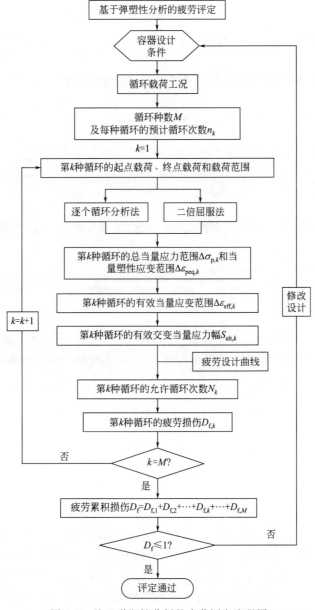

图 6-6　基于弹塑性分析的疲劳评定流程图

第3步：确定第 k 种循环范围的起点载荷和终点载荷，并取两者差值的绝对值为载荷范围。

第4步：对于第 k 种循环，采用二倍屈服法或者逐个循环分析法进行弹塑性分析，按式 (6-11) 和式(6-12)，分别计算当量应力范围 $\Delta\sigma_{p,k}$ 和当量塑性应变范围 $\Delta\varepsilon_{peq,k}$；当采用二倍屈服法时，弹塑性分析程序可以直接输出 $\Delta\sigma_{p,k}$ 和 $\Delta\varepsilon_{peq,k}$。

$$\Delta\sigma_{p,k}=\frac{1}{\sqrt{2}}\big[(\Delta\sigma_{11,k}-\Delta\sigma_{22,k})^2+(\Delta\sigma_{11,k}-\Delta\sigma_{33,k})^2+$$
$$(\Delta\sigma_{22,k}-\Delta\sigma_{33,k})^2+6(\Delta\sigma_{12,k}^2+\Delta\sigma_{13,k}^2+\Delta\sigma_{23,k}^2)\big]^{0.5} \tag{6-11}$$

$$\Delta\varepsilon_{peq,k}=\frac{\sqrt{2}}{3}\big[(\Delta\varepsilon_{11,k}-\Delta\varepsilon_{22,k})^2+(\Delta\varepsilon_{22,k}-\Delta\varepsilon_{33,k})^2+$$
$$(\Delta\varepsilon_{33,k}-\Delta\varepsilon_{11,k})^2+1.5(\Delta\varepsilon_{12,k}^2+\Delta\varepsilon_{23,k}^2+\Delta\varepsilon_{31,k}^2)\big]^{0.5} \tag{6-12}$$

式中，$\Delta\sigma_{ij,k}$ 为第 k 种循环的应力分量范围；$\Delta\varepsilon_{ij,k}$ 为第 k 种循环的塑性应变分量范围。

第5步：按式(6-13)计算第 k 种循环的有效当量应变范围 $\Delta\varepsilon_{eff,k}$

$$\Delta\varepsilon_{eff,k}=\frac{\Delta\sigma_{p,k}}{E_{ya,k}}+\Delta\varepsilon_{peq,k} \tag{6-13}$$

第6步：按式(6-14)计算第 k 种循环的有效交变当量应力幅 $S_{alt,k}$

$$S_{alt,k}=\frac{E_{ya,k}\Delta\varepsilon_{eff,k}}{2} \tag{6-14}$$

第7步：根据有效交变当量应力幅 $S_{alt,k}$，按疲劳设计曲线或公式确定第 k 种循环的允许循环次数 N_k。

第8步：按式(6-15)计算第 k 种循环的疲劳损伤

$$D_{f,k}=\frac{n_k}{N_k} \tag{6-15}$$

第9步：对于第2步中确定的每种循环，均按第3～8步计算疲劳损伤 $D_{f,k}$。

第10步：按式(6-16)计算疲劳累积损伤 D_f，如不合格，应修改容器设计。

$$D_f=D_{f,1}+D_{f,2}+\cdots+D_{f,k}+\cdots+D_{f,M}\leqslant1.0 \tag{6-16}$$

第11步：对容器上需疲劳评定的每一个点重复上述各步骤。

6.6　棘轮

6.6.1　概述

棘轮与循环塑性有关。在某些循环条件下，容器会随着每一次循环而渐增变形，最后或趋于安定或发生垮塌。棘轮是在变化的机械应力、热应力或两者同时存在时发生的渐增性非弹性变形或应变的现象。如果几次循环之后结构趋于安定，则棘轮不会发生。

对于棘轮的评定，如果载荷在结构中只引起一次应力而没有任何循环的二次应力，那么对棘轮的评定可以豁免。如果不能豁免，过去常用的方法是完成弹性应力分析后，对一次加二次应力范围加以限制。分析设计标准提出了棘轮评定的弹塑性应力分析方法，用来防止结构发生渐增塑性变形失效。在这个方法中，使用理想弹塑性材料模型，对元件进行循环载荷下的非弹性分析，直接对棘轮进行评定，即直接得出每个循环载荷下的位移增量或渐增性应变增量。

6.6.2 弹塑性分析和判据

进行弹塑性棘轮分析，至少应施加三个完整循环以后，按照以下准则对棘轮进行评定。为证实其收敛性，可能需要施加额外的循环。如果满足以下任一条件，则棘轮失效评定通过。如果不满足，则应修正元件的结构（即厚度）或降低外加载荷，重新进行分析。

① 结构中无塑性行为（即所引起的塑性应变为零）。

② 结构中在承受压力和其他机械载荷的截面上存在弹性核。

③ 结构的总体尺寸无永久性改变。可以通过绘制最后一个及倒数第二个循环之间的相关结构的尺寸-循环次数曲线来加以证实。

6.6.2.1 零塑性应变判据

零塑性应变判据为安定的弹性评定判据。当采用理想弹塑性材料时，如果载荷反向加载时材料没有发生反向屈服，那么结构处于安定。也就是说，在经历最初半个循环后，所有的循环应力路径处于屈服面内，结构表现为纯弹性行为和零塑性应变。

6.6.2.2 弹性核判据

弹性核的定义为：在整个循环加载历史中，沿壁厚始终保持弹性的那部分壁厚。如果可以表明整个加载历史过程，元件壁厚上始终存在弹性核，那么在连续的循环中，沿壁厚上就不会产生渐增的塑性变形累积，也就是不会发生棘轮。通过有限元软件得到的云图直接判断是否发生棘轮，更直观且方便。

6.6.2.3 总体变形判据

很多研究人员根据实验结果提出了基于应变变化的判据，但是基于应变变化的判据没有基于变形那么直接明了，还需要研究材料的微观力学机理。对于典型的棘轮问题，最直观的表现就是总体尺寸出现渐增性增大。所以，对总体尺寸的限定显然可以作为棘轮的判据。

6.6.2.4 三个判据的对比

零塑性应变判据比较容易理解，因为当结构任一点均处于弹性状态，必然是安定的，但是此判据对有些材料来说是过于保守的。而且压力容器元件往往会出现局部塑性区，分析设计的目的之一就是要充分发挥材料的性能，如果设计成全弹性，那就失去意义了，所以弹性安定的判据在应用上有一定的局限性。

弹性核判据相比其他两种判据可能是最可靠的，它仅仅依赖于后处理中的云图，而不是计算出来的数值。根据后处理给出的云图来判定棘轮现象，这种设计方式在以前是不多见的。此外，根据云图还可以判断出材料力学行为的具体类别，比如是全弹性、弹性安定还是塑性安定或者棘轮。但规范仅给出一句话来表述该准则，至于如何运用有限元软件及其分析结果实现对复杂结构和载荷的评定却未给出更多指导。

相比于其他两种判据，以总体变形来评定棘轮失效显得更为直接。因为尺寸的永久改变可以由位移的永久改变来衡量。大部分软件可以自动生成位移-时间曲线来供设计人员做出判断。

三个评定准则之间既有区别又有联系。零塑性应变准则是弹性核准则的一个特例，即没有发生任何塑性应变，整个结构是一个"大的"弹性核。而总体变形准则在评定棘轮时与弹性核准则是一致的。结构按弹性核准则评定为安定时，总体变形会很快趋于稳定；弹性核准则评定为棘轮时，总体变形会持续增大。根据变形（位移）-载荷曲线不容易确定结构具体处于何种状态（弹性安定或塑性安定），而弹性核准则较容易做到。

对于零塑性应变准则，分析结果是相对保守的；对于总体变形准则，规范仅仅是提到总体尺寸无永久性改变，但没有指出总体尺寸应该选在哪个部位。对于非永久性变形，设计人员也应加以考虑，如非永久性变形至少不能大到影响使用，比如密封问题。弹性核准则相较而言，更为直观，容易实施。另外在分析中还应注意施加的循环次数。实际的棘轮可能发生在十个循环甚至百个循环之后，但作为设计校核，不可能真实模拟，耗时长且不切实际。规范仅规定"最少三次""出于对收敛的考虑，可能还需要更多的循环次数"，具体几次需要设计人员自己根据试算结果判断。

6.6.3　棘轮分析步骤与流程

第 1 步：建立包括元件所有相关几何特征的数值模型。

第 2 步：确定所有相关载荷和适用的载荷工况。应校核各种工况（如正常工况、开停车工况等）及其最可能引起棘轮现象的两个工况的组合。

第 3 步：采用理想弹塑性材料模型，使用 von Mises 屈服函数和关联流动法则。采用材料在对应温度下的屈服强度作为确定塑性极限用的屈服强度。在分析中还应考虑几何非线性的影响。

第 4 步：根据第 2 步给出的适用载荷进行弹塑性分析。如果所作用的事件不止一个，则选择其中最有可能引起棘轮现象的两个事件进行分析。

第 5 步：在至少施加三个完整的循环以后，按第 6.6.2 节的三个准则对棘轮进行评定。

基于弹塑性分析的棘轮评定流程图见图 6-7。

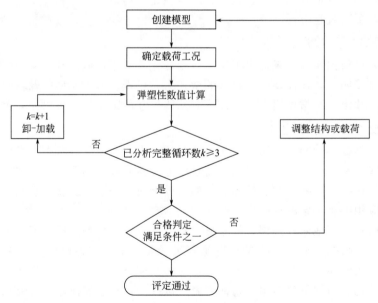

图 6-7　基于弹塑性分析的棘轮评定流程图

6.7　直接法

6.7.1　概述

基于弹性分析和应力线性化的应力分类法方便、简单、非常实用，但对于某些特殊元件和复杂应力状态，有可能给出过于保守的评定结果，此时用户也可以采用标准提供的弹塑性分析法。基于弹塑性分析进行安定棘轮分析，可以采用通用有限元软件中的逐步循环的非线性弹塑性计算来实施，但是该方法需要知道结构所受载荷的详细加载历史，往往需要很多次的载荷循环才能给出判定结果，并且一般只能判断出在给定的循环加载条件下结构处于何种响应，或者说只能完成安定和棘轮的校核。

我国分析设计标准中还提供了极限、安定和棘轮载荷边界的直接计算法（下文简称直接法）。直接法基于上、下限定理，只需要知道结构所受载荷的变化空间，可实现对任意几何结构、任意热机载荷组合下的安定分析和棘轮极限载荷的直接计算，进而快速确定元件在相应热机载荷下的安定棘轮载荷边界。

直接法相比弹塑性分析法，计算精度好、效率高，能够直接确定结构的安定棘轮载荷边界。该方法可以作为弹塑性分析法的补充，为用户提供一个选择。直接法也是国际压力容器分析设计标准（如 ASME Ⅷ-2，EN 13445，R5/R6）技术发展的趋势。

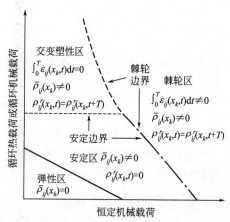

图 6-8　极限、安定和棘轮载荷边界示意图

$\dot{\varepsilon}_{ij}(x_k,t)$—等效塑性应变率，$s^{-1}$；$\bar{\rho}_{ij}(x_k)$——恒定的残余应力场，MPa；

$\rho^r_{ij}(x_k,t)$—1 个周期内的变化残余应力场，MPa

6.7.2　直接法计算过程

直接法是一种不追踪载荷的加载历史和元件应力、应变响应的演化过程，而是针对元件在给定载荷形式下的最终状态，直接确定元件所能承受的最大载荷范围的方法。基于该方法进行极限、安定和棘轮分析，可采用下限定理和上限定理。图 6-8 为恒定机械载荷和循环热载荷或循环机械载荷联合作用下，由元件的极限、安定和棘轮载荷边界确定的各个区域。当元件所受载荷为恒定值，所计算的安定、棘轮载荷退化为极限载荷。

6.7.2.1　安定载荷边界的计算

可按如下步骤，采用直接法求解安定载荷边界。

第 1 步：明确载荷工况，将元件所受的各个载荷区分为循环载荷和恒定载荷，各个载荷表示为基准载荷和一个可变载荷因子的乘积；

第 2 步：采用线弹性有限元分析方法，计算各个基准载荷单独作用下元件的线弹性应力场；

第3步：将各个线弹性应力场和对应的载荷因子组合，生成元件的线弹性应力场空间域；

第4步：选定一个载荷比例（例如，图6-9中的点M_1），采用直接法对元件进行安定分析，得到元件的安定极限载荷；

第5步：改变载荷比例（例如，图6-9中的点M_1、M_2、M_3），重复第4步，将所有安定极限载荷点连在一起围成的边界，即为安定载荷边界。

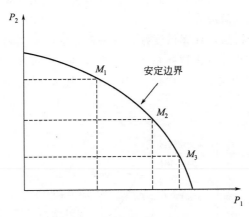

图6-9　安定载荷边界示意图

6.7.2.2　棘轮载荷边界的计算

可按如下步骤，采用直接计算法求解棘轮载荷边界：

第1步：明确载荷工况，将元件所受的各个载荷区分为循环载荷和恒定载荷，各个载荷表示为基准载荷和一个可变载荷因子的乘积；

第2步：采用线弹性有限元分析方法，计算各个基准载荷单独作用下元件的线弹性应力场；

第3步：选定一个具体的循环载荷变化范围，采用直接法，确定元件的循环稳定状态；

第4步：在循环稳定状态下，提取元件在一个周期内的变化残余应力场和塑性应变历史；

第5步：将变化残余应力场和塑性应变历史作为广义的载荷，采用直接法对元件进行修正的安定分析，确定元件所能承受的最大附加恒定载荷，得到元件的棘轮极限载荷；

第6步：改变载荷比例，重复第3～5步，所有棘轮极限载荷点连在一起围成的边界，即棘轮载荷边界。

6.7.2.3　应力补偿法

应力补偿法是一种典型的直接计算法。该方法通过引入补偿应力来构造残余应力场，仅需执行一系列刚度矩阵不变的线弹性有限元迭代计算，就可以实现安定分析和棘轮极限载荷的计算，进而能快速确定元件在相应热机载荷下的安定棘轮载荷边界。基于应力补偿法的安定和棘轮分析流程图如图6-10和图6-11所示。分析设计人员也可以选择采用其他成熟可靠的直接法进行安定棘轮载荷边界的计算。

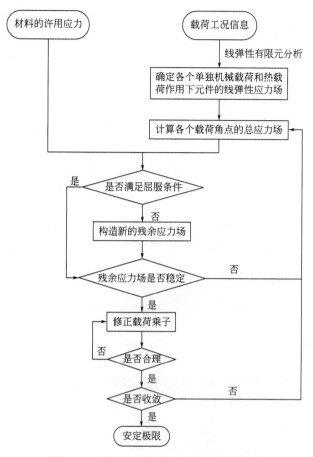

图 6-10　基于应力补偿法的安定分析流程

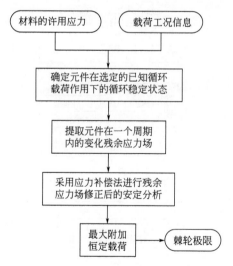

图 6-11　基于应力补偿法的棘轮分析流程

6.7.2.4　线性匹配法

线性匹配法（linear matching method）是一种求解非线性材料结构响应的快速直接算

法，该方法采用一系列修正弹性模量的线弹性分析来模拟结构的塑性力学行为，可以快速确定元件在相应热机载荷下的极限、安定和棘轮边界条件。基于线性匹配法的安定和棘轮分析流程图如图 6-12 和图 6-13 所示。

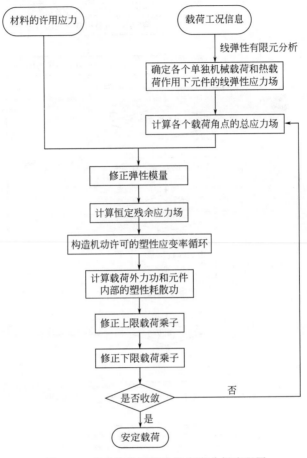

图 6-12　基于线性匹配法的安定分析流程图

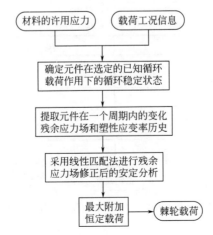

图 6-13　基于线性匹配法的棘轮分析流程图

7

压力容器高温分析设计

高温蠕变条件下工作的压力容器，一般来说，当材料的使用温度达到其熔点的 0.3 倍以上时蠕变现象才会变得明显。此时，会表现出与时间相关的蠕变属性，这使得结构在高温下的行为与蠕变温度以下（以下简称低温）时有很大区别。因此，对于高温蠕变条件下工作的压力容器，其安全性除了需要满足低温设计规范的要求外，仍需保证这些高温部件不会发生与时间相关的失效模式。

7.1 各国主流高温规范简介

对于高温部件和低温部件的设计，主要差别并不在于温度的影响，而是因温度导致的材料行为对时间的依赖。高温下部件的设计面临蠕变、蠕变-疲劳、寿命降低等难题，同时高温部件的分析也是一项非常复杂的工作。由于核电工业和石油化工工业高温高压服役环境的日益凸显，美国机械工程师协会 1963 年发行的 ASME 规范案例 1331（后成为规范案例 1592，1984 年经增补修订后改为 ASME N-47，1995 年纳入规范正文），是世界上第一部有关高温结构设计的标准，而英国前中央电力局颁布的 R5 规程《高温下结构相应的评定规程》是世界上第一部专门用于高温结构完整性评定的规范。其后相继出现了法国 RCC-MR 规范的附录 A16，英国的 PD 6539 和 BS 7910，以及德国的 FBH 方法等几部专门用于高温结构完整评定的规范。

ASME Ⅲ-NH（前身为 ASME 规范案例 N-47）是在美国液体金属快堆项目支持下发展起来的。对于核一级部件中的低温部件（铁素体温度低于 371℃，奥氏体和镍基合金温度低于 427℃），设计遵循 ASME 第Ⅲ卷 NB 分卷；高于以上温度限值的核一级部件按照 ASME 第Ⅲ卷 NH 分卷设计。ASME Ⅲ-NH 可预防短期加载的韧性断裂、长期加载的蠕变断裂、蠕变-疲劳失效、渐增性垮塌和棘轮产生的过量变形、过量变形引起的功能失效、短期加载导致的屈曲、长期加载导致的蠕变-屈曲等与时间相关的失效模式。ASME-Ⅲ-NH 规范提供了预防以上失效模式的设计准则，即通过限制载荷控制的应力、应变控制的应力、蠕变-疲劳交互作用以及屈曲等来避免结构产生因蠕变作用导致的破坏。

ASME Ⅲ-5 为核动力装置规范第Ⅲ卷的第 5 册，提供了高温反应堆的建造规则，于

2011 年第一次出版。对于 A 级部件的高温建造和设计规则主要集中在 HBB 分卷和 HGB 分卷，其高温分析方法基本和 ASME Ⅲ-NH 相同。

基于 ASME Ⅷ-2 设计的部件，可以借助 ASME 规范案例 2843 和 ASME 规范案例 2605 这两个规范案例来实现蠕变及蠕变-疲劳工况下的分析设计。ASME 规范案例 2843 几乎完全参照 ASME Ⅲ-NH 中的分析方法，第 7.2 节将介绍其与 ASME Ⅲ-NH 的差异。ASME 于 2008 年 10 月出版了规范案例 2605，并于 2010 年 1 月修订为规范案例 2605-1。目前的最新版为 2015 年 6 月二次修订的 ASME 规范案例 2605-2。该规范案例在 ASME Ⅷ-2 的基础上拓展了 2¼Cr-1Mo-V 材料的高温疲劳设计曲线，采用 Omega 蠕变损伤模型，为塑性垮塌、蠕变、蠕变棘轮和蠕变-疲劳交互作用这四种蠕变失效模式，提供了高温蠕变-疲劳寿命设计准则。

2000 年 1 月出版的美国石油协会 API 579《合于使用》，它汇编了各种炼油及石油化工行业对含缺陷或损伤的设备结构完整性可靠评价的公认方法。API 579 可与炼油和石油化工行业压力容器、管道和陆上储罐已有规范（如 API 510、API 570 和 API 653）一起使用。API 579 中标准化的合于使用评价程序提供了设备超期服役时的评价方法。这种分析对设备继续运行或改变、维修、报废或更换的决策提供了一个合理的基础，且可用于优化维修和操作指南，保持可用性和提高工厂设备长周期经济效益。本章也将对 API 579 的蠕变和蠕变-疲劳交互的分析和评价进行介绍。

R5 规程源自在 20 世纪 60 年代第二代高温气冷堆（AGR）的研究和投建，是由此发展而来的高温部件完整性评定的方法和技术。自 1990 年发行以来，R5 规程所用的方法与技术被不断地改进、完善和验证，围绕着这一课题的研究一直没有停止。目前的最新版本为 R5（第 3 版）修订版 002。R5 规程以高温断裂理论为基础，采用参考应力法，考虑弹性跟进的影响，使用延性耗竭法来计算累积蠕变损伤，提供了无缺陷结构蠕变-疲劳裂纹萌生的评定准则，蠕变和蠕变-疲劳裂纹扩展的评定方法。第 2、3 卷用于校核无缺陷结构在蠕变、蠕变-疲劳交互作用下的裂纹萌生，主要用于新设备的设计。第 4、5 卷考虑宏观的初始裂纹，评估裂纹因蠕变或蠕变-疲劳交互的影响发展为临界尺寸的时间或循环次数，可用于评估含缺陷在役设备的剩余寿命。ASME 和 RCC-MRx 规范都没有从蠕变裂纹的萌生和扩展的角度来考虑蠕变寿命的评定。R5 规程中使用的是延性耗竭方法，本质上是对蠕变应变率进行限制，被认为更适合用于评价高温材料的蠕变损伤。

RCC-MRx 规范是由法国核岛设备设计和建造规则协会（以下简称 AFCEN）编制和出版的技术规范。它规定了高温条件下使用部件的设计、材料、制造、检验等技术要求，2012 年出版了第一版，2015 年的第二版整合了 2008 版 RCC-MX 规范和 2007 版 RCC-MR 规范的相关内容。RCC-MRx 将损伤分为 P 类和 S 类两种类型，P 类损伤由稳定递增载荷或恒定载荷引起，包括快速的过量变形和塑性失稳；S 类损伤则由循环载荷引起，包括渐增性变形、疲劳或渐增性开裂。RCC-MRx 根据蠕变可忽略/显著和辐射可忽略/显著的四种组合情况分别提供了不同的分析规则。

7.2　ASME 规范案例 2843 和 2605

对于压力容器的高温设计，当前 ASME Ⅷ-2 允许使用弹性分析进行高温下的疲劳设计，但必须符合"基于可比设备经验"的疲劳筛分准则。在 ASME Ⅷ-2 全面引进高温分析方法前，基于 ASME Ⅷ-2 设计的部件，可以借助 ASME 规范案例 2843 和 ASME 规范案例 2605 这两个规范案例来实现蠕变及蠕变-疲劳工况下的分析设计。

7.2.1 ASME 规范案例 2843

ASME 规范案例 2843 几乎完全参照 ASME Ⅲ-NH 中的分析方法。

7.2.1.1 载荷控制的应力限值

ASME 规范案例 2843 中针对设计工况和操作工况下的载荷控制应力限值基本参照 ASME Ⅲ-NH 中设计载荷、A 级和 B 级使用载荷下的限值。不同之处在于，ASME Ⅲ-NH 计算各类应力用的是应力强度，而 ASME 规范案例 2843 与新版 ASME Ⅷ-2 中第 5 篇一致，采用了 von Mises 当量应力。另外，针对设计工况的限值，ASME Ⅲ-NH 采用的是 S_0。S_0 为设计载荷下用作应力计算基准的总体一次薄膜应力强度的最大许用值。该许用值可以查 ASME Ⅲ-NH 中表 NH-Ⅰ-14.2（该值相当于 ASME Ⅱ-D 第 1 分篇表 1A 中给出的 S 值，但有几种情况除外）。ASME 规范案例 2843 采用的是 S。S 为总体一次薄膜应力强度的最大许用值，该值按 ASME Ⅱ-D 表 5A 和表 5B 选取。

ASME Ⅲ-NH 要求对 A 级、B 级、C 级受载过程中，与一次载荷各种增量产生的总体一次薄膜应力和一次薄膜加弯曲应力有关的使用系数进行限制。ASME 规范案例 2843 针对操作工况也有同样的要求，并明确两个使用系数的限值都为 1.00，见图 7-1。

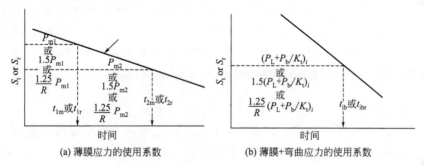

图 7-1 ASME 规范案例 2843 的使用系数

7.2.1.2 应变限值

（1）弹性分析的应变限值

ASME 规范案例 2843 的试验 A-1、试验 A-2、试验 A-3 和 ASME Ⅲ-NH 并不对应，分别对应 ASME Ⅲ-NH 中的试验 A-3、试验 A-1 和试验 A-2。ASME 规范案例 2843 中试验 A-1 给出了蠕变筛分准则，即判断蠕变是否可忽略。也就是说，如果符合试验 A-1 的要求，那么可以直接按 ASME Ⅷ-2 进行高温下的分析。如果不满足试验 A-1 的要求，那么要采用弹性分析、简化的弹塑性分析或非弹性分析三种方法中的一种进行下一步的校核。

ASME 规范案例 2843 中试验 A-1 的方法和原理同 ASME Ⅲ-NH 中的试验 A-3。ASME 规范案例 2843 对 $3\overline{S}_m$ 进一步给出了保守的近似值。S_{tH} 为循环中热端最大壁温下的 S_t，S_{tL} 为循环中冷端最大壁温下的 S_t。$0.5S_{tH}$ 为热端松弛应力 S_{rH} 保守的近似值，$0.5S_{tL}$ 为冷端松弛应力 S_{rL} 保守的近似值。$3\overline{S}_m$ 用于评定蠕变-安定，$1.5\overline{S}_{mL}$ 代表屈服强度。$0.5S_t$ 是松弛应力 S_r 的保守近似值。

ASME 规范案例 2843 中试验 A-2 和试验 A-3 的方法和原理同 ASME Ⅲ-NH 中的试验 A-1 和试验 A-2。

（2）简化的非弹性分析的应变限值

ASME 规范案例 2843 中只提供试验 B-1 和 B-2，对于其中的 X_1 和 Y_1 值有了更明确的规定，是采用 S_{yL} 代替 S_y 进行计算。

7.2.1.3　蠕变-疲劳分析流程

ASME 规范案例 2843 中蠕变-疲劳分析法和原理同 ASME Ⅲ-NH，仅仅具体流程上稍有变化。在对载荷控制的限值进行校核后，需要做一个"蠕变是否可忽略"的判断，如果蠕变可忽略，那么直接按 ASME Ⅷ-2 进行分析。如果蠕变不能忽略，那么要按第 7.2.1.2 节对应变限值进行校核。对于蠕变-疲劳校核，ASME Ⅲ-NH 是先进行疲劳的计算，再进行蠕变的计算，最后校核蠕变-疲劳交互。ASME 规范案例 2843 在顺序上略有不同，先进行蠕变分析，再进行疲劳分析，最后进行蠕变-疲劳交互的校核。

7.2.2　ASME 规范案例 2605

美国金属材料性能学会（Metal Properties Council）对大量高温使用的金属材料进行了蠕变以及蠕变-疲劳交互作用性能的研究，于 1986 年提出 Omega 方法，其目的是计算运行在给定温度和应力水平下的炼油厂压力部件的剩余寿命。Omega 方法的蠕变参数由低应力蠕变试验获得，炼油和化工行业的高温承压设备设计应力水平一般都比较低，因此 Omega 方法更符合实际。Omega 方法认为：在低应力的蠕变过程中，材料的蠕变行为在第一阶段蠕变和第二阶段蠕变的持续时间都很短，应变累积很小，部件的大部分寿命耗费在第三阶段。这样的假设区别于传统的高应力水平下的蠕变行为的三个阶段。Omega 方法认为在蠕变的第三阶段应变速率起主导作用，应变速率随着时间和累积应变的增加而增加。当材料的剩余寿命即将耗尽时，应变速率会出现一个明显的加速，而此时应变或应力还没有发生明显的变化。

ASME 规范案例 2605-2（以下简称 CC2605-2）主要考虑了垮塌、蠕变、蠕变棘轮和蠕变-疲劳交互作用这四种失效模式，在每种失效模式中都考虑了蠕变损伤的作用。经过以上四步的计算，如果得到的蠕变-疲劳循环次数大于实际需要的次数，那蠕变-疲劳评定就通过了，否则，应当增大设备上最薄弱部位的壁厚或改变结构，从第一步开始重新计算。

7.2.2.1　强度校核

按 ASME Ⅷ-2 校核最大一次静载下的强度。最大一次静载应该使用设计温度和设计压力，目的在于防止设备因强度不足而失效。强度校核的内容包括各受压元件的一次应力和二次应力，以确定各受压元件的壁厚。

7.2.2.2　安定性校核

按照 CC2605-2 中的第（d）（1）（-a）条选项 1 或第（d）（1）（-b）条选项 2 进行安定性校核。安定性校核的目的是防止结构中的非弹性变形随载荷循环次数的增多而增大，最后导致结构垮塌，也就是为了防止发生塑性垮塌和蠕变棘轮失效。

（1）安定校核——选项 1

选项 1 是一种近似的棘轮分析，该分析需证实结构中所有点处于弹性安定。如果选择该法，必须采用保守的载荷框图，该载荷框图应基于最苛刻工况下的应力和温度。为了评定蠕变松弛效应，应至少计算两个完整的循环，并包含至少一年的保载时间。在最后一个计算循环里，应证实整个循环结构都处于线弹性状态。如果不能满足这条准则，必须按选项 2，针对真实的、与时间相关的热机载荷框图进行完整的非弹性分析。

（2）安定校核——选项 2

如果不按照选项 1 进行简化的分析，或者实施选项 1 所述的分析后，不能证实结构处于线弹性状态，则应该采用真实的、与时间相关的热机载荷框图进行完整的非弹性分析。载荷框图应包含所有操作循环及与之相关的保载时间。一般情况下，应针对载荷框图确定的所有循环及相关保载时间进行连续分析，除非分析中证实结构安定于稳定状态或者出现稳定（增长）的棘轮变形。不管哪种情况，其应变极限必须满足 CC2605-2 的相关要求。

（3）安定校核——弹性分析

CC2605-2 的重要变化之一是在蠕变棘轮的校核中引入了弹性分析，即可以用弹性分析来代替非弹性分析。为防止棘轮发生，应满足

$$P_L + P_b + Q + F \leqslant S_h + S_{yc} \tag{7-1}$$

式中　S_h——所考虑循环最大温度下的许用应力；

S_{yc}——所考虑循环中最小温度下的屈服强度。

7.2.2.3　纯蠕变寿命计算

纯蠕变寿命（不考虑疲劳）的计算应按照 CC2605-2 中的第（d）（4）条进行，目的是防止设备发生过量的蠕变变形，从而导致蠕变失效。

在确定纯蠕变寿命 L_{caf} 时，应对承受最苛刻应力和温度的位置进行非弹性分析，并应选定足够多的位置以确保考虑到了最危险的情况。纯蠕变寿命由以下两个时间确定，以先到者为准：非弹性分析产生累计蠕变损伤至 $0.95 \leqslant D_c < 1$ 所需的时间，或 1000000h。D_c 给出的是一个范围，是因为考虑到非弹性分析中的数值精度。为了设计需要并考虑分析中的不确定性，可以采用更低的 D_c 值去确定 L_{caf} 的保守值，设计者可以根据具体情况自行判断。

7.2.2.4　蠕变-疲劳寿命计算

蠕变-疲劳寿命的计算应按 CC2605-2 中的第（e）（1）条或第（e）（2）条进行。计算中用到了 CC2605-2 中图 1（图 1M）蠕变-疲劳设计曲线，其目的是防止蠕变-疲劳交互作用下引起的失效。

① 第（e）（1）条。如果采用了第（d）（1）（-a）条的选项 1，那么可以按 Ⅷ-2 中的第 5.5.2.4 条进行疲劳筛选分析，但在筛分评估时应使用图 1（图 1M）、表 3（表 3M）的疲劳曲线，以及基于 10^4 次循环对应的 S_{as} 值。此外，在执行 Ⅷ-2 中的第 5.5.2.4 条的第 3 步和第 4 步时，可以用 CC2605-2 第（d）（1）条安定分析得出的基于一次加二次加峰值应力的等效交变应力幅来代替 C_1S。式（7-2）中的许用循环次数 N 按 Ⅷ-2 中的第 5.5.2.4 条的第 3 步确定。蠕变-疲劳寿命 L_{cwf} 由式（7-2）或式（7-3）确定。式（7-2）或式（7-3）中的等效塑性应变幅 $\Delta\varepsilon_{peq}$ 可由 CC2605-2 中表 4 确定，它是等效交变应力幅的函数。

$$L_{cwf} = L_{caf} \left[\frac{\beta_{cf} \Delta\varepsilon_{peq} N}{\exp(\beta_{cf} \Delta\varepsilon_{peq} N) - 1} \right], \Delta\varepsilon_{peq} > 0 \tag{7-2}$$

$$L_{cwf} = L_{caf}, \Delta\varepsilon_{peq} = 0 \tag{7-3}$$

② 第（e）（2）条。如果采用了第（d）（1）（-b）条的选项 2，那么应按 Ⅷ-2 中的第 5.5.4 条实施疲劳分析，并采用 CC2605-2 中的图 1（图 1M）、表 3（表 3M）的疲劳曲线来确定疲劳累积损伤。疲劳累积损伤应满足 Ⅷ-2 中第 5.5.4 条的要求。蠕变-疲劳寿命 L_{cwf} 由式（7-4）或式（7-5）确定。式（7-4）或式（7-5）中第 k 步载荷工况或循环的等效塑性应变范围直接由基于应变的疲劳分析结果来确定。

$$L_{cwf} = L_{caf} \left[\frac{\beta_{cf} \sum_{i=1}^{k} \Delta\varepsilon_{peq,k}}{\exp\left(\beta_{cf} \sum_{i=1}^{k} \Delta\varepsilon_{peq,k}\right) - 1} \right], \Delta\varepsilon_{peq} > 0 \tag{7-4}$$

$$L_{\text{cwf}} = L_{\text{caf}}, \Delta\dot{\varepsilon}_{\text{peq}} = 0 \tag{7-5}$$

ASME 规范案例 2605 的蠕变-疲劳设计的详细流程图见图 7-2。

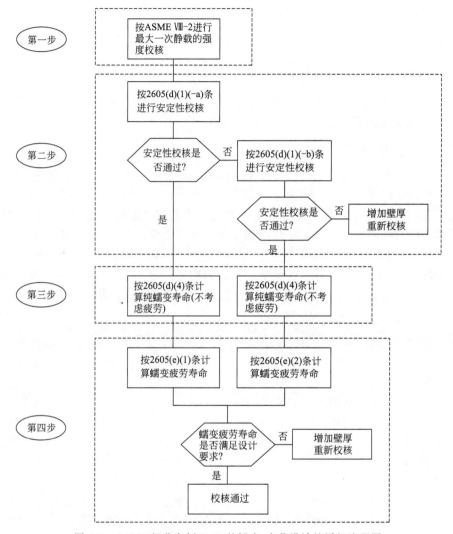

图 7-2　ASME 规范案例 2605 的蠕变-疲劳设计的详细流程图

7.3　GB/T 4732.5 附录 A

新规范附录 A 包含两种较为成熟且目前在工业领域应用的高温部件的设计方法。其中，方法一来源于 ASME Code Case 2843，适用于铬钼钢 12Cr2Mo1R、12Cr2Mo1 在高于 370℃且不超过 575℃，不锈钢 S30408、S30409、S31608 在高于 425℃且不超过 700℃时的设计。方法二来源于 ASME Code Case 2605，适用于铬钼钢 12Cr2Mo1VR、12Cr2Mo1V 在高于 370℃且不超过 482℃时的设计。对于运行在高温蠕变条件下的压力容器，可采用这两种中的任何一种方式对蠕变断裂、蠕变过量变形、蠕变棘轮、蠕变疲劳 4 种典型失效模式进行评定。

7.3.1 方法一

满足应力评定保证了基本强度，将应力水平控制在许用值以下。满足应变限制保证了不发生蠕变棘轮导致的失效。满足蠕变疲劳准则保证了部件不发生蠕变疲劳失效。

7.3.1.1 压力及其他机械载荷引起的应力的限制

压力及其他机械载荷引起的应力的限制评定包括以下内容：

① 设计载荷和操作载荷的不同应力类型应满足各自的许用值，如图 7-3 所示。

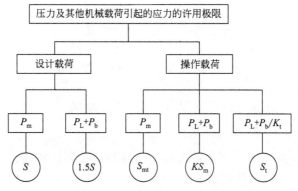

图 7-3 压力及其他机械载荷引起的应力的许用极限流程图

② 对操作载荷进行分类。分别计算每一类载荷的加载时间与这类载荷对应的材料断裂时间的比值，作为各类载荷的使用系数，并对各类载荷的使用系数求和，使用系数之和不得超过 1.0。

7.3.1.2 应变变形限制

本部分提供了蠕变不可忽略时的三种应变限制评定方法，应变评定流程如图 7-4 所示。

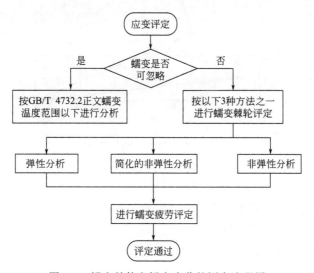

图 7-4 蠕变棘轮和蠕变疲劳的评定流程图

7.3.1.3 蠕变疲劳的评估

进行蠕变疲劳评定基于弹性分析方法，需满足以下情况：

① 满足图 7-4 中弹性分析和简化的非弹性分析的要求；

② 满足准则 $P_L + P_b + Q \leqslant 3S$，其中 $3S$ 取 $\min\{3S_m, 3\overline{S}_m\}$；

③ 由压力引起的薄膜和弯曲应力以及由热载荷引起的薄膜应力归为一次应力。

蠕变疲劳的评估，分为蠕变损伤计算和疲劳损伤计算。

对于蠕变损伤的计算，首先，通过弹性分析得到应变范围的当量应变。然后分别针对应力集中系数、蠕变应变、多轴塑性和泊松比对当量应变进行修正，以确定考虑弹性、塑性和蠕变影响的总应变。再通过等时应力-应变曲线，最小断裂应力-断裂时间关系图，可确定特定初始应力水平和特定温度下材料发生蠕变断裂的许用时间，再按照使用系数累加原则，最终得到蠕变损伤系数 D_c。

对于疲劳损伤的计算，首先确定每一类循环载荷的循环次数，并由设计疲劳数据确定每一类循环载荷的设计许用循环次数。分别计算每一类循环载荷的循环次数与这类循环载荷的设计许用循环次数的比值，作为各类循环载荷的损伤系数。叠加各类循环载荷的损伤系数，最终得到疲劳损伤系数 D_f。

蠕变疲劳的交互作用是通过线性累积损伤准则进行叠加

$$D_c + D_f \leqslant D \tag{7-6}$$

如果该点落在对应材料的蠕变疲劳损伤包络线与横纵坐标所成的区域以内，见图 7-5，或落在对应材料的蠕变疲劳损伤包络线上，则合格。

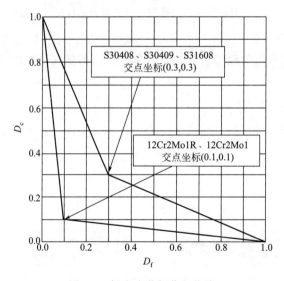

图 7-5　蠕变疲劳损伤包络线

7.3.2　方法二

本部分基于 Omega 蠕变累积损伤效应，针对工作在 $370 \sim 482℃$ 范围的低合金钢制压力容器，提供了一种高温蠕变分析设计方法。

7.3.2.1　防止塑性垮塌

按分析设计标准进行最大一次静载的强度校核。

7.3.2.2　防止蠕变棘轮

元件承受循环载荷时，需进行蠕变棘轮分析。通过限制应变和变形，可以避免过量蠕变变形和蠕变棘轮这两种失效模式。防止蠕变棘轮的评定流程见图 7-6。

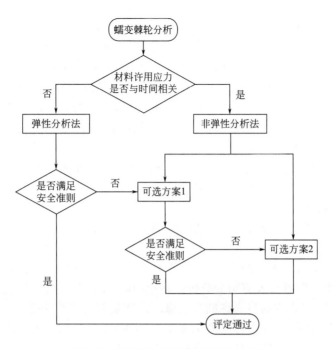

图 7-6 蠕变棘轮失效模式评定流程图

（1）弹性分析法

当受压元件材料在操作温度下的许用应力 S_m^t 与时间无关时，若按分析设计标准中规定的设计方法，可以确定元件中的所有点均处于弹性安定，则可以采用弹性分析法进行棘轮分析。当采用本方法分析时，应选取最极端工况下的应力和温度条件，按式（7-7）对受压元件的总应力范围进行限制。

$$\Delta(P_L + P_b + Q + F) \leqslant S_h + S_{yc} \tag{7-7}$$

（2）非弹性分析法

受压元件应采用下列可选方案之一进行非弹性分析并考虑蠕变效应，但不包括标准的受压件及法兰结构。

① 可选方案 1：如果所有结构上的各点均处于弹性安定状态，可采用近似的棘轮分析。应选择最极端应力与温度工况的载荷历程，最少应计算两个完整的循环，每个循环应包含至少一年的保载时间，用于判断是否发生蠕变松弛效应。在计算到最后一个循环时，需证实整个循环中，元件是否处于弹性安定状态。若不能满足弹性安定性要求，则采用可选方案 2，按实际操作历程进行非弹性应力分析。

② 可选方案 2：如果按可选方案 1 无法进行简化分析或按可选方案 1 分析后，表明结构无法达到弹性安定状态，则应进行完全的非弹性应力分析。在分析过程中，应采用与真实操作时间相关的温度、机械载荷加载历程（包括所有的操作循环及与时间相关的保载时间）；该分析应持续到载荷历程中定义的所有循环结束，或结构安定于一个稳定的状态，或形成稳定的棘轮变形。

7.3.2.3 防止蠕变疲劳

元件承受循环载荷时，需进行蠕变疲劳分析。

（1）不考虑疲劳损伤的蠕变寿命

在确定不考虑疲劳损伤的蠕变寿命 L_{caf} 时，应选择最极端应力和温度的工况进行稳态的非弹性分析。在分析过程中，应在结构上选取足够多的位置进行评定，以保证结构在最苛刻条件下已满足要求。不考虑疲劳损伤的疲劳寿命 L_{caf}，是指结构在极端工况下不考虑疲劳因素而达到蠕变失效时的工作时间。不考虑疲劳损伤的蠕变寿命 L_{caf} 由以下两个时间确定，以先到者为准：由于非弹性分析产生累积蠕变损伤所需的时间，或 10^6 h。出于设计需要并考虑到分析过程中的不确定性，设计时可根据具体情况，选择一个较小值作为蠕变损伤值，从而确定一个偏于保守的 L_{caf} 值。

对不考虑疲劳损伤的蠕变寿命的计算，可根据材料相应的高温疲劳设计曲线，确定结构的稳态蠕变寿命，从而获得结构允许的最大疲劳循环次数。

（2）考虑疲劳损伤的蠕变寿命

考虑疲劳损伤的蠕变寿命 L_{cwf} 及许用循环次数 N 应满足设计条件的要求，其值可采用如下提供的方法进行计算而确定：

① 若采用第7.3.2.2节中的①所述方案1进行安定性评定，则可按分析设计标准中"疲劳分析免除准则二"进行疲劳筛分分析。在疲劳筛分过程中，需满足如下要求：

a. 许用循环次数 N，应通过考虑蠕变效应的设计疲劳曲线与交变应力幅确定；

b. 考虑疲劳损伤的蠕变寿命 L_{cwf} 的计算，应考虑许用循环次数 N、疲劳免除分析中的当量塑性应变幅和蠕变疲劳损伤系数，通过对不考虑疲劳损伤的疲劳寿命 L_{caf} 进行适当折减而确定。

② 若采用第7.3.2.2节中的②所述方案2进行安定性评定，则按分析设计标准进行疲劳分析。在疲劳分析过程中，需满足如下要求：

a. 应通过考虑蠕变效应的设计疲劳曲线，确定结构的疲劳累积损伤。疲劳累积损伤应满足分析设计标准的要求。

b. 考虑疲劳损伤的蠕变寿命 L_{cwf} 的计算，应考虑每一个载荷条件或循环引起的当量塑性应变幅和蠕变疲劳损伤系数，通过对不考虑疲劳损伤的疲劳寿命 L_{caf} 进行适当折减而确定。

7.3.2.4 防止蠕变屈曲

选取导致压缩应力的极端苛刻组合工况下，并基于薄膜应力采用考虑蠕变效应的方法计算应变率 $\dot{\epsilon}$。如果应变率满足式（7-8）时，对于外压或压缩应力的设计有要求可采用分析设计标准的要求进行校核。

$$\dot{\epsilon} \leqslant 3 \times 10^{-8} \, h^{-1} \tag{7-8}$$

7.4 高温结构完整性评价软件

高温结构完整性评价的复杂性主要涉及三个维度：时间、空间和温度。空间位置是通过路径的选择来体现，而时间和温度是和部件的服役条件相关。高温结构完整性评估通常涉及多个使用载荷下的部件应力和应变计算及后续的复杂评价过程，其中包括对多个工况、多条路径、多个时刻下机械场、温度场、应力、应变、应力范围、应变范围、最大值、最大范围的确定等，同时，涉及各种与时间和温度有关的材料参数和等时应力-应变曲线的查询，其过程复杂，靠人手工或借助计算器、EXCEL表格等都很难高效和全面地对部件进行高温下的评估。

为适应结构高温完整性评估的需要，借助国内多家单位联合开发的"高温结构完整性自动评价软件"，将规范条款（ASME NH、ASME Ⅲ-5、ASME Code Case 2843 等）与工程实际相结合，解决了加载循环的复杂性、多参数及其耦合作用，有限元设计结果的复杂后处理等问题，可用于完成基于等时应力-应变曲线的高温结构完整性评估。同时，将各种材料参数嵌入模块，并将高温评价的流程模块化、流程化。为实现高温结构完整性评价，基于HBB/NH 的高温评价逻辑库，软件分为 3 大模块，32 个子模块，101 项计算/校核项。

（1）数据导入模块

数据导入模块包括设置工作目录、输入检查、热载工况合成和文件重命名四个子模块，见图 7-7。原始数据为 ANSYS Workbench 有限元软件导出的各个计算工况的路径数据结果。在整个评估开始前，需要指定工作目录。输入检查可以对各工况文件下准备的路径数据进行检查，如有命名错误，可根据错误提示去修改相应的文件。

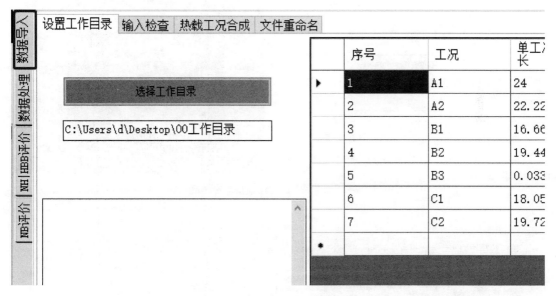

图 7-7 数据导入模块

（2）数据处理模块

数据处理模块主要是为后续的评定过程中所需的各项参数做准备，主要分为时间/温度、材料数据、等效应力、主应力、应力范围、应变范围和循环类型 7 个子模块，见图 7-8。

（3）评价模块

评价模块会自动判断是否高温，如进入低温，可按 NB 模块进行评定，NB 模块中包含 5 个子模块，见图 7-9。如果是高温路径，则按照 HBB/NH 模块进行评价，该模块包括 16 个子模块，见图 7-10。

国际上所采用的高温设计规范数十年来都在不断完善和更新，以反映最新的研究成果和技术进步。以 ASME Ⅲ-NH 为代表的高温规范给出了明确的高温设计准则和安全裕度。目前实施的评价方案都是以弹性分析方法为基础。在设计的初期阶段，快速有效评估多种设计选项是非常重要的。高温结构完整性自动评价软件可在项目前期对多个方案反复试算，以确定早期设计阶段中的高应力区及关键结构，以便及时采用修正措施，对结构进行重新设计。在项目正式设计阶段中把大部分问题处理掉，留下个别难题，可采用非弹性方法处理。高温结构完整性自动评价软件，实现分析过程的显著加速，质量效率提升，可适应于未来绝大多数高温设备力学分析场景。

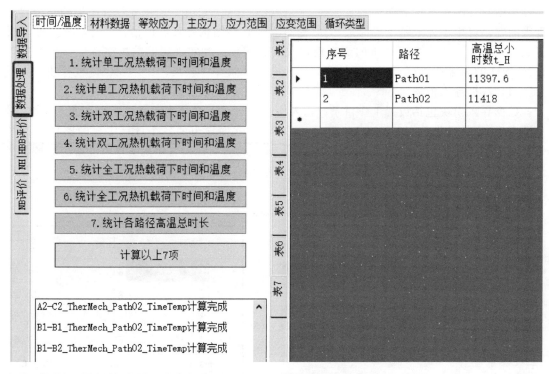

图 7-8 数据处理模块

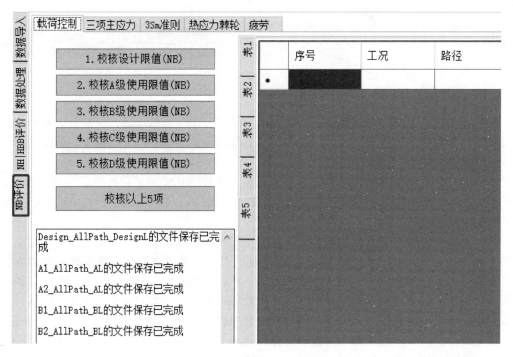

图 7-9 评价模块——NB 模块

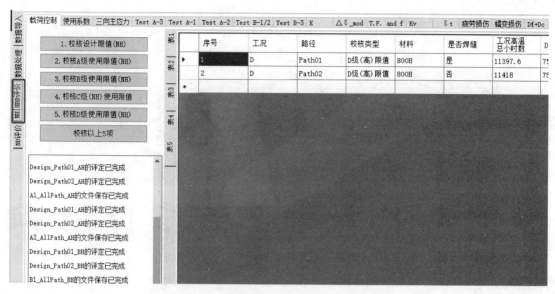

图 7-10 评价模块——HBB/NH 模块

附录

压力容器应力分析和评定工程案例

压力容器分析设计内容应包括结构设计、强度计算书或分析报告等。本附录列举北京化工大学 CAE 中心完成的一些压力容器应力分析和评定工程案例。由于涉及技术保密，各案例所分析设备的初始设计过程和一些结构细节不做详细介绍。另外，由于这些案例都是在我国分析设计新标准颁布之前开展的，因此评定标准多数参照 JB 4732—1995《钢制压力容器分析设计标准》，有些案例则是基于 ASME Ⅷ-2 或其他相关标准。

附录 A　热熔盐储罐应力分析和蠕变-疲劳评定

A.1　有限元模型

热熔盐储罐是光热发电储能系统中的关键设备。在阳光充足时，利用熔盐这一介质将所吸收的太阳能热量储存起来。在夜间或阳光不足时，通过泵将高温熔盐抽出，与水换热产生过热蒸汽，驱动汽轮机，以实现稳定的电力输出。

（1）储罐结构

本案例的热熔盐储罐主要由拱顶、罐壁、底板、泵口接管和加强筋组成，罐体内径 25m，高 14m，罐体材料为耐高温不锈钢 347H。在储罐底部建有高度为 2m 的地基，包括砂石、泡沫玻璃、硅酸钙等 6 种材料，具有良好的承重和保温性能。

（2）几何模型

热熔盐储罐属于典型的薄壁结构，为此，罐体采用 Shell181 壳单元建模，地基部分采用 Solid185 实体单元建模。考虑到罐底大角焊缝是重点关注的区域之一，最下面一层罐壁、大角焊缝和底板均采用 Solid185 实体单元建模。储罐及其地基的三维有限元网格整体结构模型和局部结构模型如图 A-1 和图 A-2 所示。

（3）边界条件

在地基底面设置全约束，限制其移动和转动自由度。在模型对称面上施加对称约束。在储罐底板与地基连接部位设置摩擦接触，摩擦系数为 0.6。

（4）计算工况

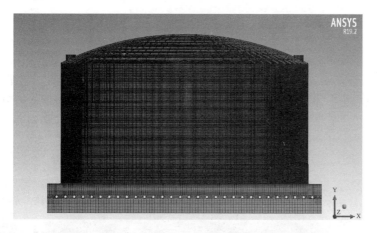

图 A-1　热熔盐储罐和地基整体结构有限元网格模型

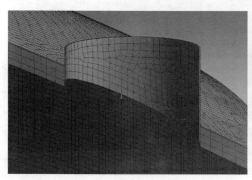

(a) 拱顶接管处网格划分

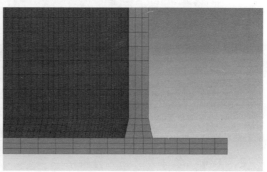

(b) 大角焊缝区域网格划分

图 A-2　有限元局部结构网格模型

本案例考虑两种载荷组合：

① 机械载荷组合（工况一），包括自重、内压、液体静压力、风载荷、地震载荷和雪载荷；

② 全部载荷组合（工况二），包括所有机械载荷和温度载荷。

温度载荷的施加方式是在储罐液位以下内侧面施加 575℃ 的设计温度，在地基环墙外侧面以及底面施加 10℃ 的室温，经过传热计算，得到了储罐和地基的温度场分布，如图 A-3 所示。

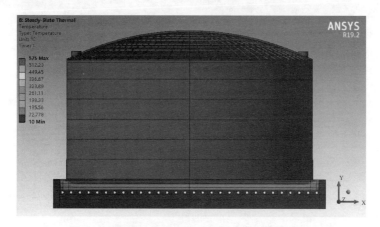

图 A-3　热熔盐储罐和地基整体结构温度场分布

A.2　应力计算结果及分析

（1）工况一条件下有限元分析结果

图 A-4 为所有机械载荷作用下罐体结构上的应力强度分布云图，其最大应力强度为 124.86MPa。最大应力出现在背风面大角焊缝外侧，这是由于大角焊缝处存在明显的结构不连续。另外，由于风载荷和地震载荷的作用，储罐结构中的应力分布不对称。

图 A-4　工况一条件下罐体应力强度分布云图

（2）工况二条件下有限元分析结果

如图 A-5(a) 所示，最大应力强度为 140.59MPa，最大应力出现在背风面大角焊缝外侧。在热载荷作用下，罐体产生了较大的热变形，图 A-5(b)、(c) 分别为罐体的轴向、径向位移云图，其轴向最大位移为 152.53mm，出现在拱顶中部。罐体径向最大位移为 149.5mm，出现在背风侧罐壁处。这里应该说明的是，为避免出现过大热应力，储罐没有设计阻止热变形的结构，因而出现了较大位移。

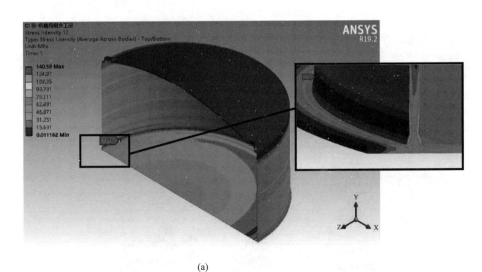

(a)

图 A-5

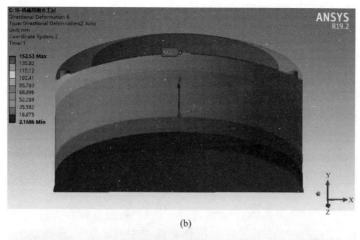

(b)

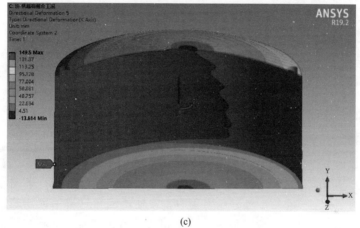

(c)

图 A-5　工况二条件下罐体应力、位移云图

A.3　强度评定

A.3.1　工况一条件下的强度评定

强度评定方法依据 JB 4732—1995《钢制压力容器分析设计标准》进行。根据规定，在计算地震载荷和风载荷时，载荷组合系数 K 取 1.2。设计温度下材料的应力强度许用极限见表 A-1。

表 A-1　设计温度下材料的应力强度许用极限

罐体材料	575℃材料的设计应力强度/MPa	$1.0KS_m$/MPa	$1.5KS_m$/MPa	$3.0S_m$/MPa
347H	109	131	196.2	327

按 JB 4732—1995 规定，进行强度评定时需进行应力分类，计算应力强度。为此，还要计算壳体厚度方向的薄膜应力和弯曲应力，本分析中高温熔盐储罐的拱顶和上层罐壁采用的壳单元计算，可直接提取薄膜应力和弯曲应力。而实体单元划分的下层罐壁和底板还需选取路径，并进行应力线性化处理。

对于机械载荷作用工况，可按照 1 倍的许用应力进行强度校核。储罐各点的应力强度均小于 131MPa，无须进行应力分类校核，罐体强度满足要求。

A.3.2 工况二条件下的强度评定

在包括热载荷在内的全部载荷组合作用下罐体各点总应力强度均小于 327MPa，小于 3 倍的设计应力强度，因此无须进行应力分类校核，罐体的强度满足要求。

A.4 蠕变-疲劳评定

熔盐储罐不同于其他储油罐，它的使用寿命内需要进行上万次的温度交变循环，长期使用造成的疲劳损伤不可忽略。而且，熔盐储罐的使用温度超过了材料的蠕变温度，在应力的作用下，储罐会产生蠕变变形，且疲劳和蠕变的交互作用对设备的影响远大于二者单独作用。因此，需对高温熔盐储罐进行蠕变-疲劳评定，确保熔盐储罐在使用过程中的安全性。

本案例依照美国 ASME 规范 NH 分卷进行，该蠕变-疲劳评定方法基于疲劳累积损伤理论，分别考虑设备使用寿命内产生的疲劳损伤和蠕变损伤。若计算得到的蠕变-疲劳损伤点位于包络线以内，则评定结果为合格；反之则评定不合格。

由于 ASME 标准 NH 分卷中仅介绍了几种典型材料的蠕变-疲劳评定方法，不包含罐体材料 347H，故选用与之相近的 304 不锈钢进行蠕变-疲劳评定。

本案例中所采用的有限元计算模型及约束条件与上节一致。取高温熔盐储罐的最高和最低使用温度为交变载荷，分别为 565℃和 400℃，保持熔盐液位高度为 1m。在计算模型上施加上节提到的所有载荷，且内压、风载荷和地震载荷等均按满值施加。

A.4.1 疲劳损伤的确定

根据有限元弹性分析方法可以获得工作参数下结构的 6 个应变分量，经计算，罐体最大的等效应变幅 $\Delta\varepsilon_{max}$ 为 1.925×10^{-2}%。考虑局部塑性和蠕变的影响，采用相关公式进行修正，得到修正后的 $\Delta\varepsilon_{mod}$。进一步考虑应力集中、多轴塑性和材料泊松比等因素，计算得到总应变幅 $\Delta\varepsilon_t$。根据 NH 给定的设计疲劳曲线获得许用疲劳寿命 N_d，该载荷循环产生的疲劳损伤为 n/N_d，计算结果见表 A-2。

表 A-2 疲劳损伤计算数据

参数	$\Delta\varepsilon_{max}/\%$	K	K_e	$\Delta\varepsilon_{mod}/\%$	$\Delta\varepsilon_c/\%$	K_v	$\Delta\varepsilon_t/\%$	$N_d/$次	n/N_d
数值	1.925×10^{-2}	1.8	1	3.47×10^{-2}	1×10^{-4}	1	3.49×10^{-2}	10^6	0.0105

A.4.2 蠕变损伤的确定

根据储罐的运行过程推算，高温熔盐储罐在 30 年设计寿命内使用温度高于蠕变温度的时间 Δt 为 105000h。因为温度不同，材料的等时应力-应变曲线有所差异。此处采用较保守的方法，以储罐的最高使用温度 565℃作为参考温度，结合疲劳损伤中确定的总应变幅 $\Delta\varepsilon_t$，依据 NH 分卷中提供的 304 不锈钢等时应力-应变曲线确定初始应力值 S_j，并将 S_j 作为整个过程的应力，取设计系数 $K'=0.9$。再以 S_j/K' 从最小断裂应力曲线中获得许用断裂时间 T_d，则蠕变损伤为 $\Delta t/T_d$，各参量见表 A-3。

表 A-3 蠕变损伤计算数据

参数	$\Delta t/h$	S_j/MPa	K'	T_d/h
数值	105000	38	0.9	3×10^5

A.4.3　蠕变-疲劳损伤评定

图 A-6 为几种材料的蠕变-疲劳损伤包络线。根据 A.4.1 和 A.4.2 计算出的疲劳损伤和蠕变损伤数值,可以确定蠕变-疲劳损伤点。

由图 A-6 可知,蠕变-疲劳损伤点位于 304 不锈钢材料的损伤包络线以内,高温熔盐储罐的蠕变-疲劳评定结果为合格,设计满足要求。使用过程中,熔盐储罐的蠕变损伤远远大于疲劳损伤,说明蠕变变形对高温熔盐储罐的安全运行威胁更大,在储罐设计时应关注蠕变对罐体的影响。

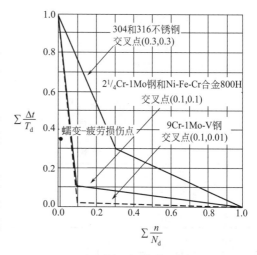

图 A-6　蠕变-疲劳损伤包络线

附录 B　高压加热器管板应力分析和轻量化设计

高压加热器主要应用于大型火电机组回热过程,通常在高温高压等高参数工况下运行,设备重量大,制造成本高,高压加热器的轻量化尤其是减薄管板厚度是降低建造成本的关键。本案例采用 VB 编程语言和 ANSYS 有限元程序开发参数化的高压加热器应力分析与强度校核软件,实现高压加热器有限元自动建模、自动进行应力分析和强度校核,并可利用该软件进行结构轻量化设计,尤其是管板厚度轻量化计算。

B.1　高压加热器参数化应力分析

由于高压加热器是典型的 U 形管式换热器,结构形式基本固定,不同的高压加热器主要是几何尺寸大小、载荷大小及材料性质的变化,因此本案例以某高压加热器为例,建立参数化的有限元分析模型。

B.1.1　有限元几何模型

高压加热器的换热管为 U 形管,对管板不起支持作用,故只保留部分外伸长度,整体结构如图 B-1 所示。

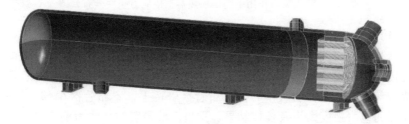

图 B-1　高压加热器整体结构有限元几何模型(内视图)

由于多数部件厚度较大,采用 Solid186 实体单元划分网格。

B.1.2　载荷与约束

表 B-1 为该高压加热器的设计压力和设计温度。由于是 U 形管换热器，不考虑温差应力，这里也忽略重力场的影响。因此只考虑两种载荷工况，即只有管程加载和只有壳程加载两种。

边界条件的施加应和设备实际约束一致，本分析施加的约束是：管板处的支座施加全约束；壳程侧两个支座施加除轴向外的其他两方向位移约束。

表 B-1　高压加热器的设计压力和设计温度

设计参数	数值	设计参数	数值
壳程设计压力/MPa	9.4	壳程设计温度/℃	435/310
管程设计压力/MPa	40	管程设计温度/℃	330

B.1.3　有限元结果分析

下面以仅加管程压力工况为例，分析有限元计算结果并对结构进行强度校核。图 B-2 为在管程压力作用下高压加热器整体应力强度分布云图。

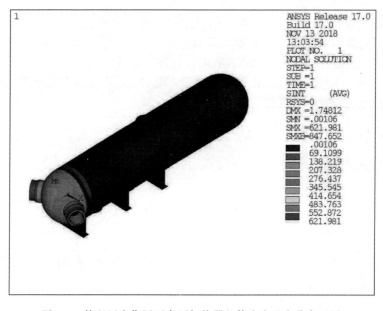

图 B-2　管程压力作用下高压加热器整体应力强度分布云图

按分析设计理论，强度校核要对应力进行分类并给予不同的限制，为此需过危险截面选取路径做应力线性化，得到薄膜应力、弯曲应力和峰值应力。应力线性化路径的选取应使设备各部分的强度得到全面校核。以管板为例，在管板上定义了五条，分别是管板与封头连接处，管板与壳程筒体连接处，管板中心处，布管区管桥上，不布管区中部，如图 B-3 所示。表 B-2 为各路径的应力强度大小及校核结果，这里需要说明的是，为偏于安全，管板中心处和不布管区中部路径上的应力强度按一次应力校核，即按 S_{I} 和 S_{III} 校核。该高压加热器管板材料为 20MnMoⅣ，在管程和壳程的平均温度 380℃ 下设计应力强度值 161MPa。壳程侧筒身材料为 Q345R，在 310℃ 的设计温度下设计应力强度值为 122MPa。管程封头材料为 13MnNiMoR，在 330℃ 的设计温度下设计应力强度值为 211MPa。

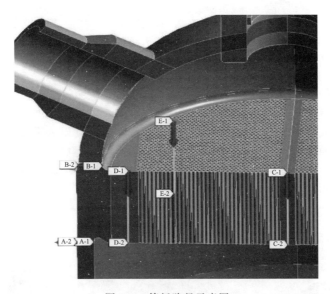

图 B-3　管板路径示意图

A—管板与壳程筒节连接处路径；B—管板与封头连接处路径；C—管板中心处路径；D—不布管区中部路径；E—布管区管桥上路径

表 B-2　管板各路径应力强度大小及校核结果

校核位置	应力强度类型	计算值/MPa	许用极限/MPa	校核结果
A 路径	S_{II}	64.82	169.5	满足
	S_{IV}	114.98	339	满足
B 路径	S_{II}	137.29	241.5	满足
	S_{IV}	359.46	483	满足
C 路径	S_{I}	34.59	161	满足
	S_{III}	91.09	241.5	满足
D 路径	S_{I}	57.17	161	满足
	S_{III}	97.36	241.5	满足
E 路径	S_{II}	70.88	241.5	满足
	S_{IV}	107.63	483	满足

B.2　高压加热器管板优化设计

B.2.1　优化设计概述

优化分析就是通过改变某一项的值，使求解的目标函数取极值并且满足所有特定条件。ANSYS 自带的优化模块可以很有效地处理绝大多数的工程问题。ANSYS 的优化过程如下：

指定一个优化文件，其中优化文件必须包括一个参数化定义的模型和一个完整的分析过程，即前处理、求解、后处理。

定义设计变量（DV），状态变量（SV），目标函数（OBJ）。目标函数是一个要求得极大值或者极小值的项，例如总质量或总体积。设计变量是为满足目标函数而要改变的特征量，即优化过程的自变量，通过改变设计变量使目标函数的值变大或变小，例如厚度。状态变量是设计时必须满足的量，例如最大应力或最大变形的限制。

ANSYS 中有两种优化方法，即零阶方法与一阶方法。零阶方法即只用到因变量而不用偏导数，是一种快速逼近待求值的方法，能够满足一般的工程问题。一阶方法是基于目标函数随设计变量变化的变化速率，因此更适用于精度要求很高的场合。

B.2.2 管板的优化设计

高压加热器的管板是主要部件之一，由于压力较高，管板的厚度较厚，其重量直接影响高压加热器的建造成本。对管板进行优化设计，即将管板厚度设为设计变量（DV），其他尺寸不改变，将管板的质量设为目标函数（OBJ），状态变量（SV）为管板上五条路径上的应力值，优化过程中它们必须满足各类应力强度条件，使用零阶方法进行优化。

对于这里所分析的高压加热器，优化后管板厚度为 572mm，而原设计的管板厚度为 660mm，所以通过优化设计，厚度减小了 14.2%。优化前后应力云图如图 B-4 所示。优化前后管板路径上各类应力强度计算结果见表 B-3。

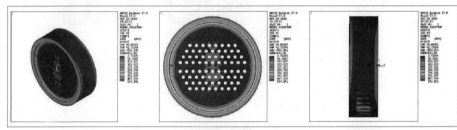

(a) 原设计结构应力强度分布示图

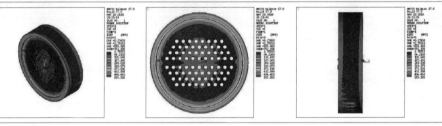

(b) 优化后结构应力强度分布示图

图 B-4　管板优化设计

表 B-3　优化前后管板路径上各类应力强度计算结果

校核位置	应力强度类型	优化前数值/MPa	优化后数值/MPa	许用极限/MPa	校核结果
A 路径	S_{II}	64.82	94.03	169.5	满足
	S_{IV}	114.98	151.07	339	满足
B 路径	S_{II}	137.29	238.65	241.5	满足
	S_{IV}	359.46	440.59	483	满足
C 路径	S_{I}	34.59	46.56	161	满足
	S_{III}	91.09	105.26	241.5	满足
D 路径	S_{I}	57.17	80.17	161	满足
	S_{III}	97.36	137.26	241.5	满足
E 路径	S_{II}	70.88	88.20	241.5	满足
	S_{IV}	107.63	144.67	483	满足

B. 3　高压加热器参数化优化分析软件开发和使用

本案例开发的高压加热器参数化优化分析软件，通过 VB 输入界面输入结构尺寸与材料参数，结合 ANSYS 参数化语言自动建立高压加热器的有限元模型，实现自动应力分析与强度校核。

下面以某高压加热器为例，演示软件使用方法。

① 启动软件，打开"高压加热器参数化自动建模程序"界面，输入结构尺寸、材料属性、约束与载荷，如图 B-5 和图 B-6 所示。

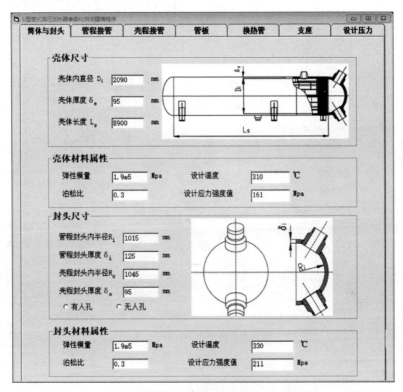

图 B-5　高压加热器参数化分析软件自动建模界面

② 参数填写完毕后，根据实际需要选择是否选中"优化设计"，在这里，仅施加管程内压并进行优化为例计算，见图 B-7。

③ 计算完毕后，点击"查看结果"，弹出"高压加热器轻量化设计结果"界面，程序自动将优化后的厚度值输出至窗口，用户可以直观地看到优化效果。如图 B-8 所示。

④ 点击"查看轻量化结果"，弹出"总体应力云图"界面，如图 B-9 所示。其中左侧为优化前的整体应力分布云图，右侧为优化后的整体应力分布云图。

总体应力云图界面上四个部件按钮分别对应四个部分的分析结果。以管板为例，点击"管板"按钮，弹出"管板应力云图"界面。

图 B-10 界面由两组图片组成，上方是优化前管板应力强度分布云图，下方是优化后管板应力强度分布云图，点击"应力线性化分析结果"，弹出"管板路径应力线性化结果界面"，见图 B-11。

图 B-11 界面为沿管板与球形封头连接处路径进行应力线性化，并进行应力分类后的应力强度值，将其与对应的许用值进行比较，得出"满足"或"不满足"的强度校核结果。

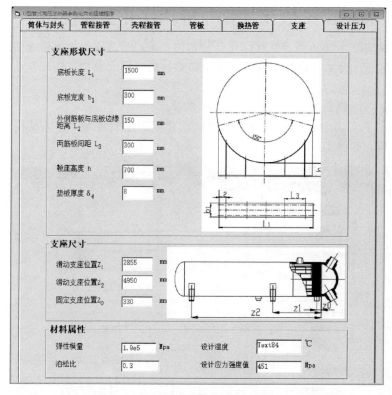

图 B-6　约束输入界面

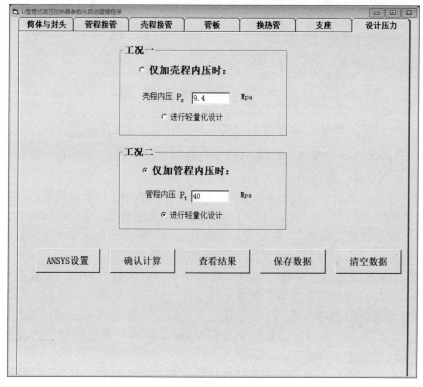

图 B-7　高压加热器参数化分析软件加载界面

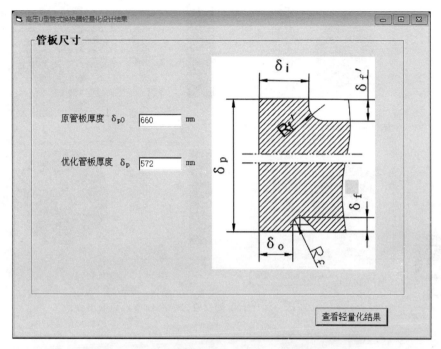

图 B-8　高压加热器参数化分析软件优化结果输出界面

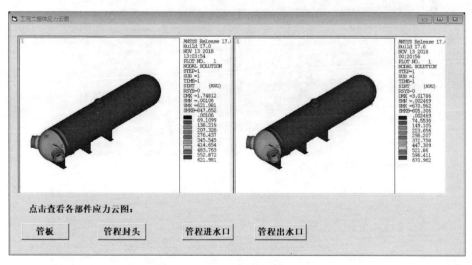

图 B-9　优化前后结果输出界面

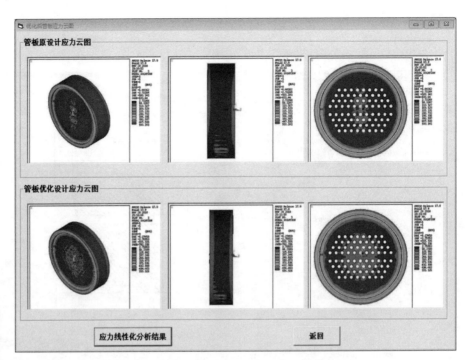

图 B-10　优化前后管板应力强度分布云图输出界面

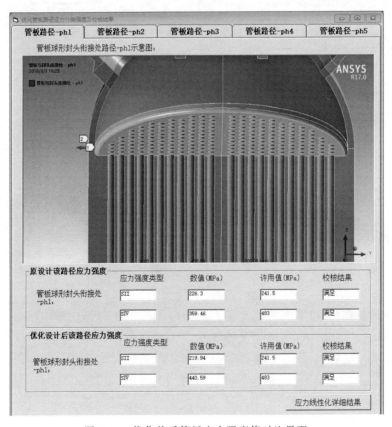

图 B-11　优化前后管板应力强度值对比界面

这里应指出的是：使用 VB 封装仅改变参数的输入方式，调用 ANSYS 完成结构的参数化建模，对于确定的参数，和根据具体结构尺寸直接建模所得到的分析结果是一样的。当然，参数化建模可以很方便地进行轻量化分析。

附录 C　悬吊式塔设备应力分析和评定

C.1　概述

本案例设备用于某光热发电装置。设备设计温度 320℃、设计压力 2.9MPa；筒体内径 2600mm，长度 15000mm，壁厚 36mm；封头采用标准椭圆封头，上下封头最小成型厚度 36mm；主体材料为 Q345R/16MnⅢ，腐蚀裕量 3mm，保温厚度 160mm。设备设计使用年限为 30 年，工作年限内需满足 11000 次循环（常压/290℃、2.5MPa/290℃）。

设备主要靠四个铰接刚性支撑杆与四个焊座（LISEGA 339123）吊装，筒体与平台之间加有固定组件，防止设备抖动及倾斜。

C.2　有限元模型的建立

C.2.1　几何模型

按照设备图纸通过 Workbench Design Modeler 建立设备整体几何模型，如图 C-1 所示。

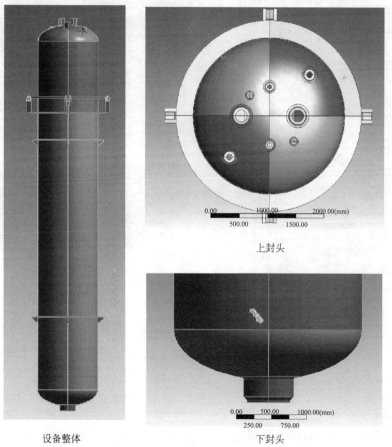

设备整体　　　　　上封头　　　　　下封头

图 C-1　有限元几何模型

C.2.2　网格模型

采用 Solid185 八节点六面体实体单元进行网格划分，沿着设备厚度方向划分 3 层网格，设备整体及一些局部结构有限元网格模型如图 C-2 所示。

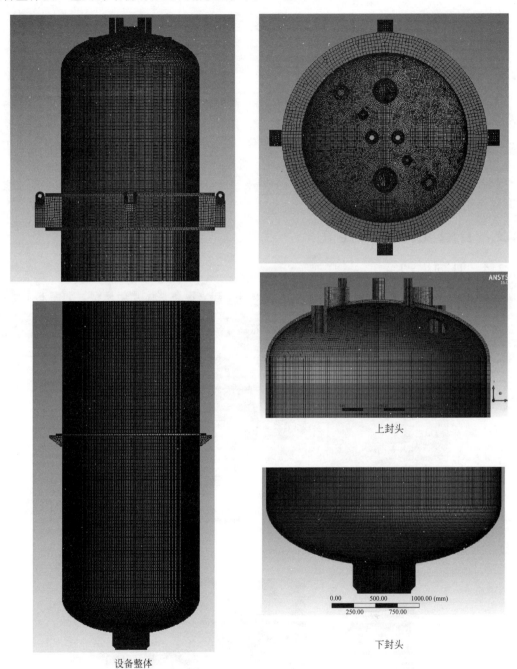

上封头

设备整体

下封头

图 C-2　有限元网格模型

C.2.3　边界条件

本设备为悬吊结构。耳座与筒体之间采用绑定（bonded）连接，并在柱坐标系下约束设备耳座的轴向和周向位移。约束条件见图 C-3。

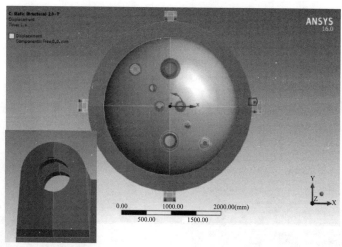

图 C-3　约束条件

C.2.4　载荷

载荷主要有内压、重力、液柱静压力、等效接管力等载荷。图 C-4 为压力施加示意图。各接管承受轴向等效压力，大小由下式计算

$$p_e = \frac{d_i^2}{d_o^2 - d_i^2} p \qquad (C-1)$$

式中，p 为内压；d_i、d_o 为接管内径和外径。

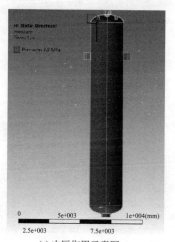

(a) 内压作用示意图

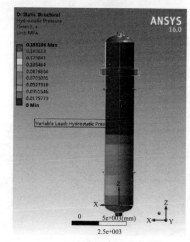

(b) 液柱静压力作用示意图

图 C-4　压力施加示意图

C.2.5　计算工况

本设备需计算以下工况，各工况载荷见表 C-1。

表 C-1　工况汇总表

工况		温度/℃	压力/MPa	液柱静压力/m
工况 1	设计温度、静力	320	2.9	7.5
工况 2	热-静力	320	2.9	7.5
工况 3	水压试验	≥5	5.1	16.04
工况 4	疲劳	290	2.5	7.5

注：液柱高度为液面距筒体下环焊缝距离。

C.3 有限元分析结果及设备强度评定

下面以工况 1 为例介绍有限元分析结果及设备静强度评定。

C.3.1 应力强度分布

工况 1 条件下的设备整体应力强度分布、上封头应力强度分布、筒体应力强度分布以及下封头熔盐出口接管附近应力强度分布云图见图 C-5。

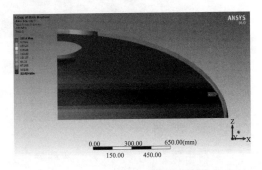

(b) 上封头应力强度分布云图

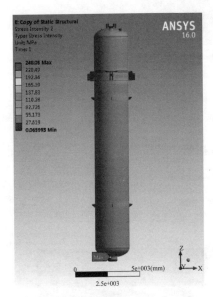

(a) 设备整体应力强度分布云图

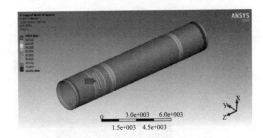

(c) 筒体应力强度分布云图

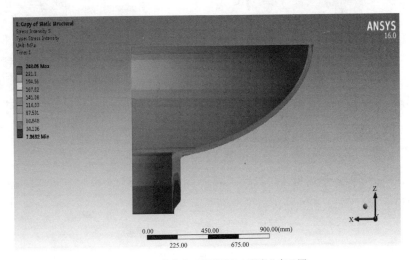

(d) 熔盐出口管区域应力强度分布云图

图 C-5 应力强度分布

C.3.2 强度评定

为对应力进行分类。以下封头设备出口为例，路径定义如图 C-6 所示，对各路径上应力进行分类并对应力强度进行评定，结果见表 C-2。

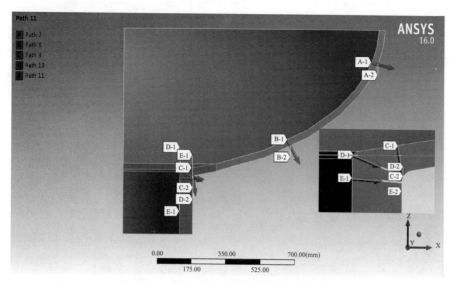

图 C-6 下封头及熔盐出口接管路径示意图

表 C-2 下封头设备出口区域各路径应力强度评定

校核位置	应力强度类型	数值/MPa	许用极限/MPa	校核结果
下封头过渡段沿厚度（A 路径）	S_{II}	131.02	193.5	满足
	S_{IV}	191.64	387	满足
下封头中间部位沿厚度（B 路径）	S_{I}	104.77	129	满足
	S_{III}	108.92	193.5	满足
熔盐出口管连接处沿封头厚度（C 路径）	S_{II}	165.74	193.5	满足
	S_{IV}	201.24	387	满足
熔盐出口管连接处沿对角线/（D 路径）	S_{II}	178.23	181.8	满足
	S_{IV}	207.69	363.6	满足
熔盐出口管连接处沿接管厚度（E 路径）	S_{II}	161.63	181.8	满足
	S_{IV}	174.24	363.6	满足

C.3.3 疲劳强度评定

经有限元计算得到工况 4 下设备上最大的峰值应力强度亦即峰值应力幅 S_V，由式 $S_{alt} = S_V/2$ 求得交变应力幅。对交变应力幅修正后，查 JB 4732 中表 C-1，插值计算得到各交变应力幅下允许循环次数。计算结果见表 C-3。

表 C-3 疲劳寿命校核

项目	工况 4
内压波动范围/MPa	2.5
峰值应力范围 S_V/MPa	240.62

续表

项目	工况 4
修正后的交变应力幅 S_{alt}/MPa	124.58
允许循环次数 N	144942
设计交变次数 n	11000

使用系数 $U=n/N=0.0759<1$，故本设备满足疲劳强度要求。

附录 D　氧化器换热段应力分析和评定

本案例设备为换热设备。管程介质为甲醇/甲醛混合气，甲醇在上管板上端通过点火线圈温度上升至 650℃ 发生化学反应生成甲醛，经过换热段换热后温度降至 180℃。壳程介质为水和水蒸气。

D.1　有限元模型的建立

D.1.1　主要结构参数

氧化器换热段设备总高为 3231mm。在结构上，设备主要包括：管程筒体，直径为 2400mm，厚度为 16mm；壳程筒体，其大直径段直径为 3200mm，厚度为 14mm，小直径段直径为 2400mm，厚度为 10mm；锥形封头，直径分别为 3200mm 与 2400mm，厚度为 14mm；膨胀节，厚度为 8mm；环形封板，厚度为 40mm；上下管板，厚度分别为 35mm 和 25mm；换热管，采用公称直径为 25.4mm、厚度为 2.5mm 的无缝钢管。筒体材料为 SA-240-304；上下管板材料分别为 SA-240M 310S 与 SA-240-304；换热管材料为 SA-213M TP310S。其余结构还包括点火线圈、支座、折流板、吊耳、筒体法兰以及接管等。

D.1.2　有限元几何模型

强度分析单元类型为 Solid185 单元，热分析单元类型为 Solid70 单元，沿壁厚网格划分 4 层，经过网格无关性考核后，最终模型单元总数为 637958，节点数为 996847。整体结构网格模型如图 D-1 所示。局部结构网格模型如图 D-2～图 D-5 所示。

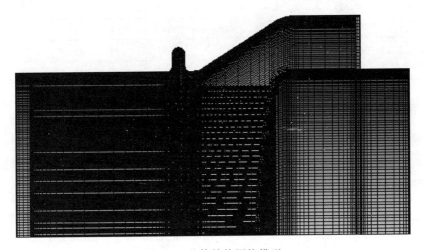

图 D-1　整体结构网格模型

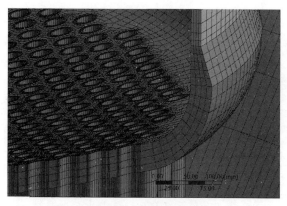

图 D-2　过渡段网格模型

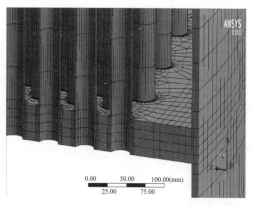

图 D-3　下管板连接处网格模型

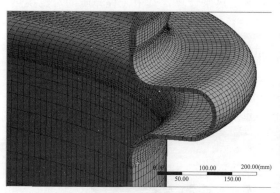

图 D-4　膨胀节网格模型

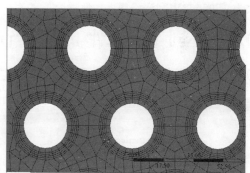

图 D-5　管孔处网格模型

D.1.3　边界条件

对管程筒体上端施加轴向位移约束，在模型对称面上施加对称约束。轴向位移约束如图 D-6 所示，对称约束如图 D-7 所示。

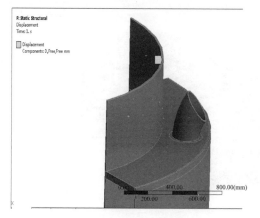

图 D-6　轴向位移约束

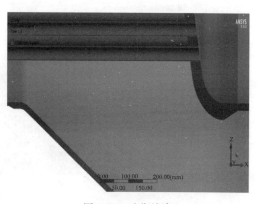

图 D-7　对称约束

D.1.4　载荷工况

设备计算工况见表 D-1。

表 D-1　计算工况

工况	壳程介质温度(进口/出口)/℃	壳程压力/MPa	管程介质温度(进口/出口)/℃	管程压力/MPa
设计工况 D1	不考虑温差	0	不考虑温差	0.1
设计工况 D2	不考虑温差	0.5	不考虑温差	0
设计工况 D3	不考虑温差	0.5	不考虑温差	0.1
操作工况 O1	152	0	720/180	0.1
操作工况 O2	152	0.5	720/180	0
操作工况 O3	152	0.5	720/180	0.1

操作工况条件下温度场将由介质温度通过对流换热来计算，其中壳程介质的对流换热系数为 $1595.64\text{W}/(\text{m}^2 \cdot \text{K})$，管程介质的对流换热系数为 $48.32\text{W}/(\text{m}^2 \cdot \text{K})$。

D.2　不同工况条件下结构当量应力分布

D.2.1　设计工况条件下的结构当量应力分布

设计工况 D1、D2、D3 条件下的整体结构当量应力分布云图如图 D-8 所示。

(a) 设计工况 D1

(b) 设计工况 D2

图 D-8

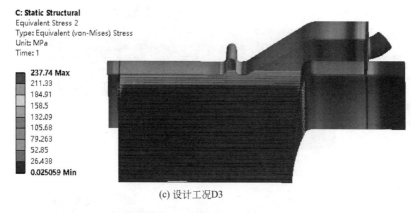

(c) 设计工况D3

图 D-8 整体结构当量应力分布云图

D.2.2 温差载荷下设备温度场分布

通过传热计算得到设备整体结构温度分布，如图 D-9 所示。

图 D-9 整体结构温度分布云图

D.2.3 操作工况条件下的结构当量应力分布

操作工况 O1、O2、O3 条件下的整体结构当量应力分布如图 D-10 所示。

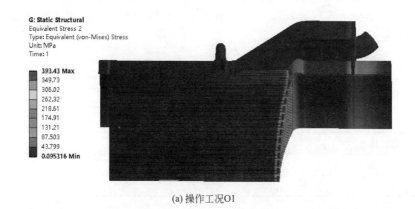

(a) 操作工况O1

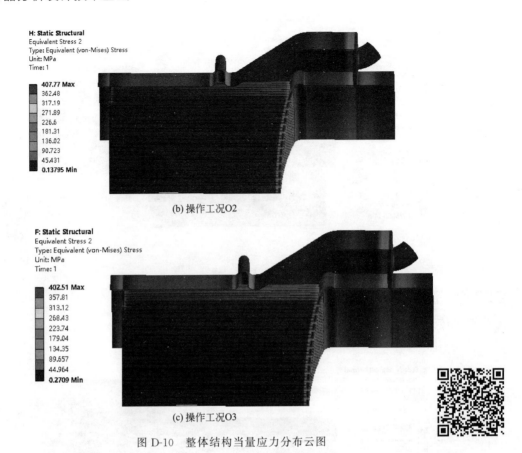

(b) 操作工况O2

(c) 操作工况O3

图 D-10　整体结构当量应力分布云图

D.3　强度校核

D.3.1　强度校核依据

本分析依据 ASME Ⅷ-2，采用应力分类法对设备进行强度校核，主要步骤如下：

步骤1：确定作用于构件的载荷类型，施加载荷和边界条件。

步骤2：计算各种载荷所对应的应力分量，并进行分类。

步骤3：对每个类别的应力求和。

步骤4：确定各类别应力之和的主应力，并计算 Mises 当量应力：

一次总体薄膜当量应力 P_m；一次局部薄膜当量应力 P_L；一次弯曲当量应力 P_b；二次当量应力 Q；由于结构不连续或局部热应力影响而引起的附加于一次加二次应力之上的当量应力增量，即峰值应力 F。

步骤5：对当量应力进行校核，校核条件为

$P_m \leqslant S$，$P_L \leqslant 1.5S$，$P_L + P_b \leqslant S_{PL}$，$P_L + P_b + Q \leqslant S_{ps}$，本例中 $S_{PL} = 1.5S$，$S_{ps} = 3S$，S 为材料许用应力，其大小见表 D-2。

表 D-2　材料许用应力

材料	设计温度/℃	许用应力/MPa
SA240-310S	450	119
SA240-304	185	132

D.3.2　管板强度校核

　　管板作为换热设备的关键结构，这里对换热设备的上管板（碟形管板）以及下管板进行强度评定，校核其各个工况条件下的当量应力。为此，应在不同部位沿管板厚度做路径进行应力线性化。上管板所做路径如图 D-11 所示，下管板所做路径如图 D-12 所示。由于设计工况 D1 条件下设备整体当量应力均小于 1 倍许用应力，因此在此工况下无须进行应力线性化和应力分类，管板强度满足要求。对于其他工况，上管板的当量应力评定结果见表 D-3，下管板的当量应力评定结果见表 D-4。

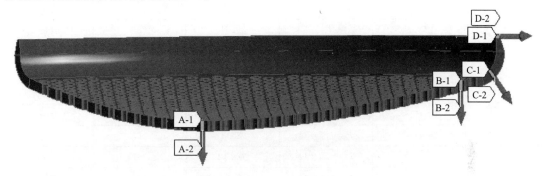

图 D-11　上管板应力线性化路径分布图

图中 A 路径位于管板中心处，B 路径位于管板布管区高应力点处，C 路径位于
管板过渡段区域，D 路径位于管板与筒体连接处

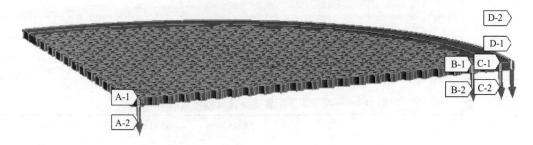

图 D-12　下管板应力线性化路径分布图

图中 A 路径位于管板中心处，B 路径位于管板布管区高应力点处，
C 路径位于管板非布管区域，D 路径位于管板与筒体连接处

表 D-3　不同工况下上管板当量应力评定结果

工况	路径	类型	数值/MPa	许用极限/MPa	结果
设计工况 D2	A	P_m	2.13	119	合格
		$P_L + P_b$	4.89	178.5	合格
	B	P_L	2.44	178.5	合格
		$P_L + P_b + Q$	41.93	357	合格
	C	P_m	10.72	119	合格
		$P_L + P_b$	28.11	178.5	合格
	D	P_L	36.29	178.5	合格
		$P_L + P_b + Q$	47.04	357	合格

续表

工况	路径	类型	数值/MPa	许用极限/MPa	结果
设计工况 D3	A	P_m	1.55	119	合格
		P_L+P_b	3.49	178.5	合格
	B	P_L	3.06	178.5	合格
		P_L+P_b+Q	61.26	357	合格
	C	P_m	10.54	119	合格
		P_L+P_b	33.37	178.5	合格
	D	P_L	39.61	178.5	合格
		P_L+P_b+Q	59.21	357	合格
操作工况 O1	A	P_L+P_b+Q	205.04	357	合格
	B	P_L+P_b+Q	202.22	357	合格
	C	P_L+P_b+Q	138.18	357	合格
	D	P_L+P_b+Q	78.14	357	合格
操作工况 O2	A	P_L+P_b+Q	209.12	357	合格
	B	P_L+P_b+Q	222.12	357	合格
	C	P_L+P_b+Q	130.11	357	合格
	D	P_L+P_b+Q	95.39	357	合格
操作工况 O3	A	P_L+P_b+Q	207.75	357	合格
	B	P_L+P_b+Q	234.08	357	合格
	C	P_L+P_b+Q	132.05	357	合格
	D	P_L+P_b+Q	110.37	357	合格

表 D-4 不同工况下下管板当量应力评定结果

工况	路径	类型	数值/MPa	许用极限/MPa	结果
设计工况 D2	A	P_m	2.24	132	合格
		P_L+P_b	5.19	198	合格
	B	P_L	5.03	198	合格
		P_L+P_b+Q	46.64	396	合格
	C	P_m	5.76	132	合格
		P_L+P_b	19.46	198	合格
	D	P_L	7.00	198	合格
		P_L+P_b+Q	24.67	396	合格
设计工况 D3	A	P_m	2.62	132	合格
		P_L+P_b	5.48	198	合格
	B	P_L	7.58	198	合格
		P_L+P_b+Q	68.58	396	合格
	C	P_m	9.58	132	合格
		P_L+P_b	30.44	198	合格

续表

工况	路径	类型	数值/MPa	许用极限/MPa	结果
设计工况 D3	D	P_L	11.22	198	合格
		P_L+P_b+Q	39.90	396	合格
操作工况 O1	A	P_L+P_b+Q	9.03	396	合格
	B	P_L+P_b+Q	34.94	396	合格
	C	P_L+P_b+Q	7.88	396	合格
	D	P_L+P_b+Q	26.79	396	合格
操作工况 O2	A	P_L+P_b+Q	8.82	396	合格
	B	P_L+P_b+Q	59.38	396	合格
	C	P_L+P_b+Q	16.53	396	合格
	D	P_L+P_b+Q	36.79	396	合格
操作工况 O3	A	P_L+P_b+Q	8.71	396	合格
	B	P_L+P_b+Q	81.19	396	合格
	C	P_L+P_b+Q	21.07	396	合格
	D	P_L+P_b+Q	51.41	396	合格

附录 E　过滤器进口阀体及管嘴组件应力分析和评定

过滤器在石油化工行业得到了广泛使用，在物料管道输送中有大量阀体和管嘴使用。阀门是一个系统中的关键元件，起到对系统的控制作用，它的主要作用是控制管道系统和隔离设备，其次也可以调节流体的流量、防止液体回流，并且还可以调节和释放管道的压力。本案例对压力作用下的某过滤器管嘴或阀门进行应力分析和评定。

E.1　有限元模型的建立

E.1.1　几何模型

本节介绍过滤器进口阀体和管嘴组件的基本结构和设计参数，并建立有限元模型。阀体和管嘴组件的主要部件包括阀体、管嘴、管嘴支撑板和夹套容器。阀体材料 SA-182M F304，管嘴材料 SA-182M F304，管道材料 SA-182M F304，阀体和管嘴组件结构有限元几何模型如图 E-1 所示。

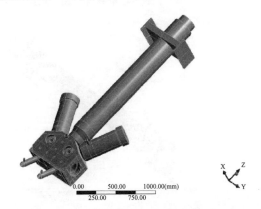

图 E-1　阀体和管嘴组件有限元几何模型

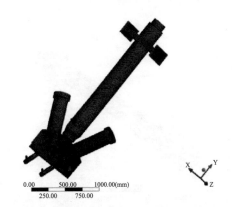

图 E-2　阀体和管嘴组件有限元网格模型

E.1.2　网格模型

采用 ANSYS15.0 进行分析，选取 Solid185 单元对几何模型进行网格划分和无关性测试。图 E-2 为阀体和管嘴组件的网格模型，网格数量为 324867。

E.1.3　载荷与位移约束

在夹套内部施加 1.4MPa 的压力载荷，在阀体内腔及管嘴组件内腔施加 25.0MPa 的压力载荷，分别如图 E-3、图 E-4 所示。

图 E-3　夹套内压施加示意图

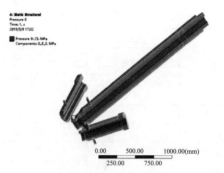

图 E-4　管嘴组件内压示意图

在管嘴端施加力与荷载（$F_x = 30.7\text{kN}$，$F_y = 57.9\text{kN}$，$F_z = 57.2\text{kN}$）和弯矩荷载（$M_x = 79.7\text{kN} \cdot \text{m}$，$M_y = 79.6\text{kN} \cdot \text{m}$，$M_z = 60.6\text{kN} \cdot \text{m}$），分别如图 E-5 和图 E-6 所示。此外，在管嘴和管道端面还要施加等效接管力，如图 E-7 所示。

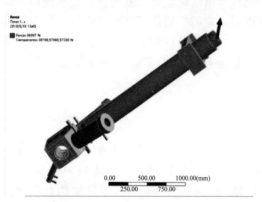

图 E-5　管嘴力载荷施加示意图

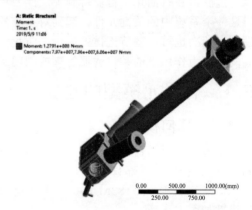

图 E-6　管嘴弯矩载荷施加示意图

图 E-7　等效接管力载荷施加示意图

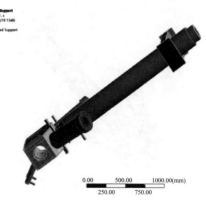

图 E-8　固定约束示意图

在管嘴端面和支撑板侧端施加固定约束，如图 E-8 所示。

E.2　有限元分析结果

E.2.1　应力分布

阀体和管嘴组件的 Mises 当量应力分布云图如图 E-9 所示。最大应力出现在夹套底板与销的连接处。

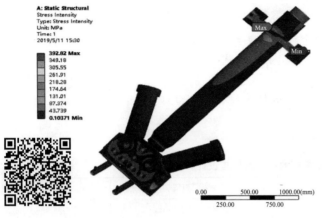

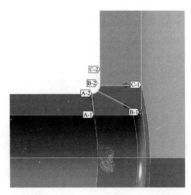

图 E-9　整个结构上的当量应力分布云图　　　　图 E-10　中间管接管处路径示意图

E.2.2　强度校核

阀体和管嘴组件的强度校核依据标准 ASME Ⅷ-2 进行。按 ASME Ⅱ 表 5A，设计温度（320℃）下材料性能见表 E-1。

表 E-1　设计温度 320℃ 下材料性能数据

材料	屈服强度 /MPa	抗拉强度 /MPa	弹性模量 /MPa	设计应力强度 /MPa	泊松比
SA-182M F304	205	483	181400	113	0.31

按 ASME Ⅷ-2，为进行应力校核，需进行应力分类，为此需过危险截面选取路径作应力线性化。图 E-10 为其中中间管接管处路径示意图，接管处的应力属于局部应力，表 E-2 列出了路径上的 Mises 当量应力，并对其进行了评定，可以看出中间管接管处满足 ASME Ⅷ-2 强度要求。

表 E-2　中间管接管处 Mises 等效应力评定

路径编号	等效应力	数值/MPa	许用极限/MPa	评定结果
路径 5	P_L	59.0	169.5	满足
	P_L+P_b+Q	71.4	339	
路径 6	P_L	74.5	169.5	满足
	P_L+P_b+Q	85.3	339	
路径 7	P_L	63.9	169.5	满足
	P_L+P_b+Q	63.9	339	

附录 F 超大型真空容器非线性稳定性分析

本案例分析的对象是一直径为 22m 的真空容器，为保证其使用的安全性和结构设计的合理性，有必要在进行规范设计的同时，进行结构稳定性研究。

F.1 真空容器的有限元模型的建立

F.1.1 真空容器的主要结构与设计参数

该真空容器由圆柱形壳体和上下两个球形封头组成，上封头凸向外侧，下封头凸向内侧。该真空容器的壳体支撑在基础环上，并由螺栓把基础环固定在地面上。在壳体下部开设有两个带等径接管的圆形孔，一个直径为 5m，另一个直径为 2.7m；在壳体的中部开设有一个带锥形接管的圆形孔，其直径为 6m；在壳体上设有 21 个环向的加强圈；在封头上设置 8 条辐射筋。

该真空容器的主要结构与设计参数见表 F-1。

表 F-1 真空容器的主要结构与设计参数

项目	数值	项目	数值
设计压力/MPa	0.0625(外压)	上封头厚度/mm	34
设计温度/℃	−19～30	上封头半径/mm	15400
容器筒体材料	16MnR	下封头厚度/mm	24
加强圈(筋)材料	Q235-B	下封头半径/mm	19800
腐蚀余量/mm	2.5	接管 K1 开孔直径/mm	5000
筒体内径/mm	22000	接管 K2 开孔直径/mm	2700
筒体高度(上部/下部)/mm	8100/21180	接管 K3 开孔直径/mm	6000
筒体厚度(上部/下部)/mm	24/28	加强圈厚度/mm	20

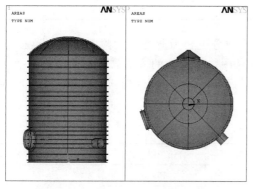

图 F-1 有加强圈真空容器几何模型

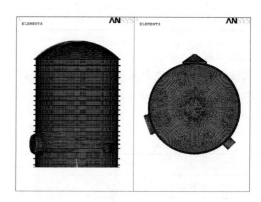

图 F-2 有加强圈真空容器网格模型

F.1.2 有限元几何模型及网格

采用有限元法对该大型真空容器进行非线性稳定性分析。有限元几何模型如图 F-1 所示。由于容器主要部件具有薄壳结构的几何特征，因此采用 Shell181 壳单元进行建模、网格划分，经网络无关性测试后，有限元网格模型如图 F-2 所示。

F.1.3　载荷和约束

在模型的外壁施加外压载荷；在基础环各螺栓处加全约束。

F.2　稳定性分析

一般稳定性分析可分为特征值（线性）屈曲分析和非线性屈曲分析。特征值屈曲分析用于预测一个理想弹性结构的理论屈曲强度（分叉点）。非线性屈曲分析比线性屈曲分析更精确，可用于对实际结构的设计或计算。所以本分析采用非线性失稳分析。

首先，如果不采取任何加强措施，只是增加厚度来提高容器的抗失稳能力，非线性失稳分析结果发现，因真空容器的设计外压为 0.0625MPa，若取设计系数为 3，则临界失稳压力为 0.1875MPa，所需要的设备厚度为 76mm。

事实上，对于直径为 22m 的真空容器，仅靠增加壳体厚度来提高容器的抗失稳能力是不合理的，有效的措施是设置加强圈。为此，在真空容器的圆柱形壳体设置 21 个的加强圈，经过反复计算比较后，取如图 F-1 所示的加强圈结构；在封头上设置 8 条辐射筋。

通过对图 F-2 所示模型进行非线性失稳分析，得到临界失稳压力为 0.3818MPa，是该真空容器设计外压的 6.1 倍。因此，可以认为，加强后的真空容器在设计压力下（0.0625MPa 外压）不会发生稳定性破坏，但考虑到该大型真空容器的重要性以及以后使用用途的拓展（如真空度提高），用户要求外压失稳设计系数达到 7 以上。

在对加强后的真空容器非线性失稳分析中发现，此时容器失稳出现在与圆柱形壳体连接处的上封头上，且为环向失稳，如图 F-3 所示。为此，为进一步提高真空容器的临界失稳外压，在上封头靠近筒体处设置一环向加强筋，如图 F-4，加强筋尺寸和封头上辐射筋一致。由此引起容器总质量增加了 0.66%，但非线性失稳计算得到此时的临界失稳压力为 0.454MPa，比无此环向加强筋的临界失稳压力提升（0.454 − 0.3818）÷ 0.3818 = 18.9%，为设计外压（0.0625MPa）的 7.26 倍。图 F-5 为改进后的真空容器非线性失稳分析所得临界失稳位移图。

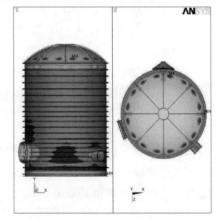

图 F-3　原设计容器非线性失稳分析
所得临界失稳位移图

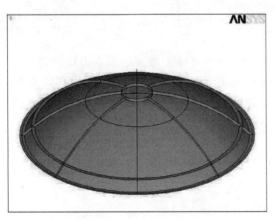

图 F-4　设置环向加强筋后的上封头结构

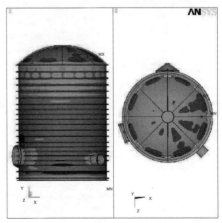

图 F-5　改进后的真空容器非线性失稳
分析所得临界失稳位移图

采用加强措施后，设备的总质量为889571kg，比具有同样临界失稳压力的无加强设备总质量减小了46.4%。同时，考虑到加强圈的材料是Q235-B，比壳体材料（Q345R）便宜，因此，加强后设备的制造费用会显著降低。

附录 G　基于 ANSYS/FE-SAFE 分析的回流罐当量结构应力法焊缝疲劳评定

G.1　概述

在石油化工行业中，承受疲劳载荷作用的压力容器十分常见，准确的疲劳寿命分析是预防疲劳损伤和疲劳失效故障的前提。

焊缝部位由于几何结构以及材料上的缺陷，通常会发生应力集中，也是压力容器中最容易发生破坏的薄弱环节，ASME 锅炉及压力容器规范在 2007 年引入了 Pingsha Dong 研究的、可以相对准确计算焊缝疲劳寿命的最新方法——结构应力法，又称为"Mesh-insensitive Structural Stress Method"（MSS 法），即"网格不敏感"结构应力计算方法。这种结构应力法被 ANSYS/FE-SAFE 软件中的 VERITY 模块采用，基于有限元分析软件 ANSYS 的静力分析结果，用于进行焊缝的疲劳寿命计算。

结构应力法针对板壳、实体等结构连接形式，通过一系列专用后处理过程修正计算结果，使得最终的结果不具有网格敏感性，同时，只要有限元模型能够合理表示出构件的几何特征，结构应力的结果将与单元的类型也无关，壳单元与实体单元建模得到的疲劳寿命相差不大；采用一个统一的"主 S-N 曲线"预测焊接疲劳，这条主 S-N 曲线使用一个"等效结构应力幅参数"的概念，将各类焊接方式的疲劳分析合而为一，Battelle 中心通过对比分析数千个焊接疲劳试验数据，涵盖各种不同的焊接类型、焊板厚度、载荷模式等，验证了结构应力法具有极好的预测效果。

MSS 法计算前，首先在节点处建立局部坐标系 x'-y'-z'，其中 x' 轴沿焊趾方向，y' 轴垂直于焊趾方向并与焊接母体表面相切，然后在节点局部坐标系下将焊趾处各节点的节点力转化为沿焊趾方向的线载荷 f 和线力矩 m。沿焊趾方向的每个节点的结构应力可以由式（G-1）求解，即

$$\sigma_s = \sigma_m + \sigma_b = \frac{f_{y'}}{t} + \frac{6m_{x'}}{t^2} \tag{G-1}$$

式中，t 为壁厚；$f_{y'}$ 为沿 y' 轴方向的线载荷；$m_{x'}$ 为沿 x' 轴方向的线力矩。

在此结构应力结果的基础上，结构应力法采用 Pairs 裂纹扩展准则，假设焊趾处有微小初始裂纹，以裂纹扩展到穿透壁厚时的循环次数作为疲劳寿命，得到以等效结构应力幅 ΔS_s 为参数的主 S-N 曲线，ΔS_s 与 N 的关系推导过程为

$$\frac{\mathrm{d}a}{\mathrm{d}N} = C M_{kn}^n \Delta K^m \tag{G-2}$$

$$N = \int_{a \to 0}^{a=a_f} \frac{\mathrm{d}a}{C(M_{kn})^n (\Delta K)^m} \tag{G-3}$$

$$N = \int_{a/t \to 0}^{a/t=1} \frac{t\,\mathrm{d}(a/t)}{C(M_{kn})^n (\Delta K)^m} = \frac{1}{C} t^{1-\frac{m}{2}} (\Delta \sigma_s)^{-m} I(r) \tag{G-4}$$

$$I(r)=\int \frac{\mathrm{d}(a/t)}{(M_{kn})^n \left[f_m\left(\frac{a}{t}\right)-r\left(f_m\left(\frac{a}{t}\right)-f_b\left(\frac{a}{t}\right)\right)\right]^m} \tag{G-5}$$

$$\Delta\sigma_s = C^{-\frac{1}{m}} t^{\frac{2-m}{2m}} I(r)^{\frac{1}{m}} N^{-\frac{1}{m}} \tag{G-6}$$

$$\Delta S_s = \frac{\Delta\sigma_s}{t^{\frac{2-m}{2m}} I(r)^{\frac{1}{m}}} \tag{G-7}$$

式中，系数 $n=2$，$m=3.6$；a 为初始裂纹长度；ΔK 为应力强度因子；M_{kn} 表示由于引入裂纹缺陷而导致的应力强度放大因子；$I(r)$ 为弯曲比率 r 的无量纲函数；N 为疲劳寿命。

运用 ANSYS/FE-SAFE VERITY 模块进行结构应力法疲劳寿命分析时，首先要在有限元分析软件如 ANSYS 中得到静力学分析结果，将结果文件导入 ANSYS/FE-SAFE 中，定义循环载荷，并用 VERI-TY 模块定义出焊缝沿焊趾方向关联的节点与单元，选择合适的材料，计算可得出结构的许用循环次数，并且可以得到焊趾处节点的结构应力值。循环次数的结果云图可以在 ANSYS 软件中查看。

采用结构应力法进行焊缝疲劳寿命计算目前在国内少有报道，这里以某回流罐为工程实例，使用有限元分析软件 ANSYS/FE-SAFE 对回流罐上手孔与罐体之间的焊缝疲劳寿命进行分析，同时考察网格大小、单元类型以及填角焊缝的影响。

图 G-1　有限元网格模型

G.2　回流罐应力分析

选取的回流罐筒体内径为 1200mm，壁厚 $t=12\text{mm}$；手孔规格为 323.8mm×15.4mm，采用壳单元 Shell181 建模，其有限元网格模型如图 G-1 所示。模型中涉及的材料力学性能依据 ASME 锅炉及压力容器规范第二卷材料标准选取，具体参数见表 G-1。

表 G-1　材料力学性能

部件	弹性模量/GPa	泊松比	密度/(kg/m³)
筒体、封头	206	0.3	7750
手孔、支腿	200	0.3	7750

回流罐承受 2.0MPa 内压，支腿下端施加固定约束。为方便下面进行网格敏感性的验证，分别用 t、$0.5t$、$1.5t$、$2t$（$t=12\text{mm}$）的网格大小对模型进行划分。Mises 当量应力计算结果见表 G-2。网格大小为 $1t$ 时的 Mises 当量应力分布云图如图 G-2。

表 G-2　Mises 当量应力计算结果

网格大小	0.5t		t		1.5t		2t	
应力分类	M	M+B	M	M+B	M	M+B	M	M+B
应力值/MPa	199	226	190	223	183	205	175	199

注：M 为薄膜应力，B 为弯曲应力。

由图 G-2 可知，薄膜和弯曲应力之和最大的位置在手孔与筒体焊缝的正上方。从应力结果可以看出，网格大小对应力结果的影响较大，因此，在进行静力分析考察结构强度时，应选择合适的网格大小。

图 G-2

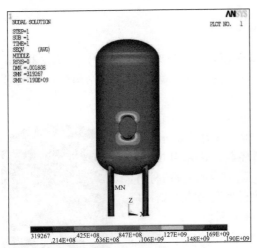

(a) 整体薄膜当量应力分布云图

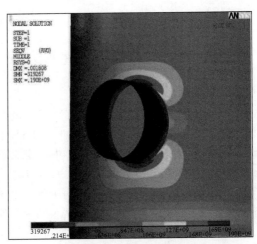

(b) 局部薄膜当量应力分布云图

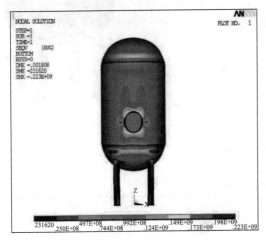

(c) 整体膜加弯当量应力分布云图

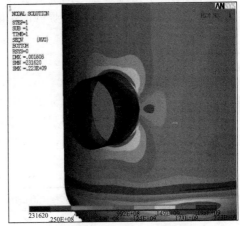

(d) 局部膜加弯当量应力分布云图

图 G-2　网格大小为 t 时的 Mises 应力云图

G.3　回流罐焊缝疲劳分析

G.3.1　疲劳寿命计算结果

在上述静力分析的基础上，使用 ANSYS/FE-SAFE 软件的 VERITY 模块进行焊缝疲劳寿命分析，选择预测区间为 99% 的 VERITY 焊缝模型，得出图 G-3 所示的网格大小为 t 的模型焊缝疲劳寿命云图。循环次数最小值出现在手孔与筒体焊缝的正上方，与静力分析的结果吻合。

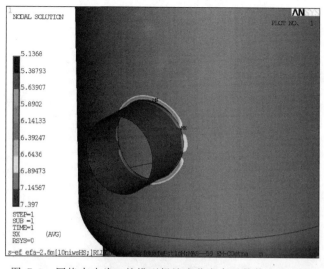

图 G-3　网格大小为 t 的模型焊缝疲劳寿命对数值 $\lg N$ 云图

G.3.2　结构应力法网格不敏感性的验证

为验证 VERITY 模块采用的结构应力法具有网格不敏感性，采用上文中进行静力分析的四种网格大小分别进行疲劳寿命计算，得出四种模型的疲劳寿命，结果见表 G-3。从 VERITY 模块中提取焊缝节点在筒体侧与手孔接管侧的结构应力，作出结构应力沿焊趾方向的曲线，如图 G-4 所示。结果表明，四种网格大小的结构应力结果基本一致，疲劳寿命结果相差极小，表明结构应力法计算焊缝疲劳寿命时对网格大小不敏感。

表 G-3　焊缝疲劳寿命结果

网格大小	$0.5t$	t	$1.5t$	$2t$
焊缝疲劳寿命/次	137759	137016	134062	132303

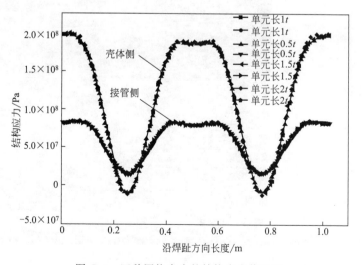

图 G-4　四种网格大小的结构应力值对比

G.3.3 壳单元与实体单元疲劳分析结果对比

为验证结构应力法计算结果与有限元单元类型无关，用实体单元 Solid185 建模，同样在有限元分析软件 ANSYS 中进行静力分析，其 Mises 当量应力云图如图 G-5(a) 所示。用 ANSYS/FE-SAFE VERITY 模块进行焊缝疲劳寿命分析，得到实体模型的焊缝疲劳寿命为 133330 次，疲劳寿命对数值如图 G-5(b) 所示。结果显示，实体单元建模得到的 VERITY 疲劳寿命计算结果与壳单元建模的计算结果非常接近，而使用壳单元建模可以大大减少建模、划分网格以及计算的工作量。

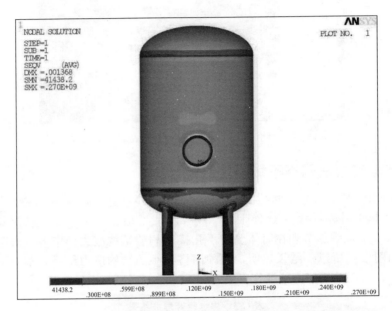

(a) 实体单元模型Mises当量应力分布云图

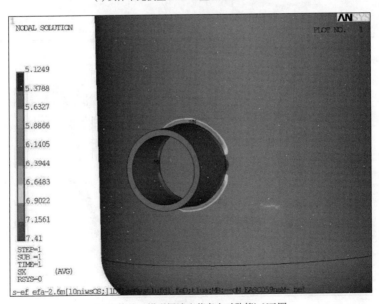

(b) 实体单元模型焊缝疲劳寿命对数值lg$N$云图

图 G-5　分析结果时比

G.3.4 填角焊缝对结构疲劳寿命的影响

为考察填角焊缝对结构疲劳性能的影响，将填角焊缝建出，焊脚高度取 12mm，载荷及边界条件与未建焊角模型一致，网格大小为 t（12mm）。在有限元分析软件中对其进行静力分析，Mises 应力结果薄膜应力为 170MPa，薄膜加弯曲应力为 191MPa，如图 G-6 所示。将结果文件导入 ANSYS/FE-SAFE，并用 VERITY 模块定义焊缝单元节点，计算后得到的疲劳寿命为 241460 次，焊缝疲劳寿命云图如图 G-7 所示。由此可知，填角焊缝对结构的机械强度以及疲劳强度都起到了一定的加强作用，可以减小应力集中程度，提高结构承受疲劳载荷的能力。

图 G-6

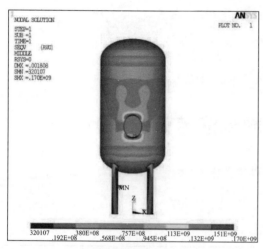

(a) 整体薄膜当量应力分布云图

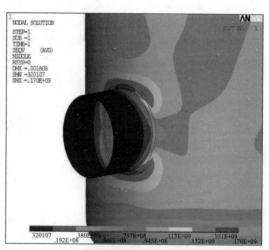

(b) 局部薄膜当量应力分布云图

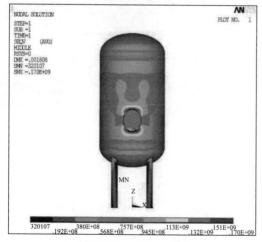

(c) 整体膜加弯当量应力分布云图

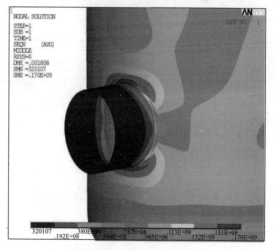

(d) 局部膜加弯当量应力分布云图

图 G-6 有焊缝圆角模型 Mises 应力云图

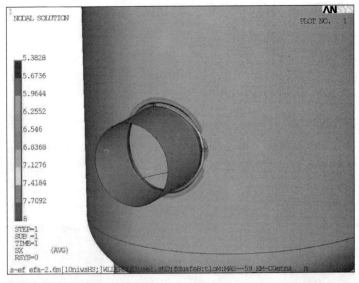

图 G-7　有焊缝圆角模型焊缝疲劳寿命对数值 lg$N$ 云图

附录 H　粉煤放料罐疲劳分析

H.1　设计条件

设计数据如表 H-1 所示。

表 H-1　设计数据

载荷	设计压力：5.7MPa	循环次数	使用寿命	操作介质
	操作压力：4.6MPa			
操作温度	110℃	$9×10^4$ 次	10 年	煤粉、氮气

由于存在着粒料冲刷腐蚀，腐蚀裕量按 3.0mm 考虑。

容器的材料：

椭圆封头：Q345R（正火）

筒体：Q345R（正火）

锥段：Q345R（正火）

接管：16Mn 锻件

H.2　有限元分析模型的建立

H.2.1　主要元件的厚度

主要元件的建模厚度按分析设计公式法得到。

封头：封头采用标准椭圆封头，内径为 2800mm，名义厚度为 56mm，直边段为 40mm。

筒体：筒体的内径为 2800mm，名义厚度为 56mm，筒体的长度为 5860mm。

接管：粉煤放料罐上有人孔（M1）和多个工艺接管，其厚度按接管规格大小不同取 40～56mm。另外，接管角焊缝外圆角半径和接管内圆角半径取 10～40mm。

上述各部件的厚度包括了 3mm 腐蚀裕量。

H.2.2　有限元几何模型

根据结构和载荷特性，考虑结构的对称性，采用 1/4 结构进行整体分析，壳体上接管包括 M1（人孔）和多个工艺接管，此外，几何模型还包括加强筋支座。在模型建立时，考虑了腐蚀裕量及封头加工减薄量（为了能更合理地进行模拟，腐蚀裕量均从结构的内表面进行考虑）。

H.2.3　载荷条件

（1）强度计算条件

设计压力：$p_d = 5.7 \text{MPa}$

设计温度：$t_d = 130℃$

（2）疲劳分析条件

操作压力：$p_w = 0 \sim 4.6 \text{MPa}$

操作温度：$t_w = 110℃$

工作循环次数：$n = 90000$ 次

压力波动范围：$0 \sim 4.6 \text{MPa}$

H.2.4　材料参数

筒体、锥体、椭圆封头采用 Q345R（板材）。不同规格板材的材料参数如表 H-2 所示。

表 H-2　材料参数

板厚/mm	$>16 \sim 36$	$>36 \sim 60$	$>60 \sim 100$
抗拉强度 σ_b/MPa	490	470	460
130℃下许用应力 S_m^t/MPa	185	176.2	165.2
110℃下许用应力 S_m/MPa	187	179.4	170.4

Q345R 在不同计算温度下材料的弹性模量 E 为：

设计温度下：$t_d = 130℃$　$E^t = 201200 \text{MPa}$

操作温度下：$E^t = 202400 \text{MPa}$

全部接管采用 16Mn（锻件），该材料在不同计算温度下设计应力强度和弹性模量为：

设计温度下：$t_d = 130℃$　$S_m^t = 159.4 \text{MPa}$　$E^t = 201200 \text{MPa}$

操作温度下：$S_m = 161.8 \text{MPa}$　$E^t = 202400 \text{MPa}$

H.2.5　边界条件

（1）位移边界条件

在图 H-1 所示的模型中，全局坐标系下，在加强筋支座的螺栓孔上加 Y 向（轴向）的约束，在全局坐标系下 XY、YZ 平面上的所有对称面上加对称边界条件。

（2）力边界条件

① 考虑下面两种工况：

设计工况：容器内表面施加内压，$p_d = 5.7 \text{MPa}$。

操作工况：容器内表面施加内压，$p_w = 4.6 \text{MPa}$。

② 在各接管的等效端面载荷按下式计算

$$p_e = \frac{d_i^2}{d_o^2 - d_i^2} p$$

H.2.6　单元选取和网格划分

采用 ANSYS 有限元软件提供的 20 节点实体单元（Solid95）对该模型进行网格划分，并进行网格无关性测试。如图 H-1 所示。

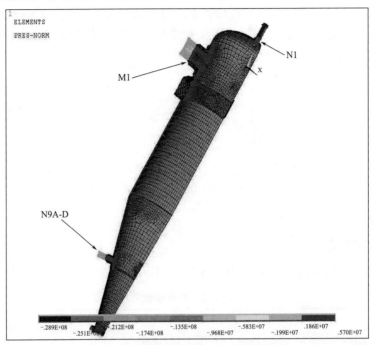

(a) 整体几何模型及加载示意图

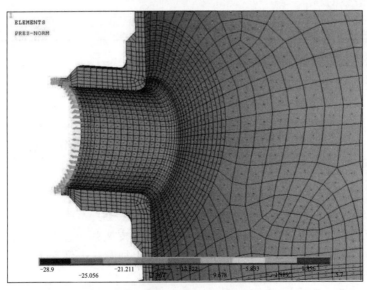

(b) M1接管与筒体连接处几何模型及加载示意图

图 H-1　模型示意图

H.3　强度评定

强度分布及应力线性化路径见图 H-2，其他接管处路径类似设置。

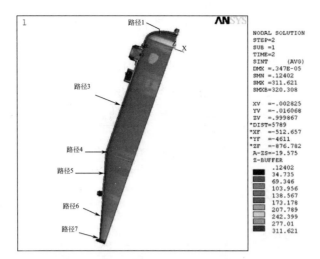

(a) 容器整体应力强度分布及应力线性化路径设置

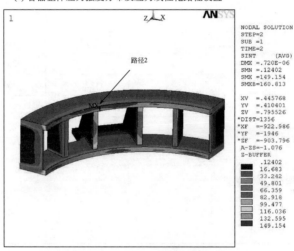

(b) 支座上的应力强度分布及应力线性化路径设置

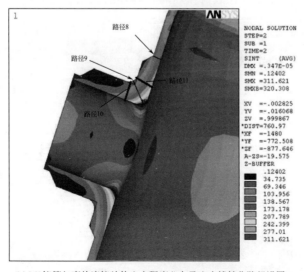

(c) M1接管与壳体连接处的应力强度分布及应力线性化路径设置

图 H-2　应力强度分布及应力线性化路径

在设计压力 p_d＝5.7MPa 作用下，对不同路径上的应力强度进行线性化，并进行应力分类和校核，部分结果见表 H-3，表中计算应力强度 S_{IV} 时仍保守地采用设计压力。另外，锥段与下端法兰连接处的局部薄膜应力强度 S_{II} 按 $1.1S_m^t$ 校核。

表 H-3　部分路径上应力线性化及分类与校核结果

路径	路径的位置	应力强度类型	应力值/MPa	许用极限/MPa	是否合格
1	封头远离开孔影响区	S_I	138.4	165.2	合格
2	过支座上最大应力点	S_{II}	47.14	264.3	合格
		S_{IV}	116.8	528.6	合格
3	筒体远离开孔接管区	S_I	153.7	176.2	合格
4	筒体与锥段连接处	S_{II}	84.07	264.3	合格
		S_{IV}	186.1	528.6	合格
5	厚锥段远离开孔接管区	S_I	128.3	176.2	合格
6	薄锥段远离开孔接管区	S_I	99.63	176.2	合格
7	锥段与下端法兰连接处	S_{II}	76.59	193.8	合格
		S_{IV}	78.51	264.3	合格
8	M1 与壳体连接处	S_{II}	122.2	239.1	合格
		S_{IV}	164.0	478.2	合格
9	M1 内倒角处	S_{II}	153.8	239.1	合格
		S_{IV}	283.4	478.2	合格
10	M1 与壳体连接处沿接管厚度	S_{II}	150.3	239.1	合格
		S_{IV}	301.6	478.2	合格
11	M1 与壳体连接处壳体厚度	S_{II}	160.8	239.1	合格
		S_{IV}	310	478.2	合格

由表 H-3 可以看出，在受设计载荷作用时，容器的强度满足要求。

H.4　疲劳分析

H.4.1　正常工况下粉煤放料罐的应力分布

对于疲劳强度，主要分析粉煤放料罐在工作载荷作用下的疲劳失效，此时容器内表面施加操作压力 p_w＝4.6MPa。其他的边界条件同 H.2.3 中施加的边界条件。在这种工况下，筒体与封头上的最大应力强度分别发生在人孔接管 M1 与壳体连接处，如图 H-3 所示。

H.4.2　工作循环（p= 0～4.6MPa）下的疲劳强度校核

① 在整个应力循环（操作压力 p_w＝4.6MPa）中，容器上最大点的峰值应力强度 S_V 为 251.44MPa，故按下式可求得交变应力强度幅

$$S_{alt}=0.5 \times 251=125.72(\text{MPa})$$

按 JB 4732—1995 中节 C2.2 计算

$$S'_{alt}=S_{alt}\frac{E}{E^t}=125.72 \times \frac{210000}{202400}=130.44(\text{MPa})$$

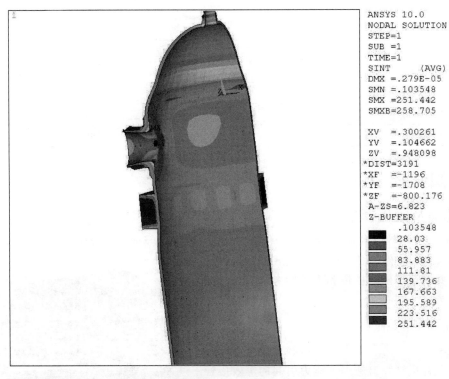

图 H-3　M1 接管与壳体连接处在工作压力下的应力强度分布云图

由 JB 4732 图 C-1 查得，对应的许用循环次数 $N_1 = 122679$，实际循环次数 $n_1 = 9.0 \times 10^4 < N_1$。

② 水压试验：实际循环次数 $n_2 = 15$ 次。

$$S_{\text{alt}} = 0.5 \times 251.44 \div 4.6 \times 7.84 = 214.27 \text{(MPa)}$$
$$S'_{\text{alt}} = 214.27 \times 210000 \div 202400 = 222.32 \text{(MPa)}$$

$N_2 = 15000$ 次，$n_2 < N_2$。

③ 累计使用系数 U

$$U_1 = n_1 / N_1 = 90000 \div 122679 = 0.7336$$
$$U_2 = n_2 / N_2 = 15 \div 17550 = 0.00085$$

$U = U_1 + U_2 = 0.7336 + 0.00085 = 0.7345 < 1.0$，疲劳强度评定合格。

附录 I　基于应力分类法和极限载荷法的板式换热器强度评定

I.1　板式换热器设计参数

板式换热器主要设计参数见表 I-1。

表 I-1　板式换热器主要设计参数

参数	板程	壳程
设计压力/MPa	0.1	0.4
设计温度/℃	170	50
工作压力/MPa	0.01	0.3
介质	空气	水
腐蚀裕量/mm	0	0
材料	S30408	S30408

I.2　有限元模型的建立

I.2.1　几何及网格模型

图 I-1 是板式换热器几何模型，结构包括圆弧板、接管、天圆地方壳体和支座等。

采用 ANSYS 软件中 Solid186 对板式换热器进行网格划分，并进行了网格质量和无关性考核，最终模型总单元数为 1526053。

I.2.2　载荷和约束

本分析考虑了压力、重力、地震载荷以及接管载荷。此外，在各接管管口施加了压力引起的等效接管力，大小按下式计算

$$p_e = \frac{d_i^2}{d_o^2 - d_i^2} p$$

式中，p 为管壁所受内压。

在设备气体进出口管上，外加接管力和力矩大小见表 I-2。

图 I-1　板式换热器几何模型

表 I-2　接管外载荷

项目	力/N			力矩/N·m		
	F_x	F_y	F_z	M_x	M_y	M_z
气体进口管	−66100	18800	−32600	−23100	79200	−5000
气体出口管	5000	50700	20200	35000	13700	−25200

在本分析中，考虑两种压力载荷工况，其中压力载荷见表 I-3。

表 I-3　压力载荷工况

项目	载荷工况	
	工况 1	工况 2
板程压力/MPa	0.1	0
壳程压力/MPa	0	0.4

图 I-2、图 I-3 是工况 1、2 条件下载荷和约束施加示意图，两工况条件下约束相同，都是在支柱底部施加固定约束。

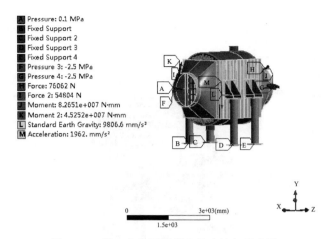

图 I-2　工况 1 条件下载荷和约束施加示意图

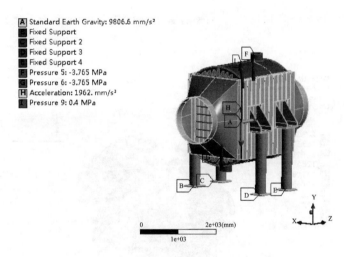

图 I-3　工况 2 条件下载荷和约束施加示意图

I. 3　基于应力分类法的强度评定

应力分类法是弹性应力分析方法，它假设材料是线弹性的。设备上的应力以 Mises 当量应力进行分类，不同类型的当量应力按其对设备强度失效所起作用的大小给予不同的限制。设计温度下材料 S30408 的许用应力 S 为 134.2MPa。

不同载荷工况条件下板式换热器中的 Mises 当量应力分布见图 I-4。

在工况 1 条件下的最大 Mises 当量应力为 154.55MPa，位于弧形板和连接板的连接区域。在工况 2 条件下的最大 Mises 当量应力为 189.15MPa，位于 T 形筋板上。

按照弹性应力分析法，Mises 当量应力在分类时可分为一次整体薄膜当量应力（P_m）、一次局部薄膜当量应力（P_L）、一次薄膜（整体或局部）加一次弯曲当量应力（$P_L + P_b$），以及一次薄膜（整体或局部）加一次弯曲加二次当量应力（$P_L + P_b + Q$）。为计算当量应力并分类，总应力应该做线性化处理以得到薄膜和弯曲应力，应力线性化应在部件厚度截面内（即应力分类面）沿应力分类线（SCL）进行。

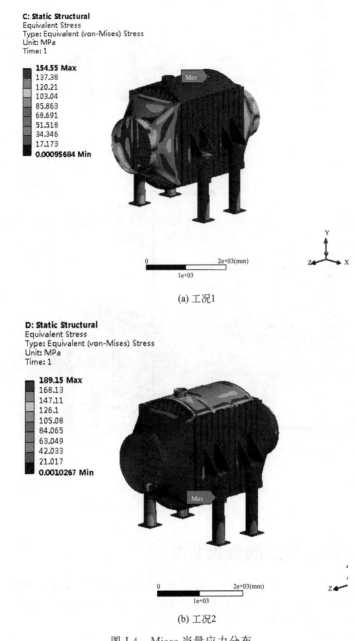

(a) 工况1

(b) 工况2

图 I-4　Mises 当量应力分布

为对整个设备进行强度评定，应在设备部件整体以及结构不连续区设置应力分类线或路径，图 I-5 显示的是工况 1 条件下天圆地方壳体和气体入口管连接处的路径，表 I-4 列出了这些路径上应力分类和强度评定，类似于锥壳小段的应力评定，在天圆地方与进出口管连接部位的局部应力按 1.1S 限值进行校核。

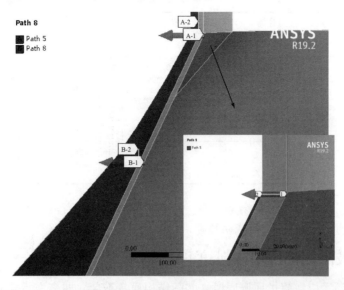

图 I-5　工况 1 条件下天圆地方及其与接管连接处的应力校核路径设置

表 I-4　工况 1 条件下天圆地方及其与接管连接处的应力分类与评定

路径	应力分类	计算值/MPa	许用极限/MPa	评定结果
Path 8	P_m	19.20	134.2	合格
Path 5	P_L	43.60	147.6	合格
	$P_L + P_b + Q$	58.29	402.6	合格

同样，图 I-6 显示的是工况 2 条件下弧形板及其和进水管连接处的路径，表 I-5 是应力分类和评定结果。

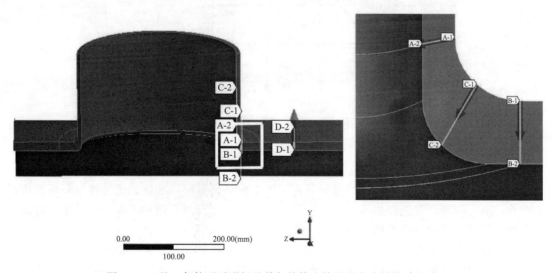

图 I-6　工况 2 条件下弧形板及其与接管连接处的应力校核路径设置

表 I-5　工况 2 条件下弧形板及其与接管连接处的应力分类与评定

路径	应力分类	计算值/MPa	许用极限/MPa	评定结果
Path 4	P_m	21.76	134.2	合格
Path 1	P_L	12.61	201.3	合格
	P_L+P_b+Q	88.92	402.6	合格
Path 2	P_L	24.17	201.3	合格
	P_L+P_b+Q	111.32	402.6	合格
Path 3	P_L	23.68	201.3	合格
	P_L+P_b+Q	110.8	402.6	合格

以上弹性应力分析方法评定结果表明，所有类型的 Mises 当量应力都小于相应的许用极限，意味着按 ASME Ⅷ-2，该板式换热器满足强度要求。

I.4　基于极限分析法的强度评定

当结构中的最大应力超过屈服限时，实际结构通常不会立即丧失承载能力，随着载荷的增加，高应力区的应力首先达到屈服限，材料进入塑性状态，随后应力发生再分布、塑性区扩大。极限载荷指的是结构从弹性状态到塑性状态所承受的载荷，达到极限载荷后，结构进入不稳定状态，极限载荷分析结果比较接近于实际失效状态。

在极限载荷分析中材料假设为理想弹塑性材料，图 I-7 是本分析的板式换热器材料的理想弹塑性应力-应变关系。

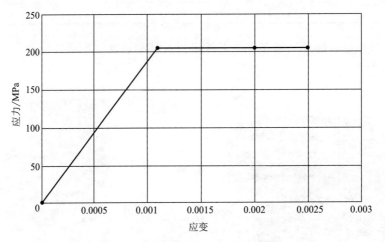

图 I-7　理想弹塑性应力-应变关系

对板式换热器进行两种工况的极限分析，第 1 种是只有板程加压，通过极限分析求取最大压力；第 2 种是只有壳程加压，通过极限分析求取最大压力。两种工况中的其他载荷以及约束的施加和前面应力分类法一致。

极限载荷分析是非线性分析，收敛难度大，需要分载荷步及子载荷步加载，计算时间也比较长。按极限载荷分析理论，极限载荷也就是最大压力是计算发散前的最后收敛子步所对应的压力。

对于工况 1，发现在第 68 子步后计算发散，图 I-8 显示了位移最大点处的载荷-位移曲线，最大载荷或极限载荷是发散前一步所对应的载荷，由此可以得到在工况 1 条件下，板程极限压力为 0.53MPa，如果取 1.5 的设计系数值，其许用压力为 0.35MPa，远大于板程设计压力（0.1MPa），表明在板程设计压力作用下，换热器的强度满足要求。图 I-9 是在板程极限压力作用下换热器中的 Mises 当量应力分布。

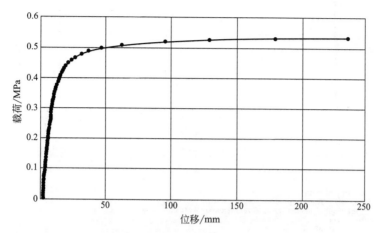

图 I-8　工况 1 条件下设备上位移最大点处的载荷-位移曲线

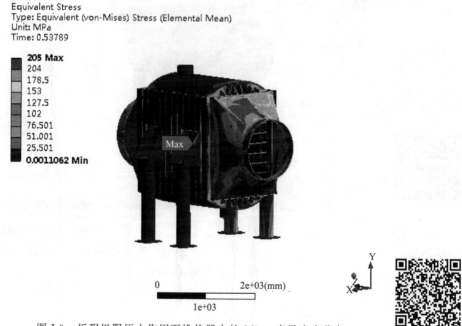

图 I-9　板程极限压力作用下换热器中的 Mises 当量应力分布

　　对于工况 2，发现在第 66 子步后计算发散，图 I-10 显示了位移最大点处的载荷-位移曲线，由此可以得到在工况 2 条件下，板程极限压力为 2.25MPa，取 1.5 的设计系数后，许用压力为 1.5MPa，也远大于壳程设计压力（0.4MPa），表明在壳程设计压力作用下，换热器的强度满足要求。图 I-11 是在壳程极限压力作用下换热器中的 Mises 当量应力分布。

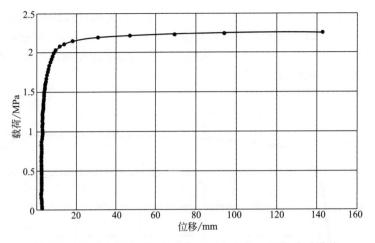

图 I-10　工况 2 条件下设备上位移最大点处的载荷-位移曲线

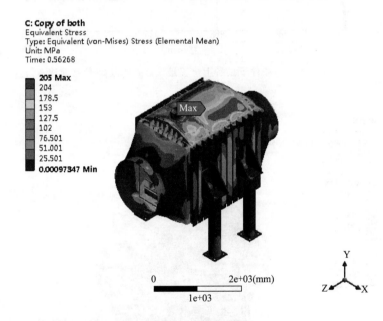

图 I-11　壳程极限压力作用下换热器中的 Mises 当量应力分布

　　以上应力分类法和极限载荷法所得结果表明，两种方法都可以基于 ASME Ⅷ-2 对板式换热器进行强度评定。但比较这两种方法可以看出，极限载荷法无须设置应力分类线，无须进行应力分类，克服了应力分类法的一些不足，强度合格判据简单，结果偏于保守，但由于是非线性计算，收敛难度大，计算时间长。因此，对于类似板式换热器的复杂结构，推荐采用极限载荷法进行强度评定。

附录 J　卧式储罐有限元模型的建立

J.1　储罐结构和材料参数

　　某熔盐储罐，由筒体、支座、接管等零部件组成，如图 J-1 所示。材料为 Q345R。设计压力为 0.09MPa，设计温度为 375℃，腐蚀余量 3mm，设备装量系数 0.5。其他参数如下：

① 筒体内直径 2600mm，壁厚 14mm，封头壁厚 12mm。

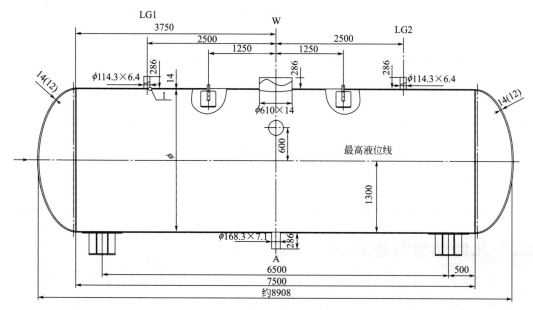

图 J-1　熔盐储罐结构简图

② 各接管的参数见表 J-1 所示。

表 J-1　各接管结构尺寸

项目	外径/mm	壁厚/mm
人孔	610	14
液位计孔	114.3	6.4
排气孔	273	10
入口孔	114.3	6.4
出口孔	168.3	7.1

③ 鞍座底板厚度 18mm，腹板厚度 18mm，垫板和筋板厚度均为 14mm，其余尺寸如图 J-2 和图 J-3 所示。

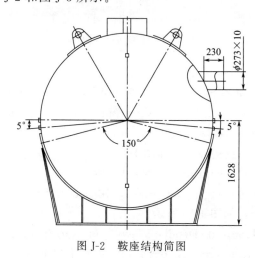

图 J-2　鞍座结构简图

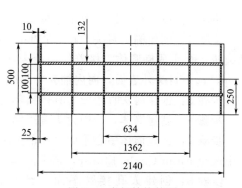

图 J-3　底板结构简图

由于该熔盐储罐在高温下工作，在结构设计上应采取措施消除或降低热应力，本附录将对储罐进行温度分布和热变形分析，由于设备外部有保温层，认为设备壳体温度和储罐内熔盐温度一致。熔盐密度为 1730kg/m^3，Q345R 材料一些性能参数见表 J-2。

表 J-2　材料特性参数

项目	20℃	100℃	150℃	200℃	250℃	300℃	350℃	400℃
弹性模量/$\times 10^3$MPa	206	203	200	196	190	186	179	170
线膨胀系数/[$\times 10^{-6}$mm /(mm·℃)]	—	11.53	11.88	12.25	12.56	12.90	13.24	13.58
热导率/[W/(m·℃)]	56.5	56.5	56.5	56.5	56.5	56.5	56.5	56.5
密度/(kg/m^3)	7850	7850	7850	7850	7850	7850	7850	7850
泊松比	0.3	0.3	0.3	0.3	0.3	0.3	0.3	0.3

J.2　几何模型的建立

本附录采用 Ansys Workbench18.0 软件建立有限元模型，具体步骤如下：

步骤 1：启动 Ansys Workbench18.0，进入主界面。

步骤 2：打开 DM。拖入 Geometry 到工作区，右击选择 New DesignModeler Geometry，如图 J-4、图 J-5 所示。

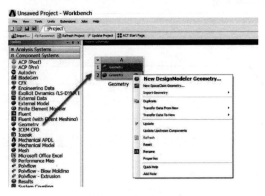

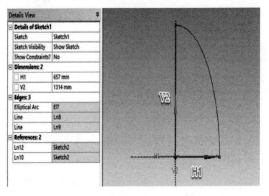

<table>
<tr><td align="center">图 J-4　打开 DM</td><td align="center">图 J-5　创建封头截面草图</td></tr>
</table>

步骤 3：更改单位制。单击菜单栏 Units，选择单位 Millimeter。

步骤 4：创建椭圆封头。在 XYPlane 平面建立草图 Sketch。点击 Revolve，将草图绕 X 轴旋转 360°生成椭圆体。接着使用命令 Thin/Surface，在 Details View 窗口中选择 Face to Keep，选中封头外表面，向内抽壳封头厚度，如图 J-6、图 J-7 所示。

步骤 5：创建封头直边段。具体操作同上。封头直边段草图如图 J-8 所示。

步骤 6：创建筒体。选中封头直边侧面进行拉伸（Extrude），如图 J-9 所示。

步骤 7：创建筒体中心平面（局部坐标系，下同）。点击 New Plane，在 Details View 窗口中选择 From Circle/Ellipse，选中筒体左侧边线，如图 J-10 所示。

步骤 8：创建人孔接管平面。点击 New Plane，在 Details View 窗口中选择 From Plane，选中筒体中心平面后，移动/旋转（Transfrom）至人孔接管管口，如图 J-11 所示。

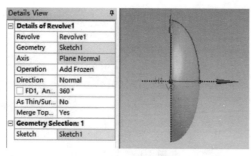

图 J-6　创建椭圆体

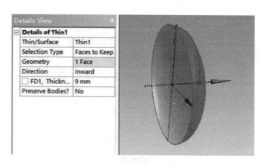

图 J-7　创建椭圆封头

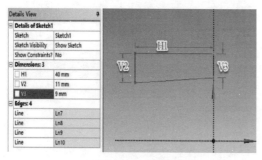

图 J-8　创建封头直边草图

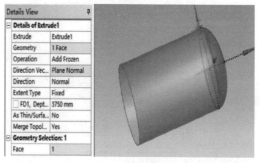

图 J-9　创建筒体

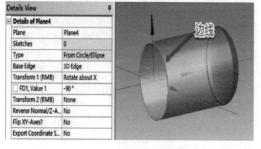

图 J-10　创建筒体中心平面

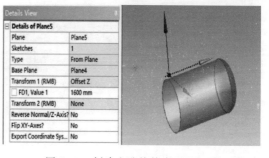

图 J-11　创建人孔接管表面坐标系

步骤 9：创建人孔接管。在人孔接管平面内建立草图（Sketch），拉伸（Extrude）该草图，在 Details View 窗口中分别重点做如下设置。Extent Type：To Surface，拉伸至筒体外表面；As Thin/Surface：Yes，Inward Thickness：人管接管的厚度。另外需要注意的是拉伸方向。使用两次 Slice 操作，切分人孔接管。在 Details View 窗口中选择 Slice by Surface，分别以筒体端面和人孔内表面为切割面。接着使用 Body Delete 将多余体删除。需要注意的是，进行切分时，筒体被多切出一小块，使用 Boolean 进行 Unite 合并。如图 J-12～图 J-17 所示。

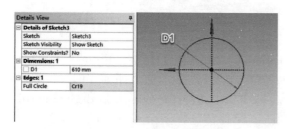

图 J-12　创建人孔接管外径草图

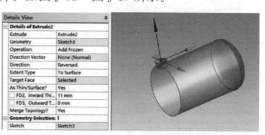

图 J-13　创建人孔接管

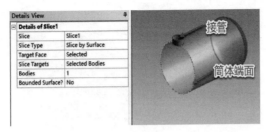

图 J-14　切割人孔接管

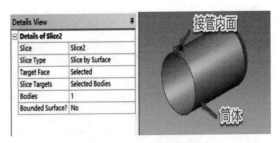

图 J-15　切割筒体

图 J-16　删除多余体

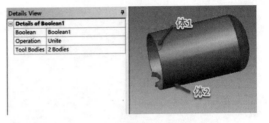

图 J-17　合并筒体

步骤 10：创建液位计接管、出口接管、排气口接管。操作类似步骤 8、步骤 9，分别建立其余各接管。其余接管管口平面（局部坐标系）创建如图 J-18～图 J-21 所示。

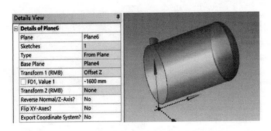

图 J-18　创建出口接管表面坐标系

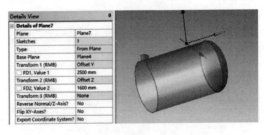

图 J-19　创建液位计接管表面坐标系

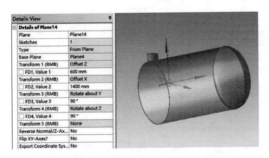

图 J-20　创建排气口接管表面坐标系

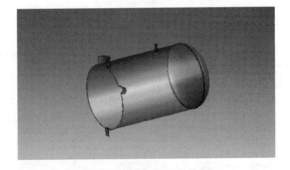

图 J-21　筒体和封头模型

步骤 11：创建垫板。点击 New Plane，在 Details View 窗口中选择 From Plane，将 XYPlane 通过移动/旋转（Transform），生成垫板中心平面。在该平面内建立草图（Sketch）。拉伸（Extrude）草图，在 Details View 窗口中选择 Direction：Both-Symmetric 进行双向拉伸。最后通过筒体外表面切分（Slice）拉伸体，将多余部分删除（Body Delete）。如图 J-22～图 J-25 所示。

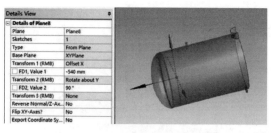

图 J-22　创建垫板中心平面坐标系

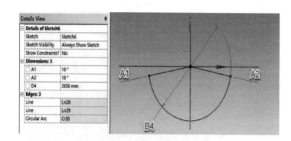

图 J-23　创建垫板草图

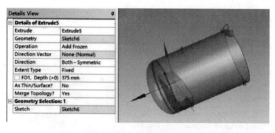

图 J-24　创建垫板

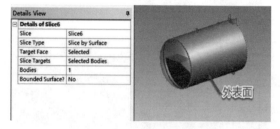

图 J-25　切分垫板多余部分

步骤 12：创建底板，操作类似步骤 11。先将垫板中心平面通过移动/旋转（Transform），生成底板底部平面。在该平面内建立草图（Sketch）。拉伸（Extrude）草图，注意拉伸方向，拉伸长度为底板厚度。如图 J-26～图 J-28 所示。

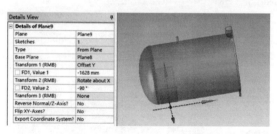

图 J-26　创建底板中心平面

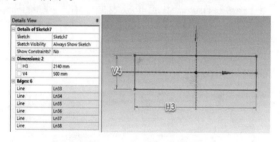

图 J-27　创建底板草图

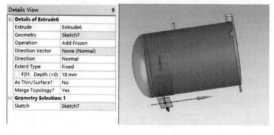

图 J-28　创建垫板

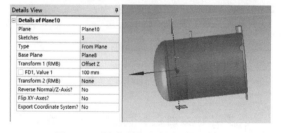

图 J-29　创建腹板内部表面坐标系

步骤 13：创建腹板，操作与步骤 11 类似。先将垫板中心平面通过移动/旋转（Transform），生成腹板内侧平面。在该平面内建立草图（Sketch）。拉伸（Extrude）草图，注意拉伸方向，拉伸长度为腹板厚度。最后通过垫板下表面切分（Slice）拉伸体，将多余部分删除（Body Delete）。点击镜像（Mirror），选中生成的腹板，通过垫板中心面，生成另一块腹板。如图 J-29～图 J-32 所示。

221

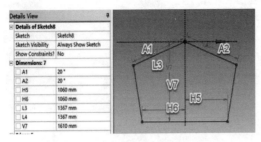

图 J-30　创建腹板草图

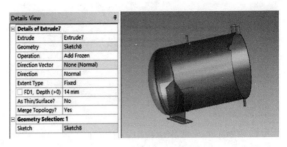

图 J-31　创建垫腹板

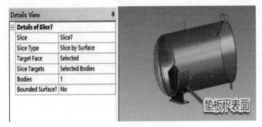

图 J-32　切分腹板多余部分

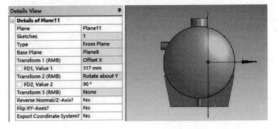

图 J-33　创建内排筋板表面坐标系

步骤 14：创建内排筋板，操作与步骤 11 类似。先将垫板中心平面通过移动/旋转（Transform），生成筋板表面。在该平面内建立草图（Sketch），该草图轮廓为矩形，注意草图长宽。拉伸（Extrude）草图，注意拉伸方向，拉伸长度为筋板厚度。最后通过各表面切分（Slice）拉伸体，将多余部分删除（Body Delete）。注意删除筋板与腹板的重叠部分。如图 J-33～图 J-35 所示。

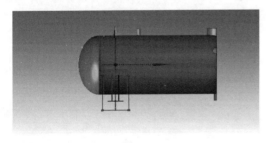

图 J-34　创建筋板草图

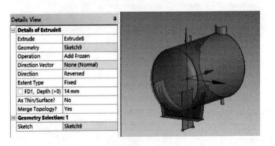

图 J-35　创建内排筋板

步骤 15：创建中间排筋板。同步骤 14。中间排筋板平面（局部坐标系）创建如图 J-36 所示。

步骤 16：创建外排筋板。在步骤 13 生成腹板侧平面建立草图。先将垫板下表面和底板上表面生成轮廓投影（在提纲树中右击腹板内侧平面→Insert→Sketch Pjection），随后生成外侧筋板草图。拉伸（Extrude）草图，在 Details View 窗口中选择 Direction：Both-Symmetric 进行双向拉伸。最后通过各表面切分（Slice）拉伸体，将多余部分删除（Body Delete）。注意删除筋板与腹板的重叠部分。如图 J-37、图 J-38 所示。

步骤 17：镜像筋板。点击镜像（Mirror），选中生成筋板，通过垫板中心面，生成另一侧筋板。如图 J-39 所示。

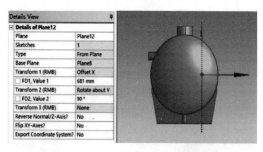

图 J-36   创建中间筋板表面坐标系

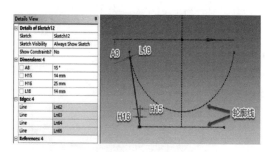

图 J-37   创建外侧筋板草图

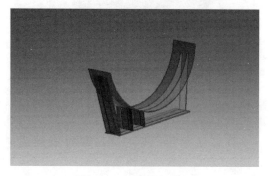

图 J-38   创建外侧筋板

图 J-39   镜像生成全部筋板

步骤 18：倒圆角。由于创建的都是冻解体（Freeze），倒角前需将筒体和接管部分使用 Boolean 进行 Unite 合并，然后进行各接管和垫板处倒圆角（Blend→Fixed Radius）。倒角尺寸分别为：人孔接管内圆角 5mm，外圆角 8mm；其余接管内圆角 3mm，外圆角 6mm。垫板处圆角 42mm。

熔盐储罐半模型建立完成，划分网格之前，需先对模型进行切分操作。合理的切分方式，往往能方便快捷地得到高质量的网格模型。需要注意的是，由于熔盐储罐的两个鞍座分别为 F 型和 S 型，施加载荷时约束不对称，因此切分完成之后，需要通过镜像（Mirror）生成全模型参与计算。这里的半模型是为了减少重复工作量。

步骤 19：切分接管。这里以液位计接管为例，其余接管类似。沿接管纵向切分。点击 Extrude，选中外圆角外侧线。在 Details View 窗口中分别如下设置：Operation：Slice Material；As Thin/Surface：Yes；Inward Thickness：0；Outward Thickness：0。需要注意的是方向，拉伸长度取大于筒体壁厚即可。沿接管横向切分。点击 Slice，选中外圆角内侧线，切分方式选择 Slice By Edge Loop。由于接管数量有限，其切分可在完成步骤 23 后（生成全模型后）完成。如图 J-40～图 J-41 所示。

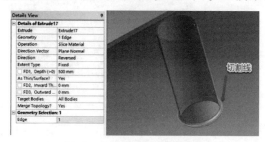

图 J-40   接管部位纵向切分

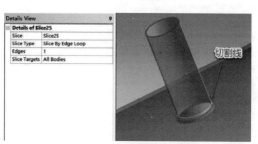

图 J-41   接管部位横向切分

步骤 20：切分鞍座。为了方便画出高质量的网格，这里对鞍座的切分比较细，对筋板与腹板、垫板以及底板接触相贯的区域，沿接触面相互切分，生成一系列小的六面体。另外，沿着对称轴平面（横向和纵向）切分鞍座。如图 J-42 所示。

步骤 21：整体切分。点击 Slice→Slice by Plane：XYPlane/ZXPlane。如图 J-43 所示。

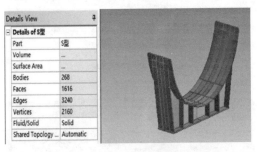

图 J-42　鞍座切分　　　　　　　　　　　　图 J-43　整体切分

步骤 22：创建全模型。将步骤 7 创建的筒体中心平面绕 X 轴旋转 90°生成对称平面。点击镜像（Mirror），选中所有体，生成全模型。如图 J-44 所示。

步骤 23：创建多体 Parts。分别选中左侧、右侧鞍座和其余体。单击鼠标右键选择 Form New Part。这里生成 3 个 Part，命名为"S 型""F 型"和"筒体"。

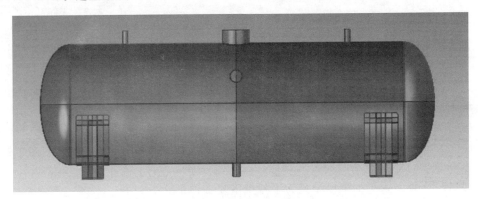

图 J-44　熔盐储罐模型

步骤 24：打开 Mechanical 网格划分。关闭 DM，拖入 Steady-State Thermal 到 A2，双击 B4。如图 J-45 所示。

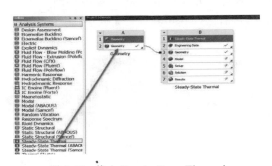

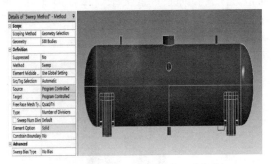

图 J-45　拖入 Steady-State Thermal　　　　图 J-46　全体 Sweep 网格尺寸控制

步骤 25：查看可以 Sweep 的体。右击流程树 Mesh→Show→Sweepable Bodies，这时发

现模型全部高亮，说明模型全部可采用 Sweep 网格划分方法。下面对模型进行详细的控制。

步骤 26：整体控制。点击流程树 Mesh，选择 Defaults：Element Midside Nodes：Dropped，选择线性单元。其余设置不变。

步骤 27：全体 Sweep 网格尺寸控制。点击工具栏 Mesh Control→Method。在 Details View 窗口中选择 method：Sweep，并且选中所有体。如图 J-46 所示。

步骤 28：接管网格尺寸控制。这里以液位计接管为例，其余接管类似。点击工具栏 Mesh Control→Size。在 Details View 窗口中选择 Type：Number of Divisions，分别选中需要控制的线段。圆角处设置 5 份，厚度方向设置 3 份，圆角处剖面设置面尺寸 2mm，1/2 周向设置 20 份，1/4 周向设置 15 份。高度方向设置 15 份。注意：在导入几何模型时，偶尔会造成圆角周向线段的打断，这时需使用 Virtual Topology 功能进行线段的合并后，再设置线段划分份数。如图 J-47～图 J-49 所示。

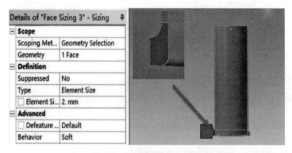

图 J-47 接管圆角网格尺寸控制

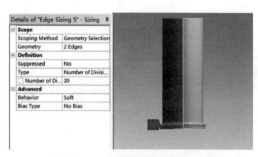

图 J-48 接管周向网格尺寸控制

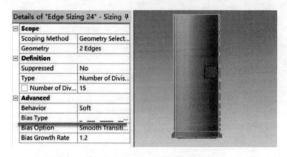

图 J-49 接管高度网格尺寸控制

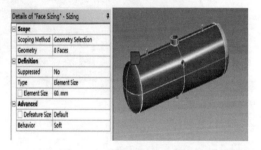

图 J-50 筒体网格尺寸控制

步骤 29：筒体网格尺寸控制，操作同步骤 28。设置面尺寸 60mm。如图 J-50 所示。

步骤 30：封头直边段网格尺寸控制，操作同步骤 28。厚度和长度方向均设置 3 份，周向设置 30 份。另一边同样设置。如图 J-51、图 J-52 所示。

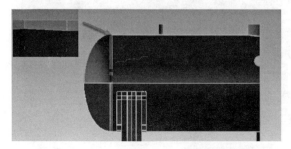

图 J-51 封头直边厚度和长度网格尺寸控制

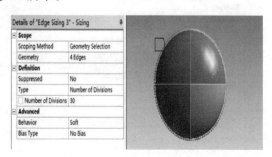

图 J-52 封头直边周向网格尺寸控制

步骤 31：椭圆封头网格尺寸控制，操作同步骤 28。周向设置 25 份。另一边同样设置。如图 J-53 所示。

步骤 32：鞍座网格尺寸控制。操作同步骤 28，设置体尺寸 40mm，底板、筋板、腹板和垫板厚度方向均设置 3 份，垫板圆角设置 5 份。如图 J-54 所示。

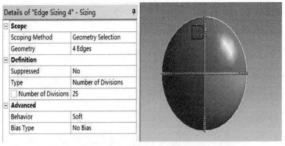

图 J-53　椭圆封头网格尺寸控制　　　　　图 J-54　鞍座网格尺寸控制

熔盐储罐的网格模型如图 J-55 所示。考虑到计算资源的限制，这里采用了线性单元，板材厚度方向划分 3 层。需要注意的是，在划分多体 Part 网格时（如筒体、S 型、F 型），Part 内的体在划分网格时节点共享。而 Part 与 Part 之间的网格节点不共享，两者之间通过接触连接。这里筒体/F 型和筒体/S 型分别建立绑定接触进行求解。

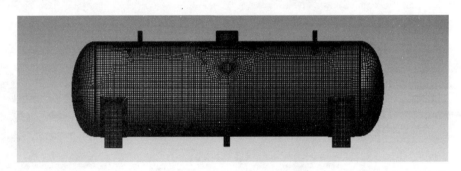

图 J-55　熔盐储罐网格模型

步骤 33：创建绑定接触。点击流程树 Connections 下的 Contacts，在导入几何模型时，软件会自动生成一系列接触。这里选择全部删除。点击工具栏 Contact→Bonded。在 Details View 窗口中选择接触面和目标面。如图 J-56 所示。

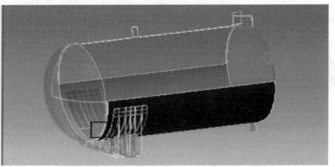

图 J-56　创建 Bonded 接触

J.3　施加载荷和边界条件

步骤 34：创建材料特性参数。拖入 Engineering 到 B2，双击 B2。按图中标注位置，分别输入材料名称、密度、线膨胀系数、弹性模量、热导率。如图 J-57、图 J-58 所示。

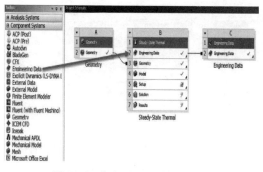

图 J-57　拖入 Engineering Date

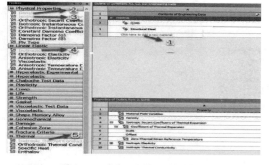

图 J-58　输入材料特性参数

步骤 35：分配材料属性。双击 B4，再次打开 Mechanical 网格划分。分别点击流程树下的 Geometry 下三个 Part（S 型，F 型，筒体），在 Details View 窗口中选择 Assignment：材料名称。

步骤 36：创建面组。选中 F 型鞍座底面，右击鼠标，选择 Create Name Slection，输入 F 型鞍座地面。按同样方式创建其他面组，如内壁面、S 型鞍座底面、人孔接管管口等。

步骤 37：施加温度边界条件。点击流程树 Steady-State Thermal→工具栏的 Temperature。在 Details View 窗口中选择 Name Slection：F 型鞍座底面，并设置温度 20℃。同理，分别设置 S 型鞍座底面、内壁面温度为 20℃、375℃。如图 J-59、图 J-60 所示。

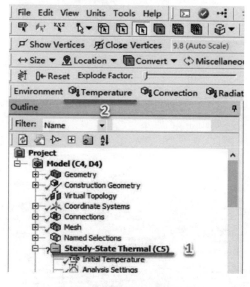

图 J-59　施加温度边界条件

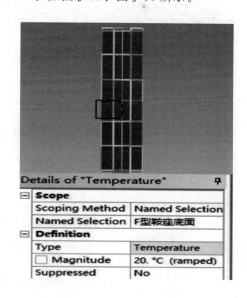

图 J-60　设置鞍座底面温度

步骤 38：求解并查看稳态热分析结果。点击 Solve，等求解结束后，点击流程树 Solution→工具栏 Thermal 下的 Temperature。在 Details View 窗口中选中所有体。如图 J-61 所示。

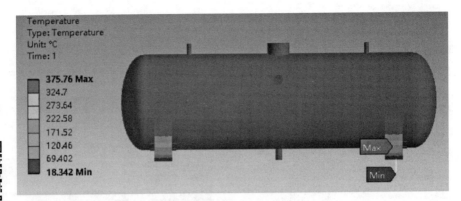

图 J-61　熔盐储罐温度场分布云图

步骤 39：打开静力分析模块。拖入 Static Structural 到 B6，双击 D5。如图 J-62 所示。

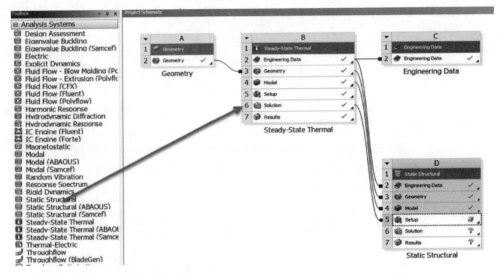

图 J-62　拖入 Static Structural

步骤 40：施加重力加速度。点击流程树 Static Structural→工具栏的 Inertial→Standard Earth Gravity。在 Details View 窗口中选择方向。如图 J-63 所示。

步骤 41：施加内压。点击工具栏的 Loads→Pressure。在 Details View 窗口设置内壁面及内压值。如图 J-64 所示。

Details of "Standard Earth Gravity"	
Scope	
Geometry	All Bodies
Definition	
Coordinate System	Global Coordinate System
X Component	0. mm/s² (ramped)
Y Component	-9806.6 mm/s² (ramped)
Z Component	0. mm/s² (ramped)
Suppressed	No
Direction	-Y Direction

图 J-63　施加重力加速度

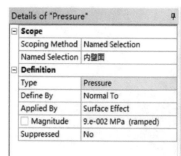
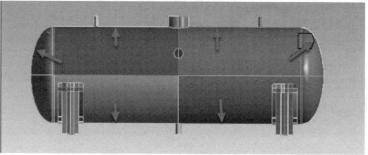

图 J-64　施加内压

步骤 42：施加接管载荷。操作同步骤 41。如图 J-65 所示。

步骤 43：施加液注静压力。点击工具栏的 Loads→Hydrostatic Pressure。在 Details View 窗口设置熔盐密度、加速度及液面高度。如图 J-66 所示。

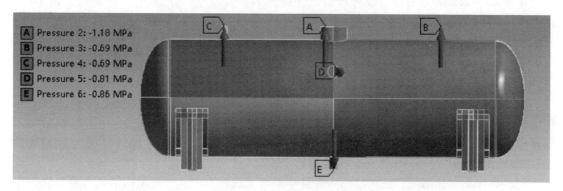

图 J-65　施加接管管口载荷

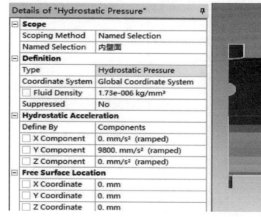
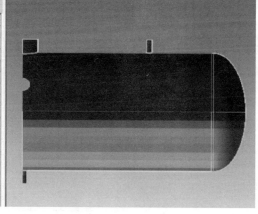

图 J-66　施加液注静压力

步骤 44：施加约束。点击工具栏的 Supports→Displacement。在 Details View 窗口设置约束。在 F 型鞍座底板施加轴向和纵向的位移约束，限制其移动，但不限制其膨胀。在 S 型鞍座面上施加位移约束，可沿轴向小幅移动，以减小设备受热膨胀带来的装配应力。如图 J-67 所示。

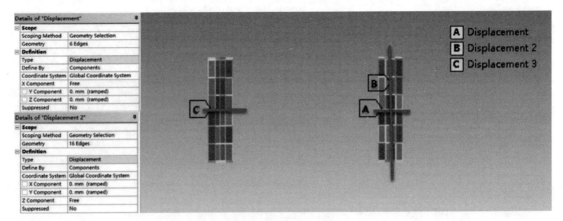

图 J-67　施加位移约束

步骤 45：求解并查看耦合场分析结果。点击 Solve，等求解结束后，点击流程树 Solution→工具栏 Stress 下的 Intensity。在 Details View 窗口中选中筒体。

附录 K　壳体径向接管安定和棘轮边界直接法计算

线性匹配法（LMM）是一种求解非线性材料结构响应的快速直接算法，适用于任意几何结构、任意热-机载荷组合，该方法采用一系列修正弹性模量的线弹性分析来模拟结构的塑性力学行为。LMM 程序计算循环塑性、安定极限和棘轮极限的适用性和有效性已经通过 ABAQUS 的 step-by-step 非弹性分析得到了验证。

圆柱壳体上的径向接管结构是压力部件中最常见的结构，其开孔结构形式多种多样。接管和壳体连接处存在高度的局部不连续效应，其应力状态非常复杂，尤其是在复杂的加载条件下。本例以壳体径向接管模型为例，对该结构的安定和棘轮边界采用 LMM 直接法进行计算。

K.1　壳体径向接管模型

壳体径向接管示意图如图 K-1 所示。

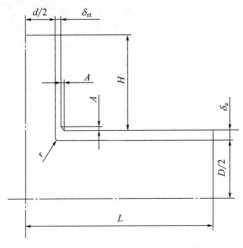

图 K-1　所分析壳体和接管的示意图

结构的基本几何参数见表 K-1。

表 K-1　结构的基本几何参数

圆柱壳体的内直径 D/mm	600	接管外倒角的高度 A/mm	20
圆柱壳体的厚度 δ_e/mm	50	接管内倒角的半径 r/mm	12
圆柱壳体的长度 L/mm	1000	接管的内直径 d/mm	160
接管伸出长度 H/mm	500	接管的厚度 δ_{et}/mm	60

假设材料为理想弹性-塑性本构关系，材料的属性见表 K-2。

表 K-2　材料属性

弹性模量/GPa	200	热膨胀系数/[$\times 10^{-6}$ mm/(mm·℃)]	20
密度/(kg/m³)	7930	热传导系数/[W/(m·℃)]	14.8
泊松比	0.3	屈服强度/MPa	200

K.2　初始加载和边界条件

考虑到结构几何形状和载荷的对称性，采用 ABAQUS 的 C3D20R 单元建立 1/4 模型，其有限元模型的载荷和边界条件如图 K-2 所示，主要有以下几项：

① $X=0$ 平面上施加对称面约束，U_x，R_{oty}，$R_{otz}=0$。

② $Z=0$ 平面上施加对称面约束，U_z，R_{otx}，$R_{oty}=0$。

③ 接管的端面（即 $Y=Y_0$ 平面）约束 Y 方向的位移，$U_y=0$。

④ 所有的内表面施加内压 p，初始内压 $p=10$MPa。

⑤ 圆柱壳的端面（即 $Z=Z_0$ 平面）施加等效压力 p_{eq}，可按下式进行计算

$$p_{eq} = \frac{pD_i^2}{(D_o^2 - D_i^2)}$$

式中，D_i，D_o 分别为壳体的内径和外径。

⑥ 所有外表面的温度假设为 θ_0，则所有内表面的温度为 $\theta_0 + \Delta\theta$。初始的外壁温度为 0℃，$\Delta\theta$ 为 100℃，内表面温度加载历史如图 K-3 所示。

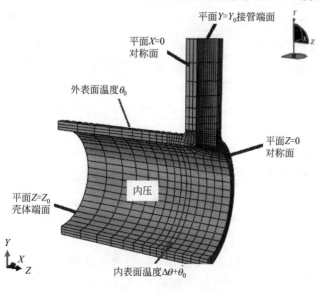

图 K-2　圆柱壳径向接管的有限元模型

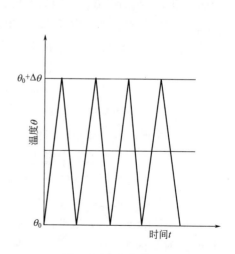

图 K-3　温度加载历史

K.3 计算安定和棘轮边界

采用 LMM 程序对壳体径向接管结构进行一次计算只需要几秒，根据一系列内压和温差的变化，可快速获得安定和棘轮边界上的点，从而形成类似 Bree 图的压力-温差曲线图，以此来确定如图 K-4 所示的安定和棘轮边界，计算步骤如下：

第 1 步，确定点 1，该点对应于结构在纯机械载荷作用下的极限载荷。在 LMM 程序中，极限载荷计算为安定分析的特例，采用单一载荷来模拟单调的载荷工况，仅考虑参考的机械载荷 10MPa。根据 LMM 程序计算载荷放大系数后，乘以该初始的参考机械压力即可获得极限载荷，对于该壳体径向接管结构，收敛的载荷放大系数为 3.516，即结构的极限载荷为 35.16MPa。

第 2 步，确定点 2，该点对应于反向塑性极限，因该循环温差产生的热应力范围为屈服强度的 2 倍，所以反向塑性极限与循环温差有关。LMM 程序是通过严格的安定分析来计算反向塑性极限，此处将初始参考温差设为 100℃。根据 LMM 程序计算得到的载荷放大系数乘以初始参考温差可以获得反向塑性极限的循环温差。对于该壳体径向接管结构，收敛的载荷放大系数为 1.4101，即结构发生反向塑性极限对应的循环温差为 141.01℃。

第 3 步，点 3 是反向塑性极限边界和棘轮极限边界的交点，在 LMM 程序中将计算类型设置为严格安定分析，先预设一个恒定的循环温度载荷，即反向塑性极限对应的循环温差 141.01℃，此外，可缩放的机械载荷设置为 10MPa，此时收敛的机械载荷放大系数为 1.875，即可得到点 3 的坐标为（18.75MPa，141.01℃）。

第 4 步，将 LMM 程序中的计算类型改为棘轮分析，通过变化不同的循环温差可以获取一系列的棘轮边界上的点，这些点代表了在棘轮发生之前，结构能够承受的最大机械载荷。

第 5 步，以压力为横轴，以循环温差为纵轴，根据上述步骤计算所得的所有点可绘制类似 Bree 的安定-棘轮边界图，如图 K-4 所示。

根据 LMM 程序计算的安定-棘轮边界，还可以进行无量纲化处理。将机械载荷极限值表示为 P_L，本例中 $P_L = 35.16$MPa。与循环温差相关的反向塑性极限表示为 $\Delta\theta_{RP}$，本例中 $\Delta\theta_{RP} = 141.01$℃。将工作载荷 P_w 除以 P_L 作为横轴，将循环温差 $\Delta\theta$ 除以 $\Delta\theta_{RP}$ 作为纵轴，可得到无量纲化的安定-棘轮极限边界，如图 K-5 所示。极限边界将整个加载区域分为了三个区域，如果外加载荷处于安定区域，则结构在所有的循环中都表现为弹性或经历了最初几个循环后再处于弹性状态。如果加载历史处于反向塑性区域，在循环中塑性应变在拉伸和压缩之间交替，拉伸和压缩的幅值相等，即交变塑性。如果外加载荷处于棘轮区域，塑性应变会随着每个循环的加载不断累积，结构要么发生渐增性塑性垮塌，要么因外加载荷也同时超出极限载荷而导致立即发生塑性垮塌。

根据这种无量纲化的处理，一系列相似的几何结构可以得出一系列相似的安定-棘轮边界曲线，对于安定边界而言，只是棘轮曲线斜率不同。无量纲化的类 Bree 图的适用范围很广，在设计阶段时，如果机械载荷和循环热载荷的加载历史已知，可以根据这种特定结构的 Bree 图对结构处于何种响应做出判断，避免了大量冗繁的循环计算，简单易实施，可为工程设计人员提供便利。

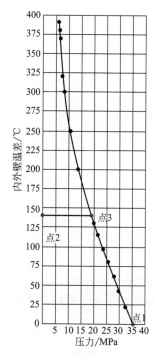

图 K-4 根据 LMM 程序计算安定-棘轮边界

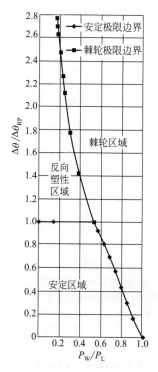

图 K-5 无量纲化后的安定-棘轮边界

参 考 文 献

[1] 郑津洋，等.过程设备设计.5 版.北京：化学工业出版社，2022.

[2] 王志文.化工容器设计.3 版.北京：化学工业出版社，2005.

[3] GB/T 4732.1～6 压力容器分析设计 [合订本].

[4] ASME Boiler & Pressure Vessel Code，Section Ⅷ，Rules for Construction of Pressure Vessels，Division 2，Alternative Rules，2019.

[5] PTB-1-2014，ASME Section Ⅷ-Division 2，Criteria and Commentary. 2014.

[6] Meguid S A. Engineering Fracture Mechanics，Elsevier Applied Science. 1989.

[7] 陆明万.工程弹性力学与有限元法.北京：清华大学出版社，2005.

[8] 高庆.工程断裂力学.重庆：重庆大学出版社，1986.

[9] 沈鋆.ASME 压力容器分析设计.上海：华东理工大学出版社，2014.

[10] 丁伯民，等.压力容器设计——原理及工程应用.北京：中国石化出版社，1992.

[11] 丁伯民.对分析设计方法发展的回顾与分析.压力容器，2008，25（9）：15-19.

[12] 沈鋆.极限载荷分析法在压力容器分析设计中的应用.石油化工设备，2011，40（4）：35-38.

[13] 吉尔 SS.压力容器及其部件的应力分析.藉获，历学轼，译.北京：原子能出版社，1975.

[14] 王勖成，等.有限单元法基本原理和数值方法.北京：清华大学出版社，1998.

[15] 饶寿期.有限元法和边界元法基础.北京：北京航空航天大学出版社，1990.

[16] 杨旭，钱才富.基于 ANSYS/FE-SAFE 分析的当量结构应力法焊缝疲劳评定.化工设备与管道，2013，50（3）：22-25.

[17] 陆明万，寿比南.新一代的压力容器分析设计规范——ASME Ⅷ-2，2007 简介.压力容器，2007，9（24）：42-47.

[18] 朱国栋.管壳式换热器管板强度及管束失稳研究.北京：北京化工大学，2019.

[19] Zhu G D，Qian C F，Zhou F. An Analytical Theory for the Strength Solution of Tubesheets in Floating-head Heat Exchangers with Back Devices. International Journal of Pressure Vessels and Piping，2019，175.

[20] 徐芝纶.弹性力学.北京：人民教育出版社，1979.

[21] Burgreen D. Design Methods for Power Plant Structures. Jamaica，N. Y.：C. P. Press，1975.

[22] Findley G E. Spence J. Applying the shakedown concept to pressure vessel design. The Engineer 226，12 July，1968：63-65.

[23] Bree J. Elastic-Plastic Behavior of Thin Tubes Subjected to Internal pressure and Intermittent High Heat Fluxes with application to Fast Nuclear reactor Flue Elements. Journal of Strain Analysis，1967，2（3）：226.

[24] Bree J. Incremental growth due to Creep and Plastic Yielding of Thin Tubes Subjected to Internal pressure and Cyclic Thermal Stresses. Journal of Strain Analysis，1968，3（2）：122.

[25] Kalnins A. Shakedown Check for Pressure Vessels Using Plastic FEA，Pressure vessel and Piping Codes and Standards. ASME PVP，2001，419：9-16.